チョコレートを極める12章

佐藤清隆

幸書房

はじめに

「実をつけてくれてありがとう。怠けないで、またよい実をならせてね。」

チョコレートの故郷である中南米地方。その中のメキシコ・チアパス州、ソコヌスコのカカオ農園主のデメトリアさんは、その地域のカカオが病害でやられて苦しかった時に、このようにカカオの木に語りかけていた。

彼女は言う。

「三五年前にカカオ豆の値段が暴落し、一〇年ほど前からモニーリア病が猛威を振るったので、周りの農家がカカオからバナナに変えた。だけど私は、先祖から続き、今は亡き主人が残してくれた一〇ヘクタールの農園でのカカオ栽培を止めなかった。それで周りから、『デメトリアは気がふれた』と陰口をたたかれた。

私は農園の手入れをして、六〇年前に植えてからずっとここで育て、モニーリア病の中でも生き残ったカカオの木から実をならせ、接ぎ木をしないで、カカオ豆から新しい苗を作って植えた。農薬は使わず、水を撒きながら、私は一本一本の木に向かって話しかけた。『実をつけてくれてありがとう。あなたのおかげで私たちがご飯を食べられ、生活ができるので感謝しているのよ。怠けないで、またよい実をならせてね。』おかげで農園は続いて、息子のホアンも後を継いでくれている」。デメトリアさんたちの努力のおかげで、この地域における高級チョコレート用のクリオロ種の栽培が復活し、二〇一八年に訪問した時には、彼女の農園だけで数tのクリオロ豆をヨーロッパの有名なチョコレート店に納めていた。

一方、フィリピンのネグロス島のカカオ農園を二〇二三年六月に訪問した時、オーナーのアナベルさんは、私たちにこう言った。

「六年前から、セブ島の見える景色の良い高原でカカオ農園を始めて、これまで千本の木を植えてきた。良い豆を育てるためにいろいろと勉強をしたが、カカオ豆一kgが一〇〇ペソ（約二六〇円）という市場価格では、農園の労働者に賃金を払えない。そこで、今年の一月でやめてしまった」。

筆者たちが訪問した時、農園では雑草が伸び放題で、蔓に覆われたカカオの木が目立ち、多くのカカオの実が病気にやられていた。現地では農園の再生を検討しているが、簡単ではないことは明白である。

世界中のカカオ豆の生産の七〜八割は、数百万軒の小規模なカカオ農家によって担われているが、どの農園でも、気候変動や病虫害と闘いながらの地道な努力の積み重ねが欠かせない。近年、カカオへの需要は増加しているが、カカオの安定な生産のために解決するべき問題は多い。

カカオ豆からココアやチョコレートを作る工程は、ほかの嗜好品とは異なっている。たとえばワインはブドウの果肉を発酵して作るが、実の中の種は油の抽出以外には使われず、コーヒーは豆の中の種だけを使って、果肉はほとんど捨てられている。さらに、ワインもコーヒーも、誕生から現在までその姿を変えることはない。しかしカカオは、長い歴史の中で果肉を食べる（飲む）時代から豆を食べる（飲む）時代に変遷したり、ココアやチョコレートにするには、カカオの実の果肉と豆を発酵させる作業が不可欠であったりするなど、多様な姿を見せている。

チョコレート工場においては、カカオのこげ茶色の成分や砂糖やミルクの粒子を包み込むココアバターを最適な形で結晶化させないと、おいしくないだけでなく、表面が白くなって商品価値を失ってしまうが、そのためにはテンパリング操作が必要となる。

このように、原料の生産だけではなく最終製品の製造においても、多様で複雑な様相を示すチョコレートづくりについて、本書では、カカオの原産地やヒトとの遭遇にまでさかのぼって、そのすべてを極めることとする。

二〇二三年秋

佐藤　清隆

はじめに

目　次

チョコレートを極める
12章

第一章　チョコレートのおいしさの決定的要因

本書で「チョコレートを極める」目的は、「おいしいチョコレートとは何かを極めること」でもある。そこで、チョコレートのおいしさを決める要因について、図1・1のミルクチョコレートの製造プロセスに沿って考えたい。

まず、熱帯雨林地方で育つカカオの木に咲いた花が、受粉してから半年ほどで成熟して木の実（カカオポッド）になる。そこからカカオ豆と果肉（パルプ）を取りだして発酵させた後で乾燥するが、この「発酵」が極めて重要で、それなしではチョコレートの香りと味が出ない。

乾燥された豆は日本まで輸送され、そこから工場や店舗に納入される。そこで豆が選別され、ロースト、皮むき（ウィノィング）を経てカカオニブを取り出して砂糖と粉乳を加え、場合によってはココアバターを追油して摩砕し、コンチングとテンパリング後に型（モールド）に充填し、冷却後にモールドから抜いて包装し、熟成させて完成となる。

チョコレートのおいしさは、口中でスッと融ける物理的性質と、それと同時に現れる味と香りの化学的性質で決まる。前者が「口どけ」で、ココアバターの結晶に閉じ込められた味と香りの成分

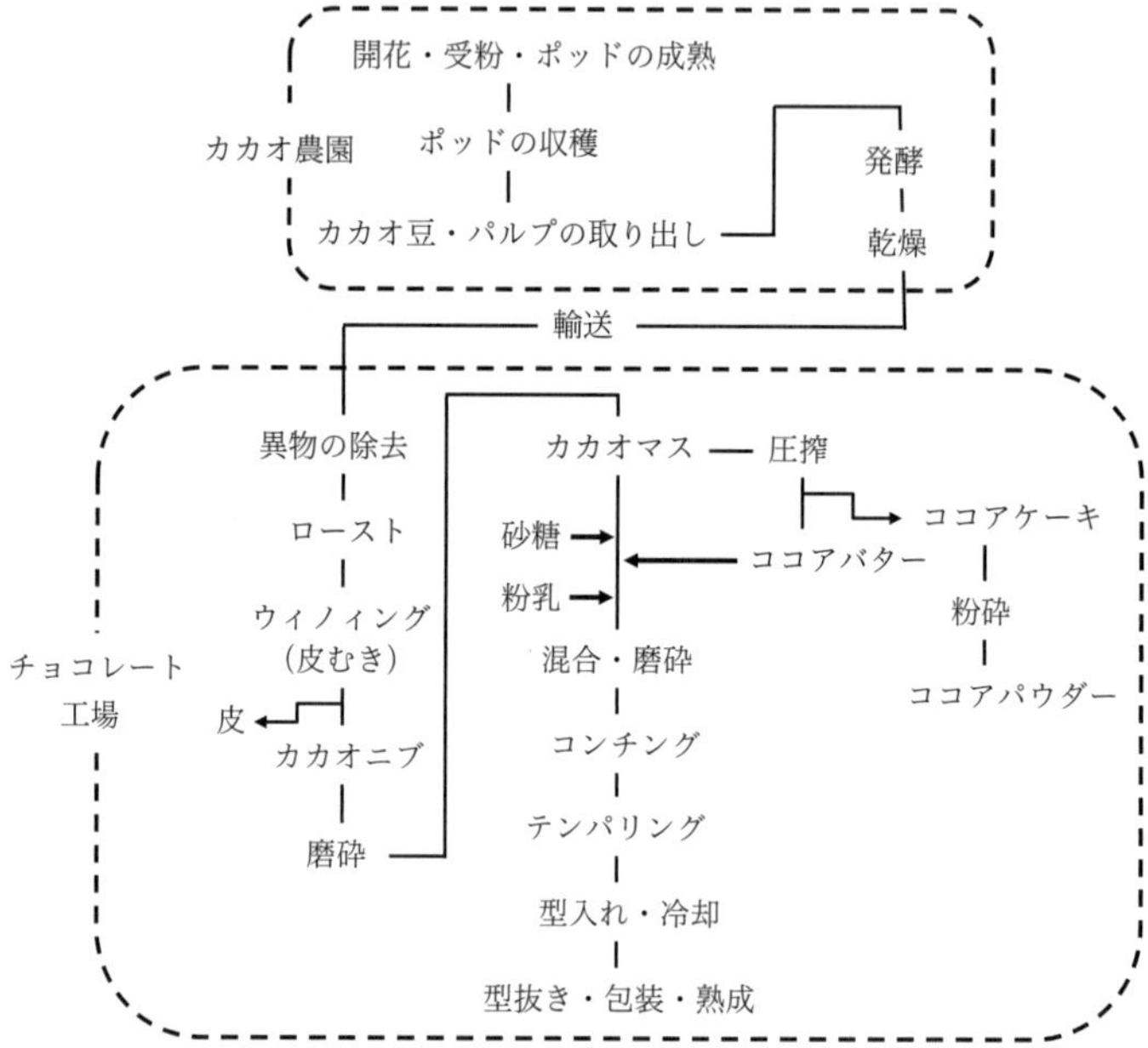

図 1.1　ミルクチョコレートが出来るまで

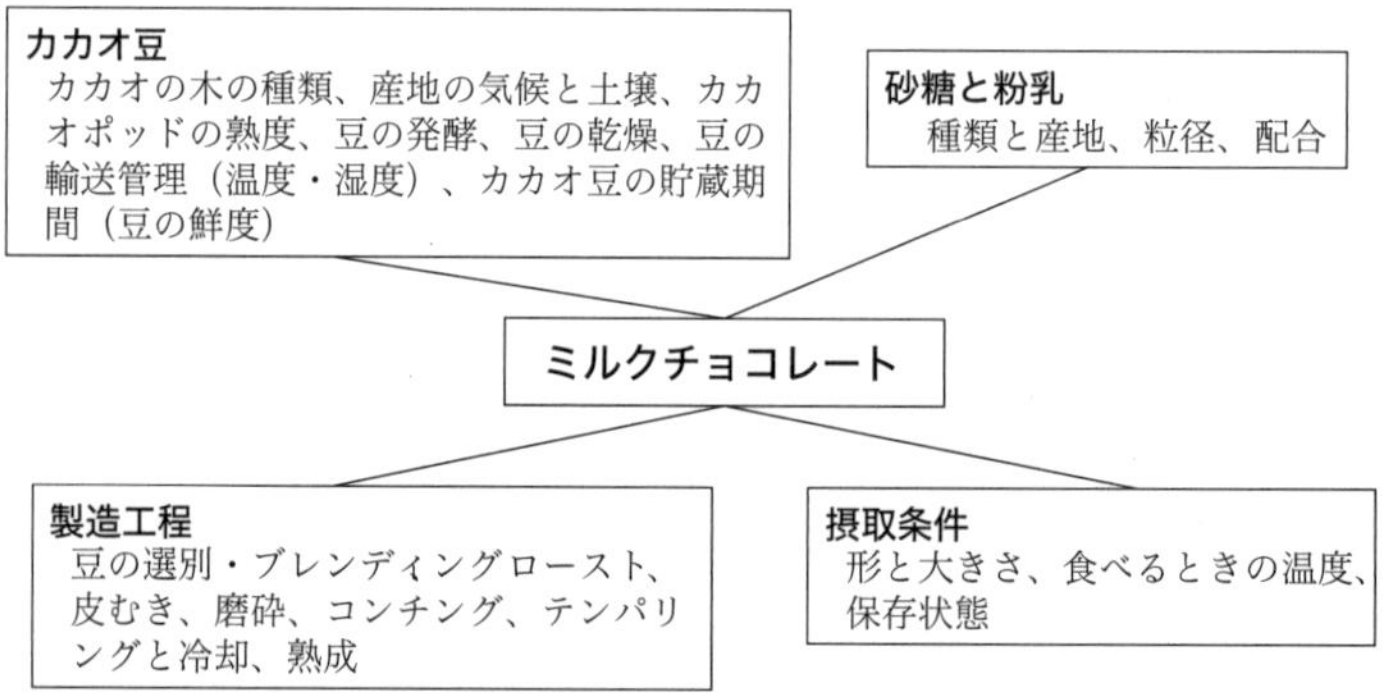

図 1.2　ミルクチョコレートのおいしさを決める要因

を口中に解き放つ速さと、結晶の融解熱による清涼感によって左右される。味については苦味、甘味、酸味のバランス、香りでは豆の発酵で生じた前駆体がローストとコンチングによって複雑化して千種類以上の香りの成分のハーモニーが出来上がる。

図1・2に、ミルクチョコレートのおいしさを決める四つの要因と二〇の小項目を示すが、以下にそれぞれを簡単に説明する。

1.1　カカオ豆

カカオ豆は「チョコレートの出発点」で、四つの要因の中で最も比重が大きいが、豆の良否を左右するカカオポッドの育成条件は、現地でしか確認できない。

カカオの木の種類

二〇一一年に初めてカカオの木のゲノム解析が行われて以来、原産地であるアマゾン川源流域の地域分布とその後の伝搬ルートと関連付けて、十種類以上のカカオのゲノムレベルでの品種の分類が報告されている。二〇一九年に報告された、一三種のカカオの木のゲノムクラスターの系統樹を図1・3に示すが[1]、現在、カカオの代表的な品種とされている「クリオロ、フォラステロ、トリニタリオ、アリバ」の位置づけが示されている（第五章参照）。

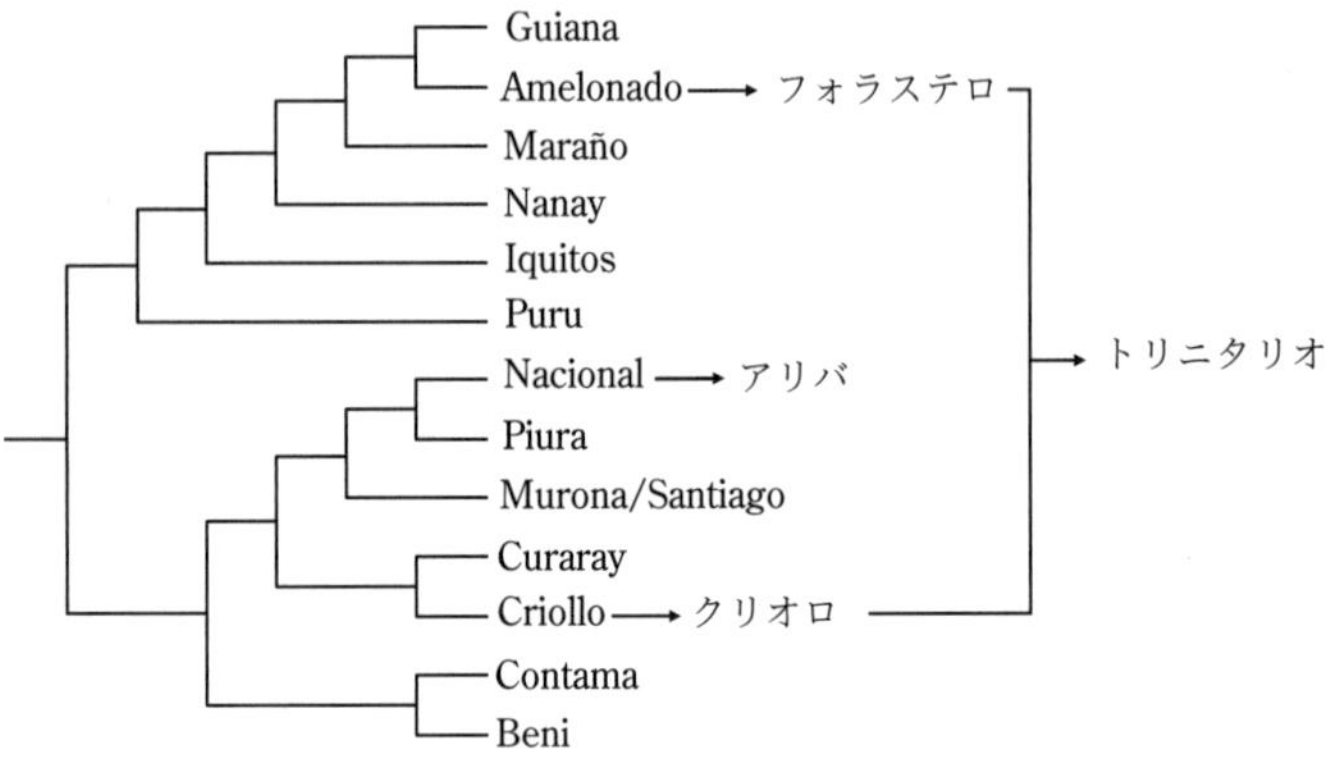

図 1.3　カカオの木のゲノムの系統図(1)

かつてはカカオのゲノム解析には長い時間が必要だったが、最近の技術進歩によって一週間ほどでゲノム解析が可能になったといわれる。その結果、自らの農園で生産するカカオ豆のゲノム解析を大学などに依頼して、品種を特定して販売するカカオ農園も現れている。

産地の気候と土壌

同じ品種のカカオでも、気温、土壌、水、さらには発酵に関与する微生物の種類などが産地で異なるため、産地によって大きく味と香りが異なる。したがって、チョコレートの製品の差別化のためにカカオ豆の産地を明示する製品が多い。

カカオポッドの熟度

カカオポッドの収穫が早すぎれば、発酵に関与する果肉が十分に成熟しないし、遅すぎれば豆の発芽が始まり、豆の中の栄養分が損失する。したがって、カカオポッドの完熟度を見極めたうえで収穫しなければならない。

豆の発酵

発酵を正確に制御して、同じ品質の豆を生産するためには、アルコール発酵から乳酸発酵・酢酸発酵へと連続するプロセスを最適化して再現しなければならない。カカオ豆の発酵の詳細は第八章で詳しく述べるとして、完熟したカカオポッドからの豆の取り出しから、発酵の終息までの数日間の徹底した管理が不可欠である。仮に、農園から入手したカカオ豆の香りや味に不具合があれば、発酵過程のミスが原因と判断してもかまわない。最近では、チョコレート製造者がアルコール発酵に関与する酵母などを農園に持ち込む動きも始まっている。

豆の乾燥

発酵の終期には腐敗菌も出現するので、酢酸発酵の終息とともに速やかに乾燥に切り替えなければならない。そのタイミングは、熟練した現場の担当者が豆の香りや色を確かめて判断する。乾燥の方法にも、天日乾燥や熱風乾燥がある。

豆の輸送管理（温度・湿度）

産地国において適正に乾燥されたカカオ豆でも、輸送時の管理（とりわけ湿度）が不十分な場合、結露によるカビの発生などの危険が高まる。また、発酵・乾燥時に豆の周囲に産み付けられた昆虫の卵が孵化する場合もある。

カカオ豆の貯蔵期間（豆の鮮度）

産地国、あるいは消費国ではリスク回避などの理由で一定期間、カカオ豆を倉庫保管することがある。その場合は温度・湿度の管理だけでなく、殺虫のために一定間隔での燻蒸が必要である。手作業でカカオ豆の選別をしている際に、豆の中に生きた虫がいることはしばしば確認されている。

1.2　砂糖と粉乳

種類と産地

砂糖の原料にはサトウキビとテンサイ、ココナッツなどがあり、そこに含まれる甘味成分が原料によって異なるし、原料が同じでも、グラニュー糖や精白糖などの多くの種類がある。粉乳の場合、その元となるミルクの成分が動物、生育場所、季節、飼料などで異なる。さらに、ミルクを粉末化する過程も重要で、乾燥方法（装置、運転条件など）でミルクのフレーバーや含有成分（ラクトースなど）の状態や乳脂肪の存在状態も変わってくる。

粒径

融かした状態でも固めた状態でも、チョコレートの中の砂糖や粉乳は固体状の粉末で、その粒径は、融けたチョコレートの粘度を左右し、口に入れた時の味の変化にも大きく影響する。

配合

砂糖と粉乳の添加量が味の決め手となる。ダークチョコレートに表示される「カカオ○○」の数字は、全体に占めるカカオの重量%で、大きいほど砂糖が少ないので苦くなる。最近は、「健康志向のための糖分の忌避」を求めて、数字の大きな商品を求める消費者が増えている。

1.3　製造工程

豆の選別・ブレンディング

香りや味を除けば、購入したカカオ豆の良否は大きさと形で決まる。最適な成熟状態のカカオポッドの中では膨らんだ楕円形であるが、もし凹んだ扁平な形の豆があれば、生のカカオ豆が収穫から発酵までの間に放置されたために、発芽段階に移行した可能性が高い。輸送中で発生したカビが付着した豆は、取り除いた方がよい。また、産地や発酵の違いにより味に偏りがあれば、他の産地の豆とブレンドすることがある。

ロースト

発酵で作られた味と香りの前駆体が、焙炒（ロースト）によって最終的なチョコレートの味と香りに変化する。過度のローストで焦げ臭が発生するが、それを「カカオの苦み」と混同する危険を伴う。最適なロースト条件は、豆の種類、大きさ、温度、時間、装置などを考慮して決められる。

皮むき

工業的には、ローストを終えたカカオ豆を機械的に破砕して、薄い皮とカカオニブを分離させ、前者を風で吹き飛ばしてカカオニブを回収する。しかし、ニブに付着した皮やチュニブ（胚芽）は飛ばしきれずにカカオニブに混入する。皮とチュニブは渋みが強く、多量に混在すればチョコレートの味に影響する。

磨　砕

カカオニブ、砂糖、粉ミルクを機械で磨砕して、豆中のココアバターをしみ出させてペースト状にするとともに、固体粒子を口中の滑らかさを感知する約二〇㎛以下の粒径にする。そのためにさまざまな装置が流通している。

磨砕で考慮すべきことの一つがココアバターの追油である。カカオ豆中に含まれるココアバターの比率は産地によって四九〜六三％までの幅がある。ココアバターの含量が少ない豆を使い、砂糖の量を増やし、磨砕でその粒径を小さくすると、砂糖粒子の表面にココアバターが吸着して粘度が高まり、モールドに流しこめなくなるし、口どけも悪くなるので、ココアバターの追油が望まれる。

コンチング

コンチングにより刺激臭が薄まり、なめらかさが増すが、その条件（温度や時間）は、豆の種類、砂糖の含量などによって微妙に変化する。

テンパリングと冷却

テンパリングと冷却の条件は、豆の種類と産地、砂糖の含量、テンパリングの方法、一度に扱うチョコレートリカーの量、モールドの大きさと形、冷蔵庫の温度などによって大きく変わる。しばしば「オーバーテンパリング」、あるいは「アンダーテンパリング」というトラブルが発生し、いずれも、チョコレート製品を保存している間に表面が白化する「ファットブルーム」を引き起こす。

また、温度と湿度が高い時期には、冷蔵庫での冷却を終えて取り出すときにチョコレートの表面に水滴が付着して、保存中に「シュガーブルーム」が発生する。

熟　成

モールドからチョコレートを出して包装した後で、刺激臭を消散させ、ココアバターの結晶化を進行させてパリパリ感（スナップ性）を増すための熟成が必要である。

1.4　摂取条件

最後に重要な要因が、チョコレート製品の形と大きさや、食べるときの温度、さらにはチョコレートの保存状態である。

形と大きさ

これは口どけと関係する。たとえば、厚くて大きな塊と、薄く広がったチョコレートでは、口に入れた時の熱の伝わり方が異なり、前者より後者が早く融けるので、口中に広がる味や香りの変化がよりダイナミックである。

食べるときの温度

これも、口どけに関係する。温度が高すぎれば口に入れてからの清涼感に乏しく、また冷たすぎれば融けにくく、ココアバターが融け始める前に咀嚼を始めてしまうので、舌の上での口どけを味わいにくくなる。

保存状態

温度が重要で、「ファットブルーム」は保存温度が高いと顕著になるので、一般的には、低温でチョコレートを保存するのが望ましい。また、完全密閉でないチョコレートを冷蔵庫で保存すると、チョコレートのフレーバーが失われるだけでなく、冷蔵庫の中のさまざまな臭いがチョコレートに吸着する。

図1・2の四つの要因と二〇の小項目がそれぞれ独立に働くとすると、文字通り「チョコレートのおいしさを決める要因は無限」となる。逆に言えば、「チョコレートを極めるのは至難の業」ということにもなる。本書では、専門知識のない人々にとってもわかりやすく理解できるように、カカオとチョコレートについてのさまざまな問題を取り上げたい。なお、砂糖や粉乳などの原料、およびチョコレート製造に関するより専門的な知見は文献(2)を参照されたい。

第二章　滋養に満ちたチョコレート

近年になって、筆者が参加するチョコレートのイベント会場で「カカオの多いチョコレートは健康にいいのですね？」と語りかけてくる人たちが増えている。この背景には、カカオ豆に含まれている栄養成分の健康効果に関する学問的な研究が進んで、その結果が人々に知られるようになったことがある。また、「健康効果」をキャッチフレーズにしたチョコレート製品がベストセラーを続けているのも見逃せない。

二〇一九年二月に、ＮＨＫのテレビ番組「美と若さの新常識」がチョコレートの健康効果を取り上げた。三人のゲストにより、数週間、毎日三〇gのハイカカオのダークチョコレートを食べた結果、「便秘が改善、血圧が低下、暴飲暴食しても太らない、中性脂肪が低下、口臭が消える、冷え性が改善、虫歯になりにくい、風邪をひきにくい、傷が治りやすい」という体験談があり、医学や歯学の専門家による解説があった。その番組では以下に示す「四つの誤解」を明確に否定するとともに、「健康に良い」というメッセージを発信した。

2.1　チョコレートの「四つの誤解」を解く

チョコレートに関しては、昔から「おいしいけれど、健康にとってはマイナス」というイメージがある。具体的には、「ニキビができる、鼻血が出る、虫歯になる、太る」としてまとめられ、筆者はそれを「四つの誤解」と呼んでいる。セミナーなどで参加者に、それぞれについて「そう思いますか？」と問いかけると、子供たちを含めて半分くらいの参加者が同意する。面白いことに、病院関係の方が開いたセミナーで問うと、全員がすべての質問に不同意であった。

実は、「四つの誤解」を解くのは簡単である。これに対して、「チョコレートは健康に良い」を証明するのは極めて難しい。本章では、まずは「四つの誤解」を解いた後に、健康効果について考えることにする。ただし、筆者は栄養学の専門家ではないので、関連する専門書や学術論文などを基に説明したい。

(1)　ニキビはできない

ニキビの原因は、肌に過剰に分泌された皮脂（皮膚の脂質）のバランスの乱れに起因する。チョコレートには油脂が多いのでそういう思い込みが生まれやすいが、ニキビのできやすい被験者に普通の十倍の量のチョコレートを一カ月食べつづけても、そうでない場合と違いがないことが実験でわかっている。

(2)　鼻血は出ない

カカオ豆中に含まれるテオブロミンやポリフェノールが血行をよくするので、一時的に毛細血管が刺激され出血する疑いが生まれるかもしれないが、医学的には根拠がない。

(3)　虫歯にはならない

小説で映画にもなった「チャーリーとチョコレート工場」には、歯医者の父親に「虫歯になるからチョコを食べるな」と注意される少年が出てくるが、これも根拠がない。砂糖を含むどんな食べ物でも、食事後に歯の周りに残った糖分を除去しなければ虫歯になりやすいので、チョコレートだけにそれを当てはめることはできない。冒頭に書いたテレビ番組では、歯科医師が「カカオパウダー入りの歯磨き粉で歯を磨けば、虫歯を防止できる」と実例を挙げていた。

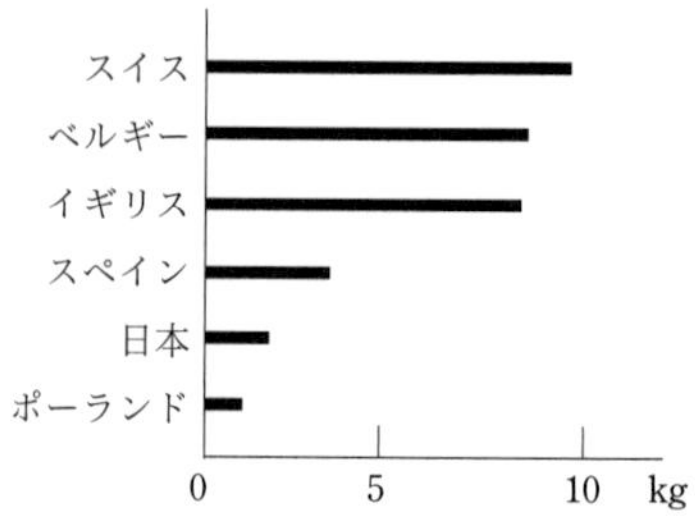

図 2.1　年間・一人当たりのチョコレート消費量（2019 年）
出典：日本チョコレート・ココア協会

(4)　太らない

同じく「チャーリーとチョコレート工場」には太った少年が登場するので、見るからに「チョコを食べると太る」と思わせていたが、これも根拠がない。どんな食事でも、カロリーをとりすぎたのに運動をしなければ太るので、チョコレートだけが取り立てて太りやすいということにはならない。

主要国の間で、お年寄りから赤ちゃんまで、一人当たり一年間に食べるチョコレートの量を比較すると図2・1になる。もし四つの誤解が本当だとすると、スイス人は日本人より約五倍も太り、ニキビができて、虫歯になって、鼻血を出している、ということになる。

次に考察するのはチョコレートの健康効果であるが、それはひとえに「カカオ豆の子葉（ニブ）に含まれる成分の効果」ということになる。

2.2　ヒトは植物のどこを食べているのか？

チョコレートは、粉ミルクを除いて、カカオ豆、砂糖やバニラなど、ほとんどが植物からの材料でできているが、そもそも我々は植物のどこを食べているのであろうか？

食べ物としての植物は、根菜類（芋、大根など）、葉茎菜類（白菜、玉ねぎなど）、果菜類（大豆、メロンなど）に大別される。さらに、果菜類の中の可食部分は、次世代につながる種とその周りの果肉に分かれる。たとえばメロンの場合、果肉だけを食べ、種は食べずに残して捨てる。そうすると、種があちこちに散らばって次世代の繁栄にとって有益なので、メロンは動物にせっせと食べてもらおうと、種の周りを甘くして動物を引き寄せている。

一方、大豆の場合は、種（豆）そのものが次世代の苗の最初の葉である「子葉」になり、中の栄養を使って光合成で自立できるまで成長する。種を動物に食べられると子孫を残せないが、一本の

図 2.2　カカオポッドとカカオ豆

苗でたくさんの豆をつけることで動物の食べ残しを誘い、絶滅の危険を避けている。

カカオも果菜類だが、その食べ方は上の二つを兼ね備えている。「カカオ豆」と呼ばれてはいるが、実際は「豆」ではなく、カカオポッドという実の中で白い果肉に包まれた「種」である（図2・2）。種の周りの白い果肉はパイナップル並みに甘いので、サルやリス、キツツキが固い実の殻を割ったり、穴をあけたりして果肉を食べる。キツツキはくちばしで殻に小さな穴をあけた後ですぐには食べずに、一週間ほどで戻ってくる。そうすると果肉が発酵して甘いジュースになっているので、それを吸う。人類も最初にカカオに出会ったときは果肉を食べ、発酵してお酒にして飲み、その後に、焙炒して渋みを消して種を食べるようになったと考えられる。

2.3 カカオニブの栄養成分

表2・1に、カカオニブ百グラムの中の主要成分をガーナ産とエクアドル産で比較する。両者には脂質を除いて大きな差異はなく、他の産地のカカオ豆を含めれば、タンパク質が十一〜一九%、脂質が四九〜六三%、食物繊維を含む炭水化物が二四〜二八%、ミネラルが二・五〜四・五%、カフェインが〇・二%、テオブロミンが一・〇〜一・六%、それに微量のビタミン：B_1、B_2、B_6、D、E、Kがある。

表 2.1 カカオニブ 100g 中の主要な成分（水分を除く）

	ガーナ産	エクアドル産
タンパク質	11.6 g	12.2 g
でん粉	6.1 g	6.0 g
糖分	0.37 g	1.14 g
脂質	54.5 g	51.6 g
ミネラル	3.2 g	3.6 g
食物繊維	17.2 g	16.7 g
ビタミン	14.8 mg	13.8 mg
有機酸	1.49 g	1.48 g
タンニン	3.31 g	3.98 g
エピカテキン	140 mg	360 mg
カテキン	31 mg	95 mg
カフェイン	0.09 g	0.25 g
テオブロミン	1.3 g	1.3 g

テオブロミン / カフェインの比率はカカオの木の種類で異なり、クリオロ種は 1 〜 2/0.4 〜 0.8、フォラステロ種は 5 〜 14/0.1 〜 0.25、トリニタリオ種はその中間値である（M. Rojas ら、Food Eng. Rev., 14, 509, 2022）

チョコレートの健康効果を考える場合、その中の砂糖ではなく、カカオ豆中の成分が主要な問題となる。この中で、カカオ豆のタンパク質は非消化性であり、でん粉や糖分は微量であり、ココアバターを主成分とする脂質にも特別な健康効果は

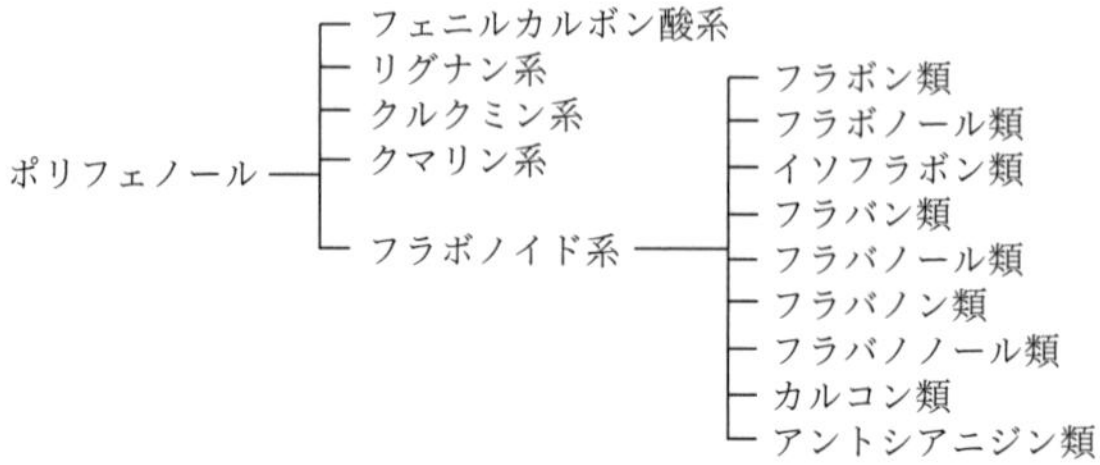

図 2.3　ポリフェノールの分類

考えにくい。そこで考えられるのは食物繊維、ビタミンE（抗酸化作用）、ミネラル、そしてポリフェノールとカフェイン・テオブロミンである。

表2・1の中のタンニン、エピカテキン、カテキンは、ポリフェノールの一種である。ポリフェノールは複数のフェノール性ヒドロキシ基を分子内に持つ植物成分の総称で、ほとんどの植物に含まれ、光合成によってできる植物の色素や苦味の成分であるとともに、植物細胞の生成、活性化などを助ける働きを持っている。ポリフェノールには数千種類が存在するが、それらは図2・3のように分類される。

カカオニブの中のポリフェノールで注目されるのが、フラボノイドである。フラボノイドは、クマル酸CoAとマロニルCoAが重合してできるカルコンから派生する植物二次代謝物の総称で九グループに分類され、表2・1のカテキンとエピカテキンはフラバノール類に属する（図2・4、2・5）。カカオ中の総ポリフェノール中には、エピカテキンやカテキンの単量体が約一〇％で、二〜一五量体として重合したプロアントシアニジン類が約九〇％存在する。ポリフェノールの濃度は生のカカオ豆で最も高く、収穫後の発酵・乾燥や工場におけ

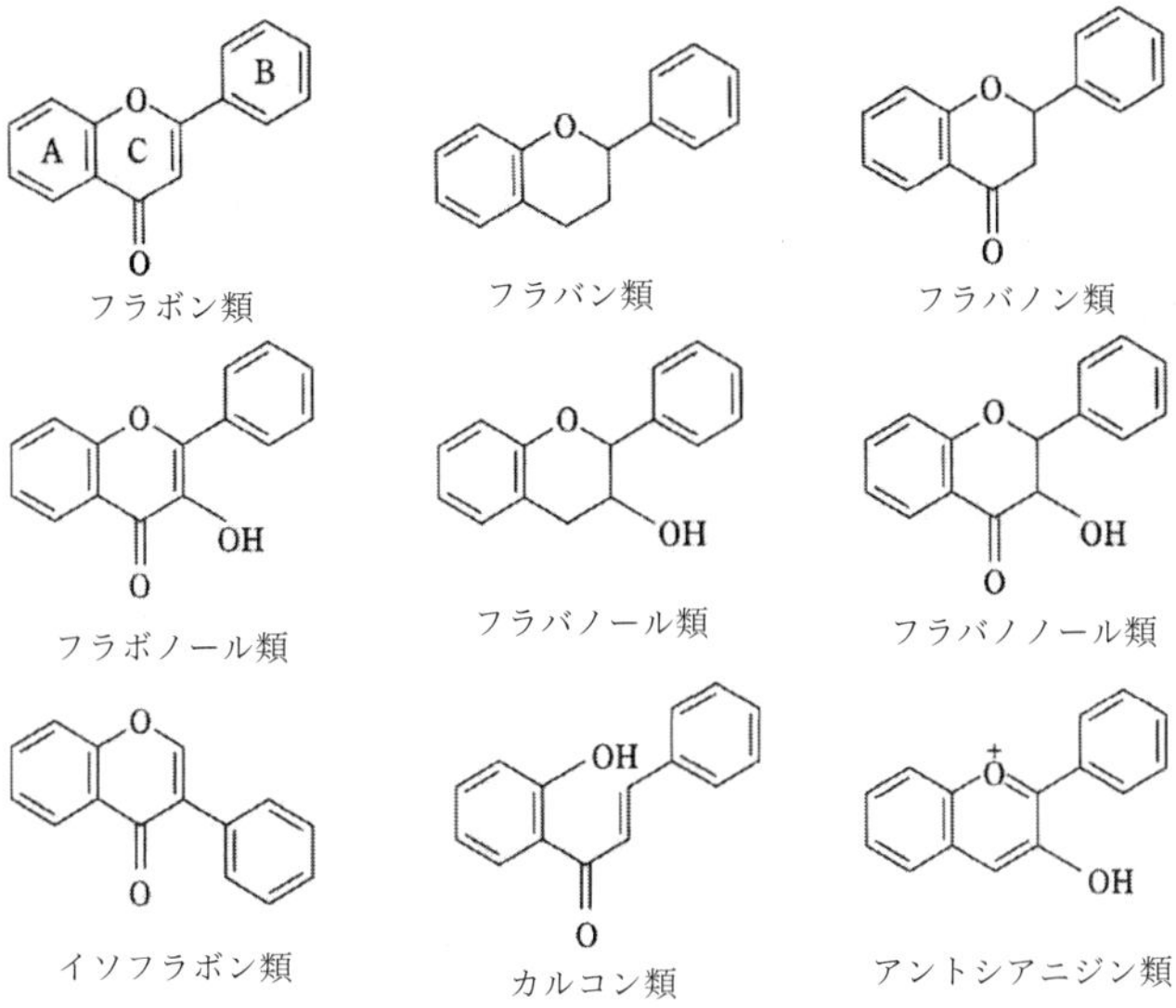

図 2.4　フラボノイド の種類

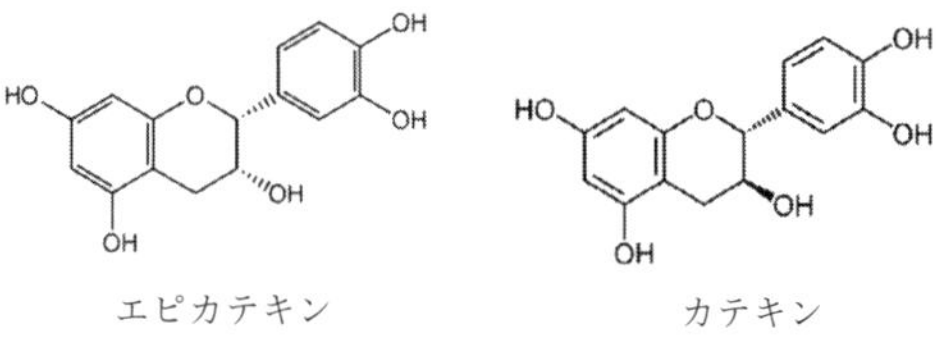

図 2.5　エピカテキンとカテキン（フラバノール）

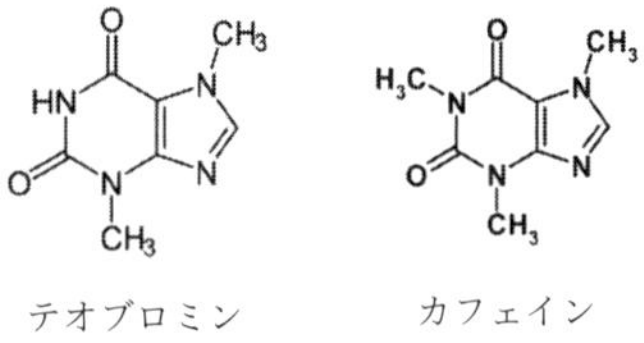

図 2.6　テオブロミンとカフェイン

るローストやアルカリ化などの工程で減少する[1]。文献等ではカカオ豆中の総ポリフェノールの含量に三%〜一八%までのばらつきがあるが、どの加工工程のカカオ豆で測定するかで数値が異なるからである。

表2・1で注目するべきことは、カカオにはテオブロミンとカフェインというメチルキサンチンが含まれており、前者が極めて多いことである(図2・6)。これらの化合物は中枢神経系や心筋を刺激し，円滑な筋肉緩和と気管支拡張をもたらし，利尿作用を持つと考えられている。

2.4 さまざまな健康効果の報告

カカオ豆の成分がもたらす健康効果については、動物実験、数十人〜数百人レベルのヒトの介入試験、数万人以上を対象としてさまざまな症状の発症・無発症とチョコレート摂取の相関を長期間にわたって調べるメタ解析など、極めて多くの研究があるが、ここではそのいくつかを紹介する。

健康効果の研究テーマ

アメリカ化学会が発行する食品科学分野の雑誌：J.Agric. Food Sci. は、二〇一五年にチョコレートとカカオの薬理・健康効果について特集したが、そこで取り上げられたテーマはグルコース耐性、血圧-循環系、心筋症、糖尿病、妊娠への効果である[2]。また、チョコレート分野のバイブルと言われる文献[1]の「チョコレートの栄養と健康」の章では、冠状動脈疾患、肥満とメタボリックシンドローム、炎症、神経保護作用と認知効果を取り上げている。さらに、ヴェロネーゼらは二〇一九年に「チョコレート摂取は健康に良いのか？」と題して、既報の二四〇本のオリジナル論文と八本のメタ解析を含む一〇本の総説を総括した。[3] 表2・2にメタ解析の例を示すが、チョコレート摂取が循環器疾患、急性心筋梗塞、脳卒中、糖尿病のリスクの低下と関連づけられている。以上のテーマに加えて、抗腫瘍、利尿効果、血流の促進、中枢神経の刺激などに関する研究論文が発表されている。

表 2.2　チョコレートの健康効果に関するメタ解析の例[3]

疾　病	被験者数（人）
循環器疾患	57,709
急性心筋梗塞	144,823
脳卒中	322,732
糖尿病	146,385
冠動脈疾患	104,514
心房細動	180,534
心不全	104,940

注意するべきこととして、チョコレートやココア含有食品が健康に有用である可能性を示したとしても、ほとんどの研究報告に共通して、（1）チョコレートの健康効果には個人差があり、（2）その効能を完全に例証し，メカニズムを理解するためにはさらなる研究が必要である、とまとめられている。

クナ族の追跡調査

カカオの健康効果に関する先駆的な研究として、アメリカ・ハーバード大学のホレンバーグらによる、中米パナマのカリブ海の孤島：サンブラス諸島（図2・7）に住むクナ族原住民について

図2.7　パナマとサンブラス諸島

のカカオ摂取と高血圧の関係に関する系統的な追跡調査がある。すでに一九四四年には、「孤島に住むクナ族は、高塩分の食事にもかかわらず、血圧は低く、加齢によって上昇せず、腎機能も低下しない」という知見が得られていた。

　高血圧の危険因子としては、塩分の過剰摂取、加齢による血管の老化、ストレス、過労、運動不足、肥満、さらに遺伝的要因が知られている。

　一九九七年の報告によれば、ホレンバーグらの調査対象は一八～八二歳までの三一六人のクナ族で、サンブラス諸島の孤島に住む一四二人、パナマシティー（都市部）に住む八四人、およびクナネガ（都市部郊外）に住む九〇人の三グループごとに、血圧測定、血液検査、尿検査と食事（主要栄養素、食物繊維、Na、K、Ca、Mgの摂取）の評価を行った。その結果、サンブラス諸島で暮らすクナ族は、食塩摂取が多いにもかかわらず、高血圧や年齢に伴う血圧上昇がないが、島から離れて他地域に移住すると高血圧となることを明らかにした[4]。

　孤島に住むクナ族にのみ高血圧と年齢に伴う血圧上昇がないことが確認されたが、都会に移住したクナ族ではそれらが顕著に起こっていることから、血圧上昇が起きないのは家族的、遺伝的なことよりもむしろ環境的なことが原因である（図2・8）。また、孤島でも多量の塩を摂取している

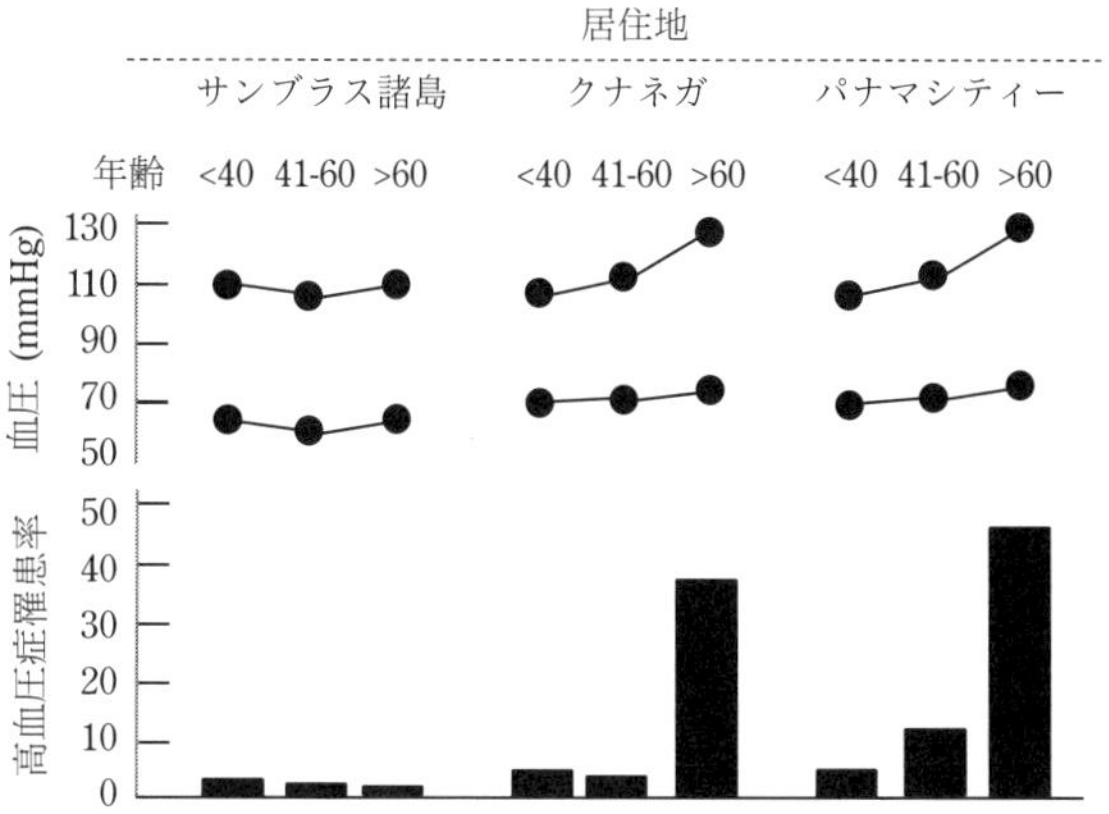

図 2.8　パナマのクナ族の健康調査

ことから、クナ族においては、塩分の摂取は血圧に影響を与えるわけではない。

クナ族の食事パターンは低タンパク高繊維であり、西洋の都会的な食事よりもベジタリアンに近い。産業が発達した地に住むベジタリアンでも、肉を食べる人より血圧は低くなる。ベジタリアンはカリウムとマグネシウムの摂取量が多いが、これが血圧に影響を与えるかについては確定できず、ナトリウムとカリウムの排出比は、先住民によく見られる値よりはむしろ都会に住む人に見られる値に近かった。

ホレンバーグらは、それから十年後の追跡調査結果を報告した[5,6]。それは孤島と都市部郊外に住むクナ族に、一一八種類の食物の摂取頻度のアンケートと、食後の採血および二四時間後の採尿検査を行ったものである。孤島のクナ族は、都市郊外に住むクナ族に比べて、十倍以上のココアを含んだ飲み物、四倍の量の魚、二倍の量の果物を摂取していたが、どちらもたくさんの塩を摂取していた。その結果、孤島のクナ族の血圧が低いことに食塩は関係がなく、フラバノールが豊富なカカオの摂取が関係していると結論した。[5]

また、パナマの本土とサンブラス諸島で、二〇〇〇〜二〇〇四年のクナ族の死因別死亡率を比較した。死者数は本土が七万七三七五人でサンブラス諸島は五五八人であったが、パナマ本土での死因の一位は心臓血管疾病、ついでガンと糖尿病が多かったが、サンブラス諸島では、心臓血管疾病、ガン、糖尿病の死因は少なかった。[6]

以上の結果に対するホレンバーグらの仮説は、「カカオ中の高フラバノールの摂取が一酸化窒素産生機構を活性化し、血管拡張作用、抗動脈硬化作用を示すために病気の発生を抑える」というものである。

フラボノイドと循環器疾患死因の統計調査

二〇一二年には、アメリカがん協会、アメリカ農務省、国立健康研究所の共同研究として、循環器疾患とフラボノイド摂取の相関に関する統計的研究が発表された。[7] これは、一九八二年に始まった、二一州に住む男性八万六四〇四人、女性九万七七八六人の登録者に関する健康調査をベースに、その中から一九九九年までに循環器疾患を患ったことのない男性三万八一八〇人（平均年齢七〇歳）、女性六万〇二八九人（平均年齢六九歳）を選んで、一九九九〜二〇〇六年の食事と循環器疾患による死者（男性一五八九人＋女性一一八二人）の関係を調査したものである。

食事の調査項目は一五二で、それぞれのメニューから、フラボノイド総量と七つのフラボノイド成分（アントシアニジン、フラバノール、フラバノン、フラボン、フラボノール、プロアントシアニジン、イソフラボン）の日平均摂取量を計算し、それと循環器疾患による死亡率を定量化した（表2・3）。その結果として、フラボノイドの種類に依存せずに、適度のフラボノイド総量の摂取で、循環器疾患による死亡率が最大で約二〇％低下した。そのメカニズムは単一ではなく、フラボノイドによる抗酸化機能、抗炎症機能、および血管作用（血管拡張作用をする一酸化窒素の産生を活性化）が複合的に作用すると仮定している。

表 2.3　循環器疾患による死者数とフラボノイド摂取の相関（文献[7]を一部抜粋）

フラボノイド	摂取量 (mg/day)	死者 (98,469 人中)
総フラボノイド		
1	<121.5	615
2	121.5-172.3	538
3	172.4-238.0	552
4	238.1-359.6	551
5	>359.7	515
		(2271)
フラバノール		
1	<9.5	621
2	9.5-14.0	534
3	14.1-20.3	548
4	20.4-37.1	548
5	>37.2	520
		(2271)
プロアントシアニジン		
1	<71.6	590
2	71.7-109.2	573
3	109.3-160.2	557
4	160.3-253.5	540
5	>253.6	511
		(2271)

運動中の酸素消費量

二〇一五年に報告されたイギリスの研究では、サイクリングで消費する酸素量に関するチョコレート摂取の効果が調べられた[8]。それぞれセミプロ級の九人の男性サイクラーに、二週間、「毎日四〇gのダークチョコレートを食べる」、「同じくホワイトチョコレートを食べる」、「チョコレートを食べない」という摂食体験を終えたあとで、激しい自転車運動に必要な酸素量を測ると、ダークチョコを食したグループだけ一三％減少した。さらに、一定時間の総走行距離を測ると、ダークチョコを食したグループだけ一七％増えた。報告者は「カカオ豆中のポリフェノールが血管を拡張させて酸素消費量を低減した」という仮説を示している。

古代から「神の食べ物」として中南米の先住民に「不老長寿の薬」とされてきたカカオであるが、現代のサイエンスでその健康効果が調べられている。ここで紹介した多くの研究では、カカオとチョコレートが循環器疾患などの循環器系の疾患リスクを低下させるデータは極めて多いが、医学界では認知されていないということである。その理由は、「いくつかの〝証拠〟は、依然として予備的段階であり、体内でのカカオ成分の作用メカニズムを含めたさらに多くの研究が必要」というのが研究者の共通理解であり、今後の研究の展開が期待される。

第三章　熱帯で育つカカオとフェアトレード

世界のチョコレート産業が長期的に持続・発展するためには、熱帯におけるカカオの生産と供給が安定でなければならず、そのためにはカカオの生産者が安定な生活を享受できなければならない。

しかし、世界中のほとんどのカカオ生産地が共通して抱える問題が、「カカオ農園の疲弊」である。具体的には、農民の高齢化、カカオの木の高齢化、土壌の疲弊、病害、さらには低価格による農家のモチベーションの低下などがある。そのために、カカオが貴重な換金作物であるにもかかわらず、収穫量を増やすための投資や、他の換金作物に比べて手間のかかるカカオ農園の管理が十分にできない。その結果として、カカオ生産の先行きが不透明になっている。それを打開するためには、カカオの生産を「利益の上がるビジネス」へ転換することが望まれる。それを達成するには、生産者側の努力が求められるが、それ以上に、チョコレート製造の側からのアプローチが欠かせない。

本章では、熱帯におけるカカオ生産の実態を見たうえで、カカオのフェアトレードについて考察する。

3.1　カカオ豆の生産・消費・価格

世界におけるカカオ豆の生産量と消費（磨砕）量の推移を図3・1に示す。両者はほぼバランスをとりながら順調に増加しており、二〇二〇／二一年の世界のカカオ豆の生産は、国際ココア機関（ICCO）によれば五二四万t、国連食糧農業機関（FAO）によれば五一四万tである。ただし、潜在的な需要については、世界的な人口増加や発展途上国などでのチョコレートの消費量の増加を勘案して、七〇〇万tという報告がある。[1]

一方、カカオ豆の国際価格については、不思議なことに、生産・消費とは異なって経年で単調に増加していない。カカオの国際取引では、最高級品などの小規模な商いを除いて、ほとんどの価格交渉は、ニューヨークとロンドンで上場されているカカオ豆の先物市場の取引価格をベースに行われている（図3・2）。一九八九年〜二〇〇七年の間は一・五±〇・五米ドル、二〇一〇年〜二〇二二年の間は二・五±〇・五米ドルで推移している。しかし、現金収入の中心をカカオに置いているカカオ生産者にとって、この価格では豊かな生活を送ることはできない。さらに問題なのは、しばしば、短い期間に価格が著しく変動することである。たとえば、二〇一五年〜二〇一七年にかけては三六％下落し、二〇二〇年には春から夏にかけて二三％も下落した。[2] これがカカオ生産者を、手間がかからず、より高価に取引される他の作物への転作に誘導する最大の要因となっている。

カカオ・チョコレート商社である（株）立花商店の生田渉氏によれば、カカオ豆の価格が乱高下

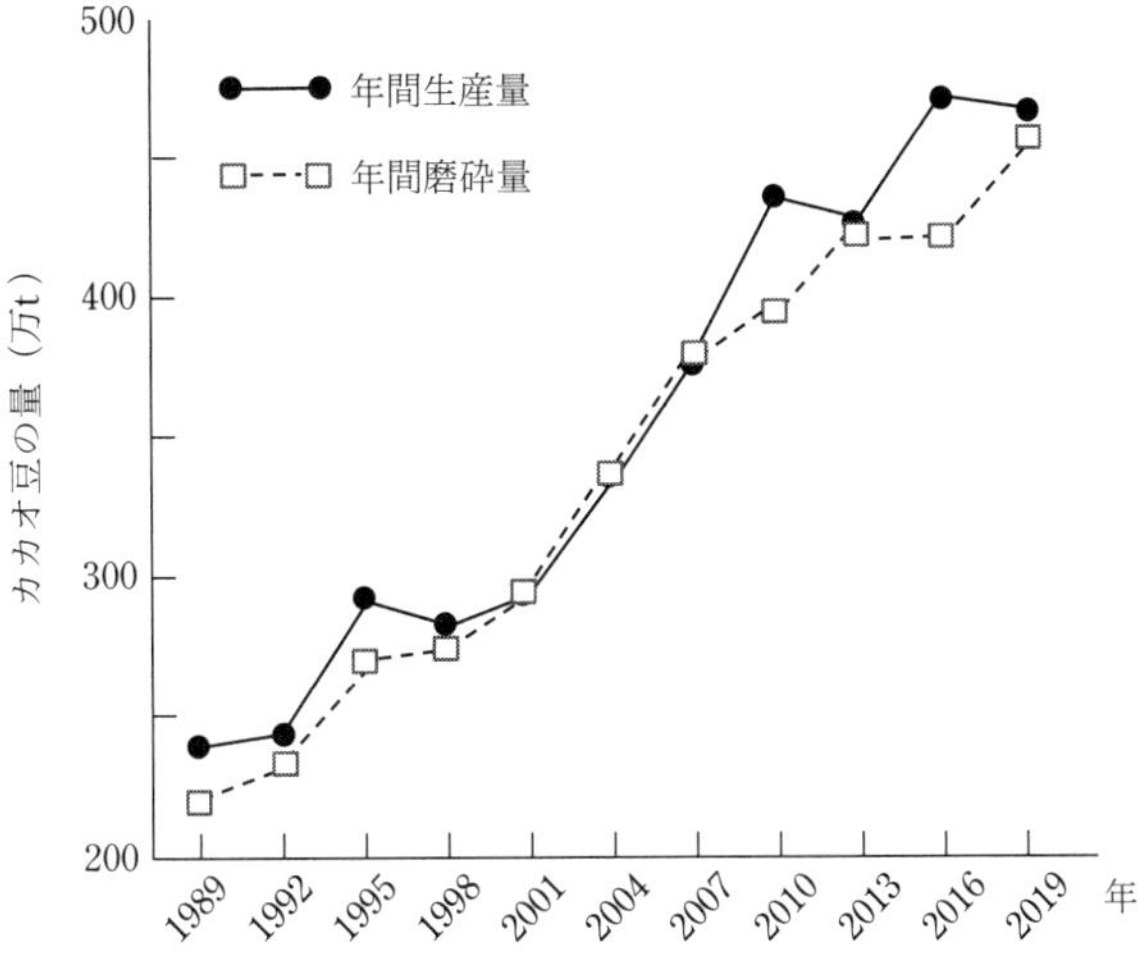

図 3.1　カカオ豆の生産と磨砕の推移（ICCO の統計）

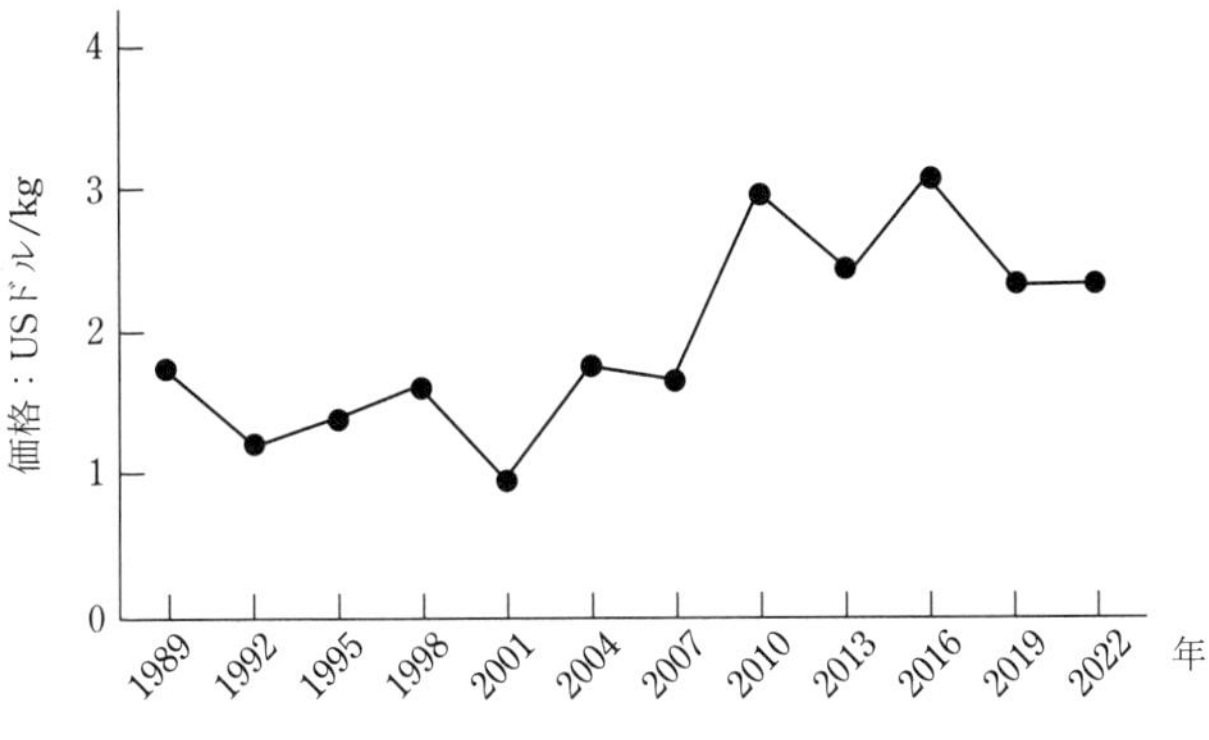

図 3.2　カカオ豆の国際価格の変動（ICCO の統計）

する大きな原因の一つに、投機家やファンドなど金融プレイヤーの先物市場への参画がある。[3] この二〇年間、世界は基本的にマネーサプライを増やし続け、投機マネーが株式市場や先物市場にも流入したために、価格に対して実際の商品の需給バランスより遥かに大きな影響を与えるようになってしまった。

3.2 カカオ農園の疲弊

多くのカカオ生産地が共通して抱える問題が、前述の「カカオ農園の疲弊」である。

筆者が二〇一八年に訪問した、メキシコ南部・チアパス州ソコヌスコにある国立農牧林研究所のロサリオ・イサパ研究センターのカルロス・アベンダーニョ博士は、メキシコにおけるカカオ生産について以下の説明をしてくれた。

「メキシコにとってカカオは歴史的文化的遺産であるだけでなく、メキシコ経済にとっても極めて重要な作物である。研究センターでは、熱帯作物の伝統的な種を保存するために植物遺伝的手法に関する研究を行っている。なかでも、香りの豊潤なカカオの開発に力を入れていて、高級品種であるクリオロ専用の農園がある。

メキシコでのカカオ豆の生産量は世界一三位（二〇一六年）であるが、ほとんど自国で消費されるので輸出は少なく、むしろ輸入しているほどである。チアパス州での生産量は年間約一万tであるが、近年は生産量が減少し、一ha当たりのカカオ豆の収量（以下、その単位を単収とする）も低下している。

その理由は、①六〇%以上のカカオの樹齢が平均で二〇年以上となって、カカオの木の平均寿命の二五年に近くなっていること、②生産農民の高齢化が著しいこと（六〇%以上が六〇歳以上）、③病虫害や獣害が後を絶たないことである。メキシコ全体やソコヌスコ地方のカカオ豆が、ここ数年世界から注目されているが、カカオ豆の価格はそれほど値上がりしてはいない。そのために、病気に弱いクリオロ種を栽培する意欲を農家が維持するための努力が欠かせない。

メキシコ全体としては二〇〇万haのカカオ生産のポテンシャルがあり、それを生かすために、単収を現在の平均三〇〇kgから一tまで上げなければならない。そのためにはカカオ農園の管理が重要で、我々がその技術指導をしている。」

ガーナの六つの生産地域の七三一のカカオ農園を調査した報告によれば[1]、農園の労働者の年齢は二一歳〜四〇歳が二〇%、四一歳〜六〇歳が五八%、六一歳以上が二二%、カカオの樹齢は一〇年未満が二三%、一一年〜二〇年が四四%、二一年以上が三三%である。

3.3 本当にカカオ生産者は貧しいのか?

しばしば、「カカオ生産者は貧しい」と言われるが、貧困の程度が数値化されることは少なかった。そこでオランダ・ワーゲニンゲン大のファンフリートらは、コートジボワールとガーナのカカオ生産者の世帯別の情報から得られたそれぞれ三種のデータベースを分析し、生活収入ラインと絶対的貧困ライン以下の人々の割合を示した。[4] 現在、コートジボワールとガーナは世界のカカオ豆生産量の六割以上を占めており、いずれも政府機関がカカオ生産者を様々な形でサポートしている、いわば「カカオ生産の先進国」である。

生活収入とは、対象とする世帯のすべてのメンバーに適切な生活水準を提供するために必要な一日あたりの所得である。その要素には、食料、水、住宅、教育、医療、輸送、衣服、および予期しない出来事への備えを含むその他の不可欠な費用が含まれる。生活収入ラインは国によって異なり、ガーナは五・八米ドル、コートジボアールは六・三二米ドルである。また、絶対的貧困ラインは二〇一五年の世界銀行の定義によるもので、一日の所得が一・九米ドルである。

ファンフリートらによれば、コートジボワールとガーナの三〇〜五八%の世帯が絶対的貧困ラインを下回り、七三〜九〇%が生活収入を得ていない。一般に、所得が少ない世帯は、多い世帯よりもカカオ生産量が低く、家族構成員が多く、利用可能な土地のサイズが小さく、その一方で、カカオの収入に大きく依存している。

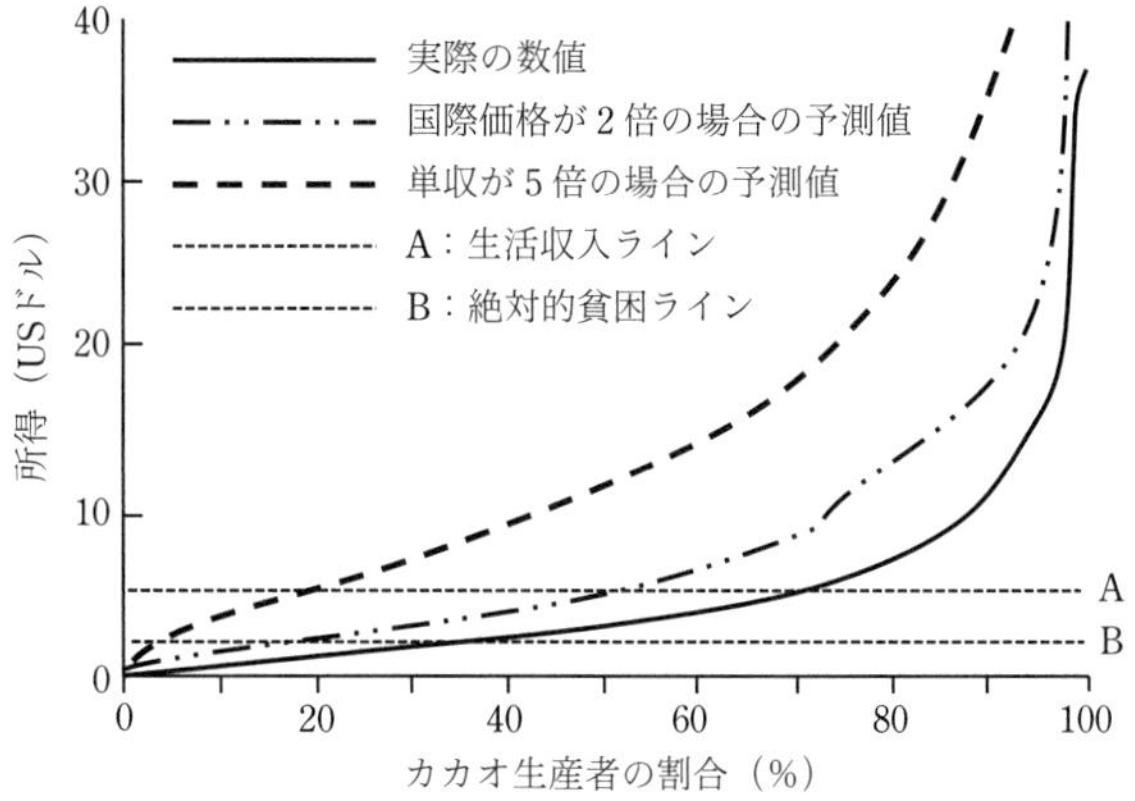

図3.3　ガーナのカカオ生産者の所得の分布（1人・1日当たり）

カカオ豆の国際価格が所得に与える影響を比較すると、価格が二倍になれば絶対的貧困ラインを下回る世帯は一五～二五%になり、生活収入ラインを下回るのは五三～六五%になる。一方、カカオの単収が現在の約三〇〇kgから六〇〇kgに増えれば、これらの割合はそれぞれ七～一一%と四八～六二%に減少し、一・五tになれば、一～二%の世帯のみが絶対的貧困ラインを下回り、生活収入ラインを下回るのは一三～二〇%になる。図3・3には、オランダの王立熱帯研究所のデータベースを基に作成した、ガーナ（生産者数九八七）の数値を示す。

ガーナの場合、カカオ農園の総面積は一四五万haで、六つの主要地域に分かれ、総数で約八〇万家族が働いている。図3・4には、コンゴールらが調査した七三一のカカオ農園の広さと単収を示す[1]。地域により大きなばらつきがあるが、全地域の農園の広さの平均値は四・四ha、単収の平均値は二三四kgである。図

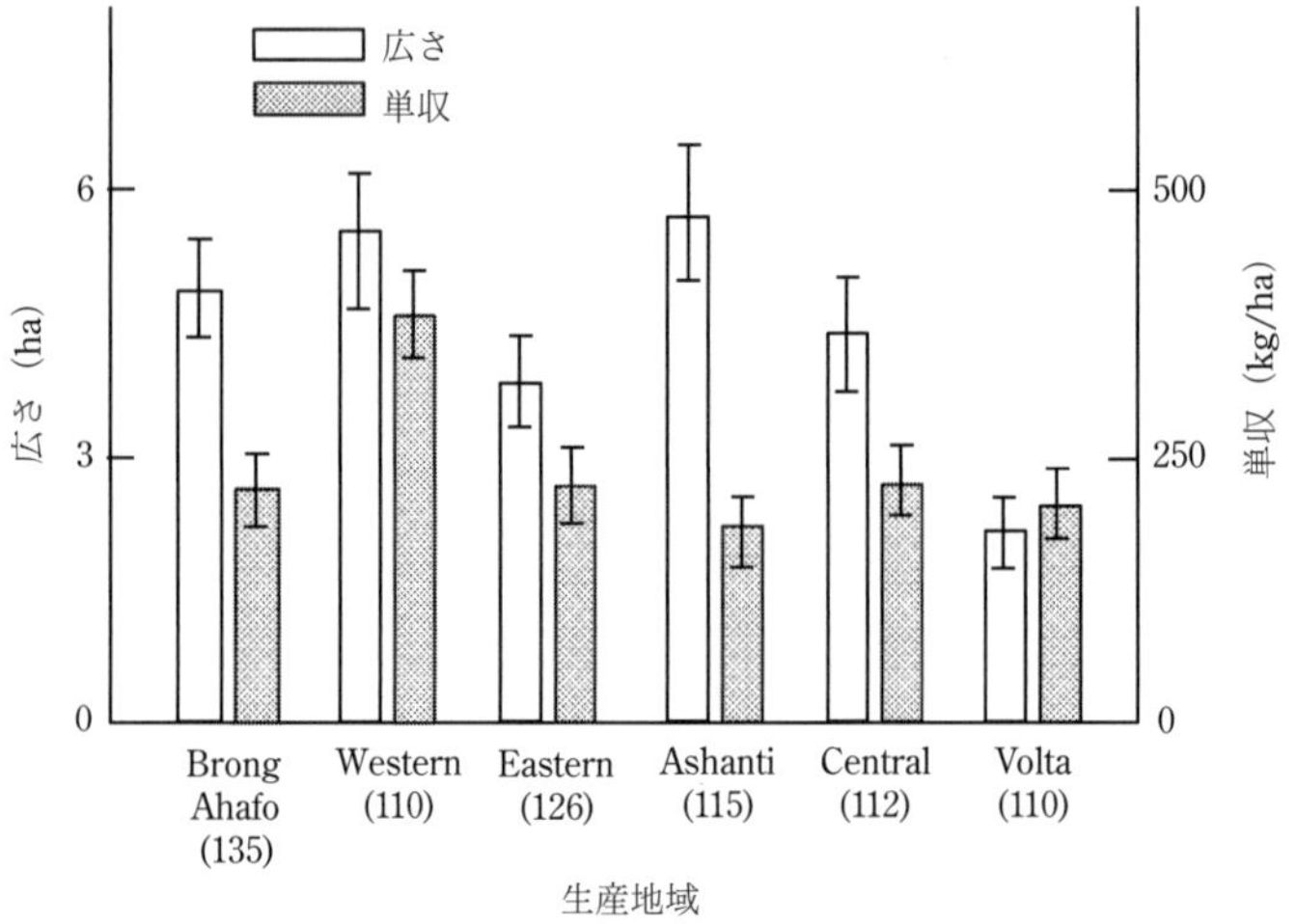

図 3.4　ガーナのカカオ農園の広さと単収（地域の数字は調査した農家数）

3・2の二〇一九年の国際価格で農家の平均年収を計算すると二三六八米ドルで、一農家当たり四人が働くとすれば一人当たりの日収は一・六二米ドルで「絶対的貧困ライン」以下となる。

ただし、ここに示したガーナのカカオの単収は、調査した範囲での平均値であり、わずかではあるが、ガーナ国内でも単収が六〇〇kgに達する農園もある。図3・3のように、単収を現状の五倍にするのは極めてむつかしいにしても、一tまで向上させることが達成可能な目標であろう。

問題は、そのために取り組むべき農園管理の困難さである。

3.4　カカオ農園の管理

以上から明らかなように、カカオの持続的生産を行うには、生産者の所得を上昇させる必要があり、そのための最も有効な手立ては、カカオ豆の価格の上昇、カカオ農園の面積の拡大と単収の向上である。しかし、国際価格はロンドンとニューヨークで決まるので、生産者にできることは農地の拡大と単収の向上である。ただし、環境問題などもあってカカオの作付面積を拡大しにくいので、どこの国でも単収の向上に最大の努力が向けられている。

カカオの単収を上げる要件には、農園の適切な管理、高収量を期待できるカカオの品種の選択、老齢化したカカオの木の植え替え、土壌の肥沃度の向上があり、農園の管理にはブラックポッド病などの病害や虫害・獣害への対策、施肥、および剪定が含まれる。管理が適切でないと、カカオを作付けしてから一〇年程度で収量が下がり始め、二〇年後には木の老齢化がはじまり、病虫害に侵されやすくなる。

病害・虫害・獣害

カカオの木を脅かすさまざまな病害への対策は、農園管理の中で最も重要である。病害は、一国あるいは広範な地域のカカオ産業の根底を揺るがす大問題で、現在でもその被害は深刻である。いったん病害が広がると、罹患したポッドや枝の除去のための労働や殺菌剤購入の負担が加わり、薬剤が効かない病害の場合は、自然の力による病害克服を辛抱強く待つしかない。そのため、度重なる病害はカカオ農民の栽培意欲を著しくそいでしまう。

表 3.1　主なカカオの病害[5]

病害名	被害状況	主な制御法
ブラックポッド病	菌類の繁殖でポッドが褐色に変色し腐る	罹患した部位の除去、殺菌剤の使用
魔女の箒病	菌類の繁殖で葉の付け根から異常伸長を生じ、花やポッドにも影響を及ぼす。	剪定、罹患した部位の除去、殺菌剤の使用
フロスティーポッド（モニーリア）病	菌類の繁殖でポッドが褐色となり腐る	罹患した部位の除去
維管束 - 条斑病（胴枯れ病）	菌類の繁殖で葉が落ち、幹が死ぬ	罹患した部位の定期的な剪定
カカオ異常伸長ウィルス	枝が肥大化し、木が死ぬことが多い	罹患した木の除去

表3・1には主なカカオの病害を示す。ブラックポッド病はどの生育時期のカカオポッドにも罹患するし、モニーリア病は厚い菌糸体の膜がポッドを覆い、胞子が風、雨、虫、ヒトを介して広がるが、有効な薬剤はない（図3・5）。モニーリア病の感染の兆候は、カカオポッドの木に近い部分の小さなくびれで、ポッドがまだ小さいときに、熟練者がそれを見つけて駆除しなければならない。一箇所にたくさんの枝が伸び、花が咲いて、カカオポッドが大きく成長せず、罹患した枝が箒のようになる「魔女の箒病」は、ウィルスが原因でカカオの木がやられて樹勢が弱まる、恐ろしい病気である。

もちろん、カカオ農家ではこれらの病害の克服に大変な努力とコストをかけている。十数年前からモニーリア病が猛威を振るっているメキシコ南部で三〇〇年も続く古い農園では、数十年の古い木を切って、新しく出た枝のうち強いものを残して昔からの種を保存

図 3.5　病害に罹患したカカオポッド

（左：リス、中央：キツツキ、右：カイガラムシとアリ）

図 3.6　獣虫害でやられたカカオポッド

し、病気に耐えた木から接木によって耐性の強い木を育てていた。また、メキシコのタバスコ地方のある大きな農園では、病気の駆除のためだけに、毎日五haの広さのカカオポッドの一つ一つをチェックし、罹患した幼いポッドをすべて除去していた。

病害に加えて、獣害や虫害も無視できない（図3・6）。サルはポッドを割って果肉を食べて豆をまき散らすし、ネズミやリスやキツツキはポッドに穴をあけて果肉を食べるが、そうなってしまうとポッドも豆も腐る。また、カプ

図3.7 ビニール袋がかけられたカカオポッド（フィリピン）

シッド、カメムシ、ポッドボーラーなどの昆虫は、樹液を吸い、植物体の細胞に直接的損傷を与え、幹やポッドに菌類が増殖し腐敗をもたらすし、芋虫はポッドに穴を開けて侵入し、カイガラムシはポッドの周りを覆いつくして成長を阻害する。

フィリピン南部のミンダナオ島のほとんどのカカオ農園では、すべての大きなカカオポッドにビニールの袋がかけられている（図3・7）。ビニールの上側をゴムで閉じるが、下側は開かれていて、雨水をためないようになっている。農園によると、「ビニールの厚さは薄すぎず、厚すぎず」で、二週間に一回農園を回って、一〇cmほどの長さに成長した若いポッドに袋をかぶせ、成熟するまでそのまま放置している。そのような光景は他の国では見かけなかったが、フィリピンでは、筆者が見学した農園の大小を問わず、この措置がしてあった。この方法は獣害や虫害の防止に効果があり、二〇〇七年からアメリカの製菓会社の指導によって実施されているとのことであった。

図 3.8　カカオの接ぎ木作業（インドネシア）

カカオの植え替え、剪定

老齢の木から若い苗への置き換えには、カカオ豆からの育苗法と接ぎ木法（図 3・8）があり、国や地域によってはカカオ農家以外も参画しているところがある。たとえば、フィリピン政府はカカオ農家にカカオを農業生産の目標の一つとして挙げていて、農家にカカオの生産を奨励している。カカオを生産していない一般の農家にもカカオ豆から発芽させて苗を作らせ、それを政府が買い上げてカカオ農家に与えているが、これは小規模農園へのサポートとなっている。

接ぎ木と豆からの発芽の比較であるが、ある農園では「接ぎ木した後の苗木はストレスがかかって育ちが悪いので、豆の発芽でしか苗を育てない。カカオの木の根の先端は、木の高さと同じくらい地中深くまで伸びないといけないが、接ぎ木の苗はそこまで伸びない」とのことである。

図 3.9 剪定されたカカオの木（エクアドル）

カカオの木の剪定も欠かせない。その目的は、

（1）作業のしやすさのために木の高さを三m程度にそろえる
（2）効果的な採光のために数十cmの長さの枝を三つ股にする（図3・9）
（3）授粉の効率を上げる
（4）若葉とカカオポッドの成長をうながす
（5）風通しを良くして病害を避けるなどである。

施肥

カカオ栽培に限らず、果実によって土壌中の栄養素が奪われるので、持続的に安定した果実の生産のためには、バランスよく栄養素を補給しなければならない。一tのカカオ豆は、二〇kgの窒素、四kgのリン、一〇kgのカリウムを消費すると言われている。そのため、農園の規模と方針に基づいてさまざまな施肥が行われている。

図 3.10　インドネシアの農園におけるミミズ（枠）を用いた土壌改良

エクアドルの大規模農園では、リン、カリウム、窒素、カルシウムなどのマクロ栄養素は水に溶かして根の周りに施肥し、銅、亜鉛、ホウ素などのミクロ栄養素は、水に溶かして飛行機で施肥して、葉から吸収させている。この方法は、バナナ栽培などの熱帯植物のプランテーションでは一般的に行われているということであった。

一方、インドネシアの大農園では、堆肥を用いた有機肥料の施肥に加えて、各種のミミズを飼育して土壌を改良し、農園に散布していた（図3・10）。またメキシコで「熱帯雨林型のアグロフォレストリー」を経営する中規模農園では、カカオ以外に多くの落葉樹を混植し、その落ち葉が作る腐葉土で十分な土壌の肥沃度を確保できるので、施肥は行っていない。その農園を歩くと、筆者のひざ下まで落ち葉がぎっしりと堆積し、腐葉土の深さは二〇㎝以上であった（図3・11）。この農園のオーナーのデメトリアさんとご子息のホアンさんたちは、モニーリア病で周囲の農園がバナナに転作する中で、歯を食いしばってクリオロ種のカカオ農園を守り抜き、今では世界中からカカオ豆を買い付けに来る農園にまで育てている（図3・12）。

ただし、小規模農園ではこのような施肥は人手と財源が不足しているので、ほとんど行われていない。

図3.11　メキシコのアグロフォレストリー型のカカオ農園

図3.12　メキシコ・ソコヌスコのカカオ農園のデメトリアさん（左）とホアンさん（右）（2018年撮影）

3.5　児童労働はあるのか？

カカオの生産にかかわって、「児童労働問題」が報道[6]や、著書[7、8]などで広く議論されている。特に取り上げられている地域が、西アフリカである。たとえば非政府組織のエースは、ガーナ南部の農園では「ガーナ北部だけでなく隣国のブルキナファソ、トーゴなどの国々から移住してくる家族も少なくなく、それら移住してきた家族の子どもが学校に通わずに働くケース」や「最悪の場合は、子どもだけが家族と引き離されて労働者として連れてこられた」、「危険な労働を余儀なくされる一八歳未満の児童労働者は、（中略）コートジボワールは七九万人、ガーナは七七万人」と指摘している[8]。

この問題を考えるためには、実際のカカオ農園における労働慣行を見なければならない。ファウラーとクーテルによれば[5]、西アフリカにおけるカカオ生産は、主に小さな家族農園において労働集約的に行われる。それに従事している労働者は、フルタイムの季節労働者、特定の仕事を行う臨時労働者、および小作人（小作人は農園の一部で労働力を供給し、収穫が進むと場所を移動する）の三つのタイプに分類される。一年に二回訪れる収穫の時期には家族の子供達も駆り出され、斧でカカオのポッドを木から切り取ったり、カカオ豆を取り出すために硬いカカオポッドの殻を割ったりする危険な労働や、発酵と乾燥のために、広い農園からたくさんのカカオポッドを一カ所に運ぶ重労働に当たる場合もある（図3・13）。それは、戦後間もない日本の農村で、貴重な労働力である子供たち

図 3.13　集められたカカオポッド（ベトナム）

が、ほとんど毎日、下校したらすぐ農地に出て日が暮れるまで大人の仕事を手伝い、農繁期には学校を休んで働く児童も多かったという事態と大きくは変わらない。それを「児童労働」と指弾することは酷かもしれない。

筆者がこれまでに訪問した八カ国（スリランカ、ベネズエラ、ホンジュラス、メキシコ、エクアドル、ベトナム、インドネシア、フィリピン）のカカオ農園で児童労働について尋ねたが、答えはすべてノーであった。また、西アフリカのカカオ農園を訪問した筆者の友人も同様である。もちろんそれだけで「児童労働はない」と結論できないが、下校後や繁忙期に子供たちが農園の仕事に従事する光景を「児童労働」とみなすケースもあると思われる。

いずれにしても、「学業等を犠牲にして強制される児童労働」は撲滅されなければならない。しかしそれを実現するためには、生産者の意識向上だけではなく、「児童労働や人身取引などの予防や取り締まり、そのための国民全体への意識啓発にはじまり、農村地域の教育環境の改善、零細農家の技術向上支援や生活向上支援、地域経済の活性化や雇用の拡大など、非常に幅広い課題への対応を同時に進めることが必要」であろう。(8)

3.6　カカオ生産は環境を破壊するのか？

児童労働と並んで、熱帯地域におけるカカオ生産で議論されている問題が「熱帯雨林の伐採による環境破壊」である。国際的な環境保全団体のマイティー・アースは、カカオ生産地の拡大によって二〇一九年からの三年間に、コートジボワールとガーナで約六万ha（東京二三区に相当）の森林が失われていると警告したうえで、企業や政府に対し、森林破壊の監視体制の確立や森林破壊をゼロにする目標設定と進捗の公表を求めたが、現在もその状況は改善されていないと報告した。(9)

しかし、基本的にカカオ栽培は日陰樹を含む混植栽培法であり、環境に良い土地利用法である。カカオ農園は比較的高度な生物多様性を支え、中央アメリカでは渡り鳥の重要な生息地である。そのための有効な農園管理法が「アグロフォレストリー」である。

さまざまな種類の果樹や用材樹種と農作物、家畜を、同時ないし時系列的に組み合わせ、それらが経済的および生態学的に作用し合う土地利用形態を「アグロフォレストリー」と言うが、カカオ

はその最適な例である。(10)

アグロフォレストリー型の農園では、カカオの木に覆いかぶさるように大きな木（シェイドツリー）を植えて日陰を作り、そのもとでカカオを育てる。幼いカカオの苗の場合はバナナの木を植え、大きくなったらヤシの木や高級家具の素材にもなるホンジュラン・カオバなどを植える。

以下が、アグロフォレストリー農法の利点である。

（1）カカオや混植樹は落葉、落枝量が多いので、それを腐葉土にすれば肥料を必要としない
（2）さまざまな木の複合系が湿度や豊富な窒素を保って多様な植物相を育て、カカオの花の受粉を助ける昆虫を繁栄させる
（3）大木による日陰が授粉を促進する
（4）強風から幼い枝葉を守る
（5）カカオの花や新芽を食べる害虫を捕食する鳥類を生息させる
（6）土壌に水分を保ち、落ち葉などを腐葉土に変える

それ以外も含めたアグロフォレストリーの機能性を、図3・14に示す。

図3・11の農園は、メキシコのチアパス州のカカオ農園のネットワークであるCASFA（サンフランシスコ・デ・アシス農業環境センター）に属している。CASFAは、チアパス地方の貧困、飢餓、土地の浸食などを克服するために組織されたが、この地域の農業主権、生物多様性、持続型農業の発展、および経済的自立を目指している。彼らは環境保護型有機農業によって、ソコヌ

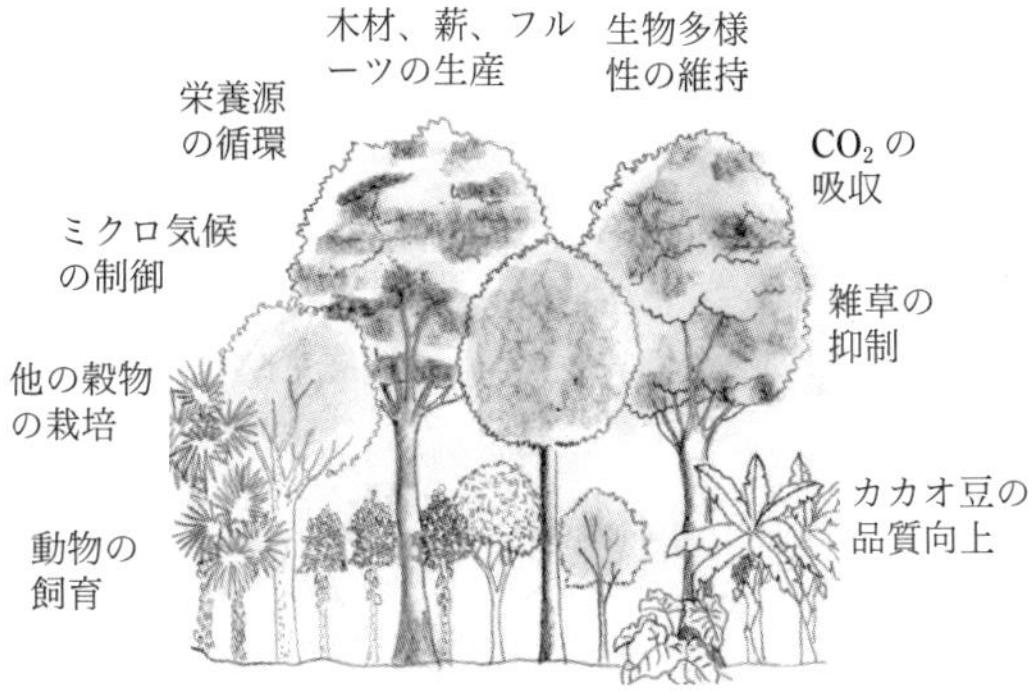

図 3.14　アグロフォレストリーの機能性

スコ地方に固有で、香りが良くて病気への耐性が強いクリオロ種カカオを生産している。二〇一八年の段階で、CASFAに所属する農園全体の面積は九〇〇～一一〇〇haで、農家数は三二〇戸であった。

個々のカカオ農園がCASFAのメンバーになるには、熱帯雨林の多様性を維持するアグロフォレストリー型の農園管理が必須とされ、具体的には四〇種以上の植生を必要とする。そのため、カカオに加えてパパイヤ、バナナ、アボカド、オレンジ、ラン、各種薬草などを植え、動物も蛇、イグアナ、アルマジロ、ニワトリなどを生育させている。

また、この地で販売するカカオ豆はクリオロの付加価値もあって、高い時には普通の豆の二倍以上の値段がつくこともある。筆者はCASFAを二回訪問したが、現地購入でのカカオ豆一kgの値段は、二〇一八年が五米ドル、二〇一九年が八米ドルであった。

3.7 気候変動の影響

アグロフォレストリーは環境と調和したカカオ生産方法であるが、そこにも落とし穴がある。それは気候変動による乾燥化であるが、それを実験的に証明することは難しい。

しかし、二〇一八年にガトー・レイラらはブラジルのカカオの七五%を生産しているバヒア地方で進められているアグロフォレストリー方式のカカオ農園に及ぼす気候変動の効果を調査した。[11] それによると、二〇一五年～二〇一六年のエルニーニョ・南方振動が引き起こした干ばつによって、アグロフォレストリー型農園が打撃を受けた結果、カカオの木の一五%が死滅し、カカオ豆の収量が八九%減少し、病害の発生が引き起こされたと報告している。

3.8 フェアトレード

近年のチョコレート消費者の関心は、ヘルシー志向、純正志向、新機能の付与の三つにまとめられる。この中で「純正志向」は、「単一品種・産地のカカオ豆の使用（いわゆるシングルビーン）」という狭い範囲ではなく、自分の摂取するチョコレートの原料であるカカオ豆がどのような環境で栽培され、チョコレートの生産地に運ばれ、どのように加工されたかなど、広い範囲に及んでいると思われる。

このような状況の中で、カカオのダイレクト・トレード、とりわけ、フェアトレードがカカオ農園の活性化に寄与するものとして注目されている。

フェアトレードの定義は、それを提唱する団体や個人などによって微妙に異なるが、さしあたり「公平・公正な貿易、つまり、開発途上国の原料や製品を適正な価格で継続的に購入することにより、立場の弱い開発途上国の生産者や労働者の生活改善と自立を目指す貿易のしくみ[12]」とまとめられよう。フェアトレードはカカオに限定されたものではなく、コーヒーやサトウキビなどの原材料だけでなく、それを使用した最終製品にも適用される。

フェアトレードの取り組みには、多くの機関、法人、個人が参入しているが、大別して穀物商社を通すもの、カカオ生産地域で生産農家を束ねて産地限定のカカオを販売する法人や個人を通すもの、さらにはチョコレート製造者がカカオ生産地に出向いてダイレクトに輸入するものがある。また、国際的な認証機関による認証を経るケースや、それを通さずに独自のダイレクト・トレードを推進するケースがある。

たとえば、世界カカオ基金や、多数のチョコレート企業、ガーナとコートジボアールなど多くの政府機関が、共通したプログラムで推進したココアアクションは、カカオの持続可能性における地域の優先課題を設定して、その改善のために活発に活動を展開した[13]。その結果、二〇一九年の農家数は約三五万軒で、参加するカカオ農家のカカオ豆の平均単収は約五五〇kgまで増加している。

表 3.2　フェアトレード・インターナショナルの認証計画の目的

最終目標	国際フェアトレード基準を設定し、生産者や労働者の生活改善と自立を目的とした「公平な貿易」のしくみを構築することにより、開発途上国の貧困で不利益を被っている生産者の地位を向上させる。
審査と認証	第三者による認証で、サプライチェーン全体を管理。三年毎の認証で、定期的な監査を実施。農園の大きさや農家数、組織の事業規模などに応じて、初期費用と年間認証料を支払う。

フェアトレードの認証機関

フェアトレードは多くの機関によって推進されているが、それぞれの機関によって活動の焦点は異なっている。しかし多くの計画は以下の三つの柱を通じて、持続的なカカオの生産をめざしている[14]。

(1) 生産性の向上：品種改良（収量増大、病害耐性）、農園管理の教育と実行、肥料入手の改善、必要な場所での灌漑

(2) カカオ生産共同体の生活水準向上：作業者の教育、女性の活用、児童労働の撲滅、清浄な水の確保、健康衛生の改善

(3) サプライチェーンの最適化：農民の収入を高めるための透明性の向上、支払い時間の短縮化、カカオ豆のトレーサビリティの確立

表3・2に、代表的な認証であるフェアトレード・インタナショナルの定める国際フェアトレード認証の概要を示す[14]。そして、多くのチョコレート製造業者が、チョコレート菓子やココアパウダーの主要ブランドをフェアトレード認証（FAIRTRADE）に移行しており、その品数は年々増加している。

国際フェアトレード認証ラベル

図3.15　フェアトレード・インターナショナルの認証マーク

フェアトレード・インタナショナルの認証を得た場合は、基準を満たした商品に認証マークを印刷できる（図3・15）。

大手メーカーの取り組み

大手メーカーのカカオ・トレードは主に穀物商社を通して行われているが、カカオ豆の輸入において、最終商品の目的に合致したカカオ豆の購入ルートや購入価格は産地によって異なっている。輸入の手続きは商社が行うが、「どの豆を、どのような処理をして購入するか」はチョコレート会社が決定し、その豆を現地輸出業者が集荷して商社へ販売する形をとっている。また、カカオ豆の価格はニューヨークとロンドンの相場できまるが、それは基準価格で、特別な豆は契約時に「プレミアム（基準価格プラスアルファ）など」を決める。そして大手メーカーや穀物商社も、フェアトレードの動きに大きな関心を払っているが、具体的には、国際的な認証機関を利用する場合や、独自のコンセプトでフェアトレードの指針を決めている場合がある。

例えば、代表的な穀物商社のカーギルは、フェアトレードについて以下の指針を出している。[15]

（1）透明性：認証プログラムによる第三者保証を含め、サプライチェーンや財務の透明性を促進する

（2）計画性：さまざまな生産地の特殊性に応じて、適応可能なプログラムを設計する

（3）テクノロジー主導：テクノロジーの力を利用して、プログラムを大規模に迅速かつ効果的に展開する

（4）到達目標：カカオ生産農家の組織化を通じて、農家が起業家になり、農場をビジネスとして運営できるようにサポートする

（5）社会貢献：社会経済的利益を共有し、カカオ農家が生計を立てることができるようにすると同時に、森林伐採を防ぐための具体的な行動をとる

一方、日本国内や海外のチョコレート製造会社も、フェアトレードに関する上記のコンセプトを共有しながら、フェアトレードに基づいて独自のルートでカカオ豆を輸入し、チョコレートを製造・販売している。

草の根のフェアトレード

前項の国際認証機関のフェアトレード認証を求めることなく、法人や個人が独自のルートでカカオ生産者とチョコレート製造者をつなぐカカオ・トレードもたくさん存在する。いわば「草の根の

フェアトレード」である。

その場合、生産側から製造側へのアプローチと、その逆のアプローチがある。ただし、実際には両者が一体となったケースもある。たとえば、日本からカカオ生産地に出向いて現地の農家を指導援助した結果、現地で農家を組織してカカオ豆やチョコレート製品を輸出する法人を立ち上げ、日本に輸出している例もある。

ここでは、筆者がコンタクトした例を紹介する。

カカオ生産側からのアプローチ

(1) ベネズエラのカカオ・シェアーズ

南米のベネズエラは、カカオの原産地の一つで、昔から良質のカカオ豆の生産で知られ、日本はベネズエラ産カカオ豆の最大の輸入国の一つである。

日本在住のベネズエラ人のアレハンドロ・パティーノ氏は、二〇一七年にベネズエラのカカオ農家の支援プロジェクト「カカオ・シェアーズ」を立ち上げ[16]、現地のカカオ生産農民の支援を行うとともに、日本のチョコレート製造者にカカオ豆を販売している（図3・16）。パティーノ氏は国費外国人留学生として広島大学で修士号を取得した後に、一旦帰国したが、その後にベネズエラでのカカオ生産のサポートと、日本へのフェアトレードビジネスを始めた。

カカオ・シェアーズを立ち上げた理由について、パティーノ氏は次のように述べている。「世界

図 3.16　ベネズエラのカカオ・シェアーズの活動家たち

中のカカオ農園は深刻な干ばつと気候変動という難題を抱え、二〇五〇年までに深刻な事態を迎えると言われている。ベネズエラはカカオの起源地と言われ、昔から希少な品種のカカオを育てている地域がたくさんある。そういう生産者やカカオ資源を守り育てる活動をしたい。」

カカオ・シェアーズは、カリブ海に面した人口一〇〇〇人ほどのパタネモ村のカカオ農家の生産者（約三〇人）を集めて、ベネズエラ中央大学と共同して、五週間にわたりカカオ生産に関する専門的な知識や生産効率の高い栽培方法を教授した。良質のカカオ豆を生産するための最も重要な条件として、農園で働く人々がカカオの生育とカカオ豆の発酵・乾燥についての科学的知識を十分に習得することが欠かせないからである。個人的ではあるが、筆者もオンラインでこの取り組みに協力した。その効果もあって、参加する農家のカカオ豆の平均単収は五〇〇kg~五五〇kgとなっている。

現在、カカオ・シェアーズが取り組んでいるのは、チョコレート職人や愛好家が直接ベネズエラのカカオの木に投資し、そのリターンをカカオ製品で受け取ることである。このプロジェクトでは、農園のカカオの木を観察する装置をつけることで、カカオの木のオーナーがオンラインで自分が契約した木の生育状態を確認できる。パティーニョ氏は、そのような細かい取り組みを含めて、日本へのカカオ豆の輸入を増やしたいと考えている。

（2）コスタリカのロメロトレード

ロメロトレード社は、コスタリカを拠点にして、コスタリカ、ホンジュラス、ドミニカ共和国のカカオ農家と契約してカカオ豆を日本に直輸入している。[17] これらの農家は、主としてCATIE（熱帯農業研究高等教育センター）が提供する品種のカカオ豆を生産している。

CATIEは、コスタリカを本拠にして中南米やその他の国で、カカオ生産の技術指導や、病害耐性などの特性をもつように品種改良されたクローンの苗木の販売をしている。CATIEの活動はベリーズ、ボリビア、コロンビア、コスタリカ、ドミニカ共和国、エルサルバドル、グアテマラ、ホンジュラス、メキシコ、ニカラグア、パナマ、パラグアイ、ベネズエラ、ブラジルに広がり、アメリカ農務省とも提携をしている。

ロメロトレード社が契約している農園の概要は以下のとおりである。

図 3.17　コスタリカのカカオ農園でのカカオ豆の取り出し作業

＊コスタリカ（図3・17）
八軒の農家（総面積は五ha）と契約し、カカオ豆の平均単収は五〇〇kgである。
＊ホンジュラス
約二〇〇軒の農家が属するカカオ組合（各農家の面積は平均三ha）や二軒の農家（それぞれ約一〇ha）と契約し、平均単収は三八〇kgである。
＊ドミニカ共和国
一軒の農家（五〇ha）と契約し、平均単収は三八〇kgである。

（3）ボリビアのワイルドカカオ

南米・ボリビアの原生林で自生するカカオ（ワイルドカカオ）から収穫したカカオ豆を、フェアトレードで輸出するプロジェクトがある。これは、㈱サティスファクトリー代表の小松武司氏が二〇二一年に発足させた「Forest Heritage

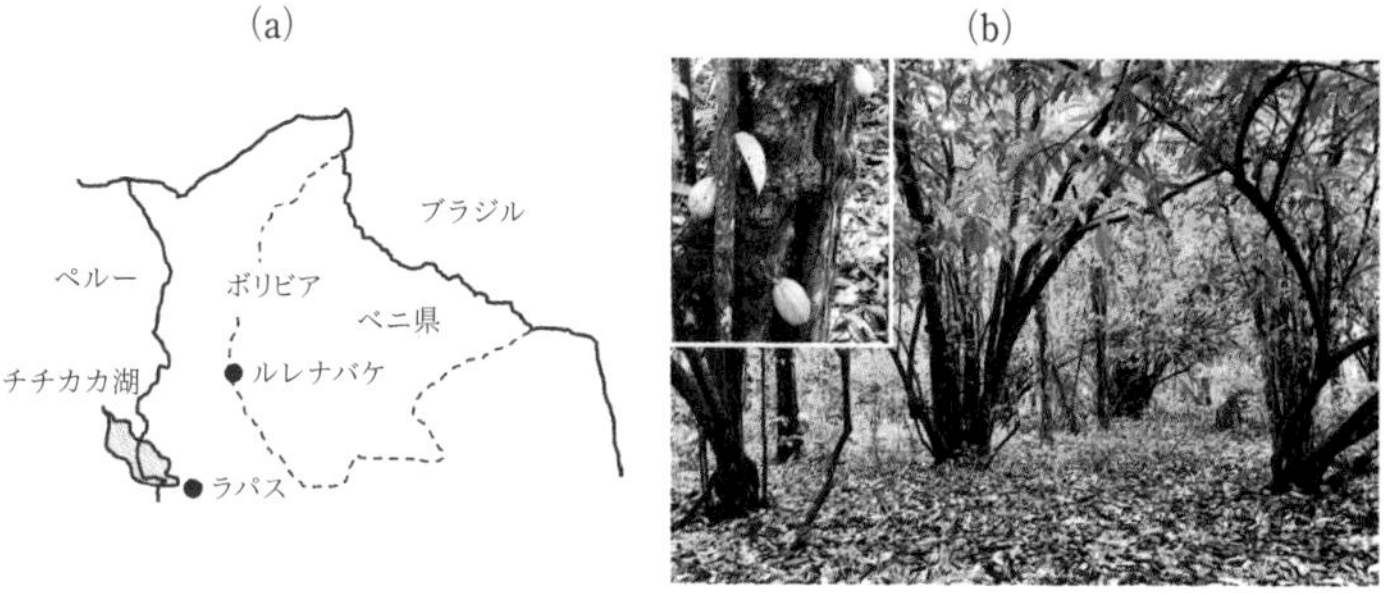

図 3.18　ボリビアのベニ県の原生林に育つカカオの木とカカオポッド

Treasures」で、「ボリビアのアマゾン川源流域の自然資源を流通させ、現地の絶滅危惧種である〝ピンクイルカ〟を保全すること」を目的としている。小松氏らは東京のチョコレートショップに勤めていた尾崎雅章氏と話し合って、そのプロジェクトにカカオ事業を組み込み、「ワイルドカカオでピンクイルカを守ろう」をキャッチフレーズにしている。尾崎氏は、現地の先住民たちと協力しながらカカオ豆のフェアトレードに取り組み、二〇二三年秋から日本での販売を開始した。

アンデス山脈に近い広大なベニ県（二一万km^2）には、たくさんのアマゾン川の支流がある（図3・18 a）。農園で栽培されるカカオと異なり、樹齢が数十年以上の木は背が高く、カカオポッドはばらばらに生育し、ポッドも豆も小さいので（図3・18 b）、カカオ豆の収穫は大変な作業である。尾崎氏らはカカオ豆を相場の二倍の値段で買い付け、発酵・乾燥・梱包を経て、ルレナバケを経由して輸出している。

ちなみに、ベニ県とそこを流れるアマゾン川支流のベニ川のBeniは、最近のカカオのゲノム解析によって同定されたオリジナル品種と同名で（図1・3）、周辺地域は最終氷期に生き残ったペルー南部の熱帯雨林地域に近接している（図4・9）。

尾崎氏は言う。「ピンクイルカ＝ボリビアカワイルカは、一九九六年に国際自然保護連合のレッドリストに絶滅危惧種Ⅱ類として追加されました。ピンクイルカを守ることは、そのままその周辺の自然環境保護に繋がります。このカカオ豆『ベニ・ワイルド』を日本市場で流通させて、そこからの収益を環境保全活動に役立てたい」。

チョコレート製造側からのアプローチ

（1）宗像市のウメヤブレイナリー

「ビーン・トゥ・バー（BtB）チョコレートショップ」のウメヤブレイナリーは、現在、インドネシア・バリ島のカカオ農園と発酵段階から共同でカカオ豆の生産をサポートして、直輸入している（図3・19）。

オーナーの清永東誉氏は、良質なカカオ豆を作っても安定的な販売が見込めないカカオ農家の現状を知り、自らが仕入れ販売するために二〇一八年より、直接カカオ豆の輸入をはじめ、機械を新しく導入し、二〇一九年にチョコレートショップをオープンした。従来の発酵方法で問題はなかったが、発酵には技術や設備が必要なため、多くのカカオ農家が始めづらい状況を目の当たりに

図 3.19　インドネシア・バリ島のカカオ農園（左が清永東誉氏）

した。清永氏はその後、バリ島のカカオ農家と「発酵が誰しも簡易に行え、未体験の味を追求する」共同研究に取り組んだ。

そのきっかけは、家業である明太子事業のために発酵などで相談していた大学の発酵の研究者との議論であった。その結果、最初のアルコール発酵に関与する酵母を選定して購入し、ボックス法の装置も製造した。清酒酵母、焼酎酵母、シャンパン酵母、乳酸菌を準備し、必要な資金はクラウドファンディングで調達した。発酵を終えたカカオ豆の味見は、クラウドファンディングの賛同者一九〇人に四種類のチョコやカカオ豆を提供して実施し、良好な反応を得た。現在は、農家独自に発酵した通常のカカオ豆に加えて、シャンパン酵母で発酵したカカオ豆を購入している。

清永氏は、発酵への関与を含めたバリ島でのフェアトレードの取り組みについて、こう述べている。「ダイレクト・トレードこそが、カカオにつながる社会問題の解決につながると考えた。そして、認証団体等による『管理による流通』ではなく、『対価と信頼の流通』が次世代の解決方法だと信じている生産者と我々の間の信頼のもとで、先物取引相場に左右されず、安定的にカカオの豆をより高く買い、消費者との架け橋となることを目指したい。ただしいろいろと課題もあり、納期遅れや物流（輸入）などでのトラブルもある。福岡で明太子の文化が根付いたように、チョコレートの文化を根付かせたい。BtBチョコレートが日常に根付くためには、『高級な味』を目指すのではなく、多くの世代に愛される味を目指すべきだと考えている」。

なお、バリ島の数件のカカオ農家の平均単収は二tである。

（2）相模原市の藤野良品店

藤野良品店は、アフリカのタンザニアからカカオ豆を日本に輸入して、BtBショップなどに販売している。そのきっかけは、二〇一五年に日本のあるBtBショップからタンザニアからのカカオ豆調達支援を頼まれ、店のスタッフをタンザニアのカカオ産地に案内したことである。その後、紆余曲折を経て、タンザニアで入手した約二〇サンプルのカカオ豆の中で最も品質が優れていたココアカミリのカカオ豆を輸入している。

もともとは、オーナーの柳田啓之氏たちは、タンザニアで干しいも・ドライフルーツを作り、日

図 3.20　タンザニアのカカオ農園

本に輸入する事業に携わっていた。それに併せて日本に輸入できるタンザニアのいい農産物があったら相乗効果が生まれると考え、タンザニアで入手したカカオ豆を使って、自宅でチョコレートを作ったところ評判がよく、本格的にチョコレート事業を始めることになった。

ココアカミリは、二人のアメリカ人がタンザニアで立ち上げた、カカオ豆の加工・輸出を手掛けるソーシャルベンチャーである。タンザニアは赤道近傍に位置して、カカオ豆の栽培に適した国である。カカオ豆の生産量は約七〇〇〇tと少ないが、味や香りが良く、油脂分が多い良質なカカオ豆を産出することで知られている（図3・20）。

ただし、タンザニアのカカオ豆はほとん

どが小規模・零細農家によって生産されているために、自前で十分な発酵設備を持つことは難しく、発酵・乾燥プロセスにもばらつきがあるため、しばしば安価な汎用品として売買されている。それどころか、発酵を経ずに乾燥させただけのカカオ豆が搾油用に安く買われる場合もある。

その状況の中で、ココアカミリは小規模農家の代わりにカカオ豆の加工プロセスを担って付加価値を向上させ、世界のBtBチョコレートメーカーに高品質なカカオ豆を販売し、農家にも収益を還元することを始めた。現在、ココアカミリのカカオ豆は四〇カ国以上のBtBメーカーで使われていて、豆としても評価は高い。

柳田氏は、自らのビジネスについて以下のように語っている。「私たちは小規模にBtBチョコレートを製造・販売しているが、カカオ豆のローストには地元で作られた炭を使っている。炭火ローストをすることで、より味が良くなるということもあるが、中山間地であり、最近は獣害が目立つ地元の里山を保全したいという思いもある。また、私たちは柚子、生姜、キウイなどの地元農産物を使ったチョコレートも製造している。こういった取り組みが各地に広がれば、地域おこしの一つのツールになるのではないかと考えている。どの町にも豆腐屋さんがあるように、どの地域にも地元に根差したBtBチョコレートメーカーがある世界を思い描いている」。

（3）名古屋市のチョコリコ

BtBチョコレート専門店のチョコリコは、二〇一九年一二月にカンボジアに最初のカカオの

図 3.21　カンボジアのチョコリコ農園でカカオの苗を植える人々
（左端が渡邉千晃氏、左から 7 人目が由利子氏）

苗を植えて以来、現地で自社カカオ農園づくりを進めている。二〇二三年にはカンボジア唯一のカカオ農園からダイレクト・トレードでカカオ豆を輸入し、名古屋市西区の自社工房でチョコレートを製造・販売している。

チョコリコのオーナーショコラティエである渡邉由利子氏の夫・千晃氏は、昔から長年の戦火と国内の混乱で子供たちが苦難にあっているカンボジアに関心があった。彼は、カンボジアをはじめとした開発途上国へ「国境なき教師団」を派遣するなどの教育支援活動をしている公益社団法人「シーセフ」の活動に二〇一四年から参画して、貧困地域の訪問や現地の教育支援活動を行ってきた。その中で、カンボジアでの子供たちの生活や教育環境を持続的に改善するためには、現地での雇用を創出し、親世代が自立することが基本的条件であり、その手段として自社カカオ農園運営によるカカオ生産の可能性を模索した。

当初はカンボジアでのカカオ農園運営に関する情報を入手できなかったため、隣国のベトナムからカカオの苗を入手することを検討していたが、その過程においてカンボジアで一カ所だけ事業化されたカカオ農園が存在することを知り、さまざまな伝手を頼りに、その実質的オーナーであるオランダ人のステファン・ランバード氏に辿り着き、長期間の交渉を経て、カカオの苗二〇本を入手することに成功した。

苗の確保と同等に、当時最大の課題は農地の確保であった。タイとの国境に近いバッタンバン州で活動する認定NPO法人テラ・ルネッサンスに協力を仰ぎ、ドリアンの生産で有名なサムロートの農協に農地の提供を申し込んだ。しかし、過去に、主に中国やタイの業者から「この果実の苗を購入して育ててくれれば、収穫時にすべて買い取る」という契約のもとで苗を売りつけられたが、実際は、収穫時期になっても一向に買い付けに来ない「苗の売り付け商法」という詐欺被害を幾度も経験してきた彼らにとって、千晃氏のカカオ農園の話は簡単に信用できるものではなかった。しかし千晃氏は、何度もサムロートを訪問して、彼らに自らの理念やミッションを伝え続けることで理解と納得と信頼を得て、最終的に約一五haの農地を無償で提供してもらう約束を取り付けた。

二〇二三年六月時点で、ステファン氏から譲り受けた苗のうち十一本が「チョコリコ農園のマザーツリー」として順調に成長しており、そのマザーツリーで収穫したカカオの種から純サムロート産の苗を育てている。約一五〇〇本の苗と約一二〇本のカカオの木をチョコリコ農園で育てており（図3・21）、四haで五〇〇〇本のカカオの木を育てることを当面の目標に掲げている。

チョコレートの製造については、由利子氏が二〇一九年に愛知県内のパティシエの作業を見学し、その後は独学でチョコレート作りを学び、二〇二一年七月にチョコリコを開業し、ステファン氏の農園で栽培されたオーガニックカカオ豆と、カンボジアのコンポンチャム州で採取・製造された天然パームシュガーを輸入し、「すべてカンボジア産のチョコレート」を製造販売している。

渡邉夫妻は、「まずはカンボジアでカカオ農園の運営により雇用を生み、経済的な理由で学校に通えない子どもをゼロにしたい。その後はカカオ農園の運営で持続的な雇用を創出できるビジネスモデルを構築し、同じような問題を抱えている国々でも展開していきたい」と期待している。

3.9　フェアトレードの未来

ここで取り上げた例は、多様な形で展開されているカカオのフェアトレードのほんの一部である。しかし、カカオ農家の生活の質の向上と農園の環境保全のために、ロンドンとニューヨークの市場価格以上の取引を保証し、カカオの生産を環境と調和させながら進めるための技術支援などは、極めて重要と思われる。

フェアトレードにおける現地でのカカオ豆の購入価格は、ほとんどが市場価格の二倍で、高いところでは四倍にもなっている。これにカカオ豆の単収の増加が加われば、フェアトレードがカカオの生産を「利益の上がるビジネス」へ転換する有力な道となることは間違いないであろう。

しかしながら、カカオのフェアトレードに関して解決するべき課題も山積みであり、中でも以下の点が重要と思われる。

（1）カカオ生産者とチョコレート製造者の対等な関係がフェアトレードの基本であるが、国際市場価格より高い値段での取引を実現するには、カカオ豆の品質の向上が必須となる。それを可能とするためには、3・4で述べたカカオ農園の整備や、第八章で詳しく解説する質のカカオ豆の発酵・乾燥を最適に行うなどの多くの難題を乗り越えて、コンスタントに高品質のカカオ豆を供給する必要がある。その結果として、高品質の豆を作り、品質管理を行うための知識や技術、人的資源が不足していることも、カカオ生産者側の大きな障害となっている。

（2）多くのカカオ生産国は発展途上国であり、道路や港湾設備などの社会インフラが未整備となっている。したがって、カカオ生産者とチョコレート製造者をつなぐ部分で予測できない負担が増してくるが、この問題はとりわけ「草の根のフェアトレード」の場合に大きな課題となる。

（3）チョコレート製造国におけるカカオ豆の販売のネットワークの構築も、カカオ生産者の不安要因となっている。とりわけ、国内のチョコレート販売が〝飽和している〟ように見える我が国では、フェアトレードを通じて年間で数t以上のカカオ豆をチョコレート製造者に安定に販売できるシステムの構築が求められる。

（4）

カカオ生産者とチョコレート製造者に加えて、チョコレート消費者もフェアトレードに関する認識を深めることが求められる。そもそも、フェアトレードの本質的な目的は、認証を受けることでも認証ラベルを付けることでもない。しかし、認証ラベルを付けることが目的化したり、「認証ラベルが付いている商品であれば良いものだ」と安易に信頼したりするなど、手段と目的を混同してしまう風潮が、最近目についている。現在、フェアトレードに限らず、〝サスティナブル〟や〝SDGs〟や、〝エシカル〟などの表面的な言葉だけが独り歩きする風潮がみられるので、生産者も製造者も消費者も、本来のあるべき姿に立ち返るべきであろう。

筆者は、このような課題の解決を含めて、カカオのフェアトレードの今後の展開に注目したい。

第四章　かくしてヒトはカカオに遭遇した

カカオが自生できる熱帯雨林は、最後に起こった地球の氷河期（最終氷期）に、低温化と乾燥によって世界中の多くの場所で消滅した。しかし、南米のアマゾン川源流域の狭い範囲には、最終氷期を通じて熱帯雨林が保たれていた。そのために、カカオはその場所に数万年の間「逃避」して生き残ることができた。そして、最終氷期の終了とともに、熱帯雨林が赤道を挟んで南北約二〇度以内の、いわゆる「カカオベルト」まで拡大して現在に至っている。

一方、約六～七万年前にアフリカを出たヒト（現生人類）は、約三万年前にはシベリアに到達し、現在は海となっているシベリアとアラスカの間をつなぐベーリング海峡が、最終氷期の海水面の低下で陸地となったベーリング地峡

図 4.1　ベーリング海峡付近の地図
(実線：現在の海岸線、点線：最終氷期の海岸線)

図 4.2　ベーリンジア を渡るヒト（メキシコ国立人類学博物館）

（ベーリンジア）（図4・1）を通ってアラスカにわたり（図4・2）、さらに北アメリカを南下して中南米に到着した。まだ定着型農業に移行する前のヒトにとって、食糧の確保のために果実の収集と野生動物の捕獲は欠かすことができない。熱帯雨林で動物が食していたカカオも、彼らにとって絶好の食糧となり、ここにヒトとカカオの遭遇が実現したが、そこに至るまでには、ヒトにとっても、カカオにとってもドラマティックなストーリーが展開していたのである。

4.1　カカオの原産地

現在、ガーナやコートジボアールなどのアフリカで世界のカカオ豆の六割以上が生産されているが、カカオの原産地は南米のアマゾン川源流域である。過去には「中米のメキシコ近辺が原産」という説もあったが、カカオのゲノム解析の進展などによって原産地が特定された。

では、なぜアマゾン川源流域が原産地なのか？それには、少なくとも以下の要因が密接に関連している。

（1）チョコレートが口中ですぐに融けること（口どけ）

（2）カカオが自生できること

（3）地球環境の激変があったこと

ここでは、一見するとまったく無関係に思われる三つの要因について考察する。

チョコレートの口どけの秘密

チョコレートの特徴の一つは、室温では硬いのに、口に入れるとスッと融けて、甘味と苦みが一気に口中に放出されることである。チョコレートと同様に、常温で固体状の飴の場合は、口中に入れても硬いままで、唾液によってゆっくりと甘味などが融け出てくる。両者の違いはなぜ生まれるのであろうか。

それは、飴が、溶融した砂糖が冷えた後でガラス状態の塊となっているのに対して、チョコレートはカカオ豆中の油（ココアバター）の結晶でできているためである。例えばミルクチョコレートは、カカオ豆の中身を温めてすりつぶし、その中に砂糖や粉ミルクを入れてよくかき混ぜ、冷やして作られる。この時、砂糖や粉ミルクはココアバターの結晶に取り囲まれている。ココアバターが

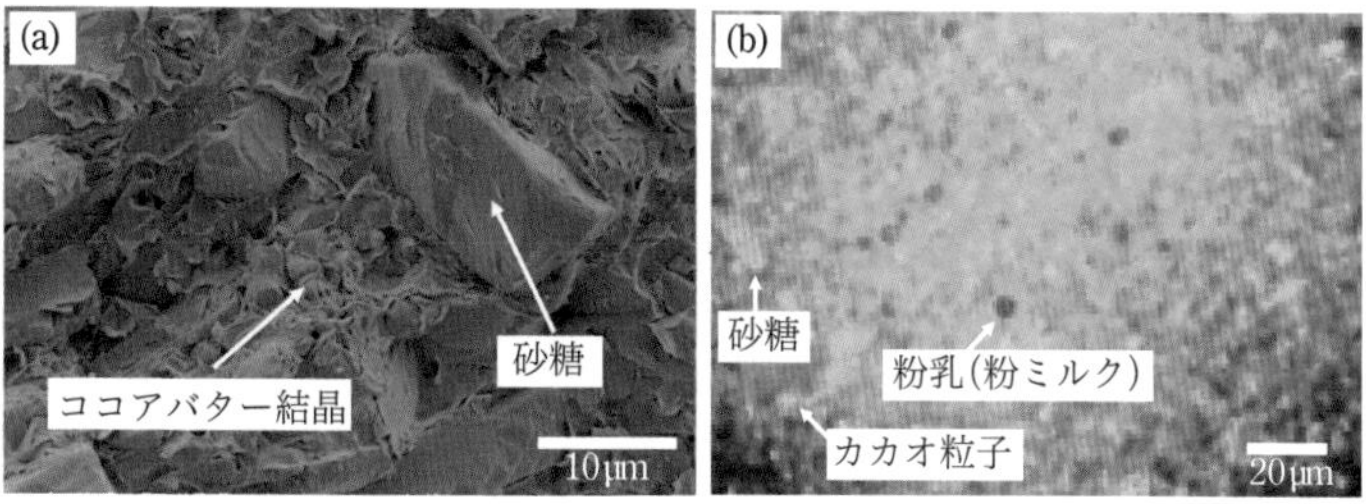

(a) 破断面の電子顕微鏡像　(b) 3次元の透過X線CT像

図4.3　ミルクチョコレートのミクロ構造

他の油と大きく違うのは、約二五℃以下で結晶になるのに、人の体温近くで融けることであり、食べ物に使われている油の中で、このような性質はココアバターにしか見られない。

図4・3(a)には、ミルクチョコレートの破断面の電子顕微鏡像を示す(K・デウェッティンク、私信)。中央付近には約一〇μm×二〇μmの長方形の砂糖の粒子があり、その周りを数μmの幅の薄片状のココアバター結晶が埋め尽くしている。この写真では粉ミルクやカカオ粒子は同定できないが、図4・3(b)の放射光X線コンピュータ断層撮影(CT)法で観察されたミルクチョコレートの三次元断層写真では、固体粒子の密度差が検知されて、砂糖、粉ミルク、カカオ粒子が観察され、ココアバター結晶は、全体に霞のように広がった画像となっている。[1]

カカオ豆には、脂質の含有量が極めて高く(表4・1)、含有するココアバターの脂肪酸組成が特異(表4・2)という性質がある。たとえば、カカオ豆とアーモンドでは脂質含量はほぼ同じであるが、ココアバターの方が融点の高い脂肪酸(ステアリン酸やパルミチン酸)の含量が多い。一方、大豆の中の脂質含量はカ

表 4.1　主な油脂原料の栄養成分（%）

	カカオ豆（ロースト済）	アーモンド（ロースト済）	大豆（水分 12.4% を含む）
タンパク質	11.6	10.3	33.8
炭水化物	6.5	11.0	29.5
脂質	54.5	54.1	19.7

表 4.2　油脂の主要な脂肪酸組成（%、水分を除く、産地による平均）

脂肪酸（融点）	ココアバター	アーモンドオイル	大豆油
ステアリン酸（69℃）	34	＜3	4
パルミチン酸（63℃）	24	4	11
オレイン酸（13℃）	33	70	25
リノール酸（−5℃）	3	23	52
α リノレイン酸（−11℃）	—	—	7

カオ豆より低く、大豆油の構成脂肪酸もステアリン酸やパルミチン酸が少なく、融点の低いオレイン酸やリノール酸が多い。アーモンドの脂肪酸組成も、大豆油とほぼ同じである。

一方、ココアバターの脂肪酸組成はカカオの産地によって変動し、そのために融点も産地によって異なる。図4・4にはマレーシア、ガーナ、ブラジルで生産されたカカオ豆のココアバターの固体脂含量の温度変化を示す。(2) 固体脂含量とは、それぞれの温度における結晶化した油脂の割合であるが、二〇%となる温度で比較すると、ブラジル産はマレーシア産より約二℃低くなっている。したがって、単純に固体脂含量を基にして口どけ感を比較すれ

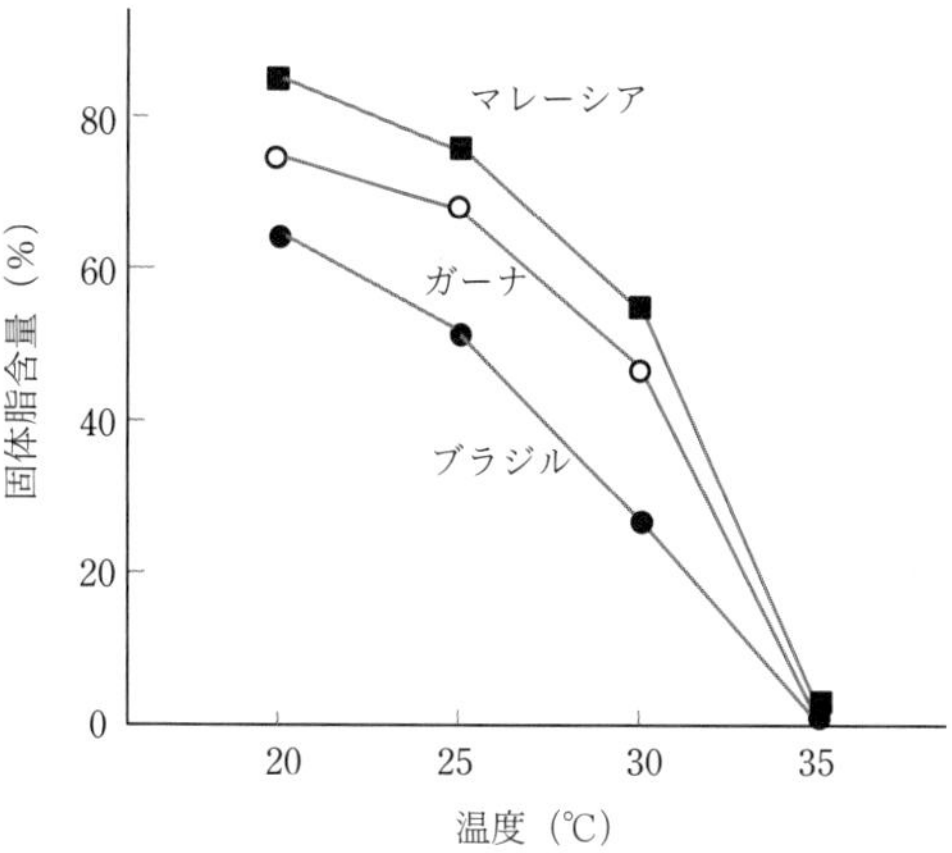

図 4.4　産地によるココアバターの固体脂含量

ば、ブラジル産のカカオ豆を用いたチョコレートは、マレーシア産を用いたものよりも少し低い温度で口どけを感じやすいということになる。

この理由は、産地によるココアバターの脂肪酸組成の変動にあり、ブラジル産はマレーシア産より「ステアリン酸＋パルミチン酸」が五・六％少なく、「オレイン酸＋リノール酸」が五・六％多い（第十一章参照）。これは、単純にカカオの産地の平均気温の差に起因しており、気温が低いほど融点の低い脂肪酸が増える。

このように、ココアバターの固体脂含量がチョコレートの口融け感を左右するが、当然のこととして、それはカカオの木にとってはまったく意味がない。実は、それがカカオの木の生育と種の保存と結びつくことで、「カカオの原産地」とつながってくる。

表 4.3 熱帯産種子植物の種子中の油脂の主要な脂肪酸組成

（%、産地による平均）

脂肪酸（融点）	パーム核油	シア脂	イリッペ脂
ステアリン酸（69℃）	2.6	41.0	41.6
パルミチン酸（63℃）	9.0	4.0	17.6
ミリスチン酸（54℃）	16.3	—	—
ラウリン酸（43℃）	46.8	—	—
オレイン酸（13℃）	16.7	47.4	36.6
リノール酸（−5℃）	2.6	6.1	0.6

カカオ豆の発芽とココアバター

カカオ豆はその形が丸いので「豆」と呼ばれているが、実際はカカオポッドという果実の中の種である。他の種子植物と同様に、ヒトなどによる介在なしにカカオが自生するには、果実が熟した後で種が地面に落ちて発芽しなければならず、そのための条件が整わないと次の世代が生まれないので、カカオは絶滅することになる。

生のカカオ豆の中には、発芽後に光合成が始まるまでの成長を担う栄養素が含まれているが、ココアバターが約五〇%で、タンパク質や炭水化物よりも多い。発芽には水分が必要であるが、十分な水分があったとしても、もし生のカカオ豆の中のココアバターが固まったら、それを分解する酵素が働かず、豆の栄養にならないので発芽できない。

カカオと同様に、熱帯で育つ果実の種子中の脂質の脂肪酸組成を表4・3に示す。[3] いずれも、ココアバターと同様に、飽和脂肪酸（ステアリン酸、パルミチン酸、ミリスチン酸、ラウリン酸）とオレイン酸が多い。その理由は明確ではないが、筆者は、熱帯における高温と強い直射日光の刺激の元で、酸化しにくい上記の脂肪酸を含有したためではないかと考えている。ただし、そのために脂質の融点や結晶化温度が上昇するが、環境温度が低下した時期に種子の発芽ができなくなれば、種の保存が難しくなる。

では、カカオ豆の発芽温度、さらにはカカオの木の生育温度に下限はあるのであろうか。

カカオ豆の発根

実は最近まで、カカオ豆の発根や発芽と、豆の中のココアバターの結晶化の関係についての研究は皆無であった。そこで我々はカカオ豆の発根・発芽が可能な温度範囲と、それがココアバターの結晶化と密接に関係することを確認した。[4]

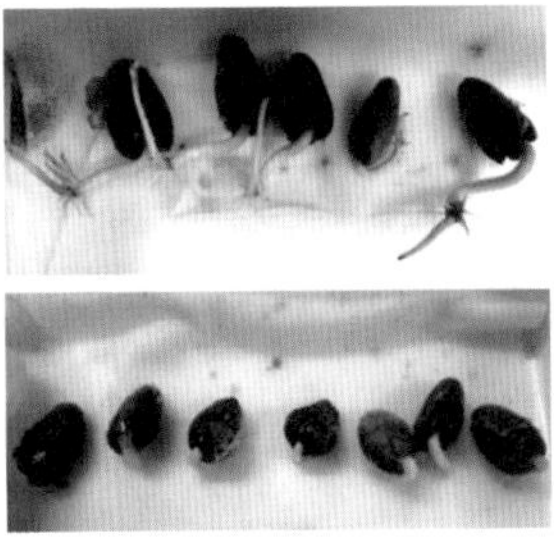

図 4.5　カカオ豆の発根実験（10日）

まず、ベトナム産のカカオポッドから取り出した生のカカオ豆を湿った厚紙に包んで、さまざまな温度で放置して、発芽の前段階である「発根」を観察した（図4・5）。三二℃では、十日間で豆から茎が伸び、その先に根が出ている。二〇℃の実験でも、ほぼ同じ結果となったが、二日目の段階では三〇℃の方が二〇℃より発根が著しく、二〇℃で三〇℃と同じような発根がみられるの

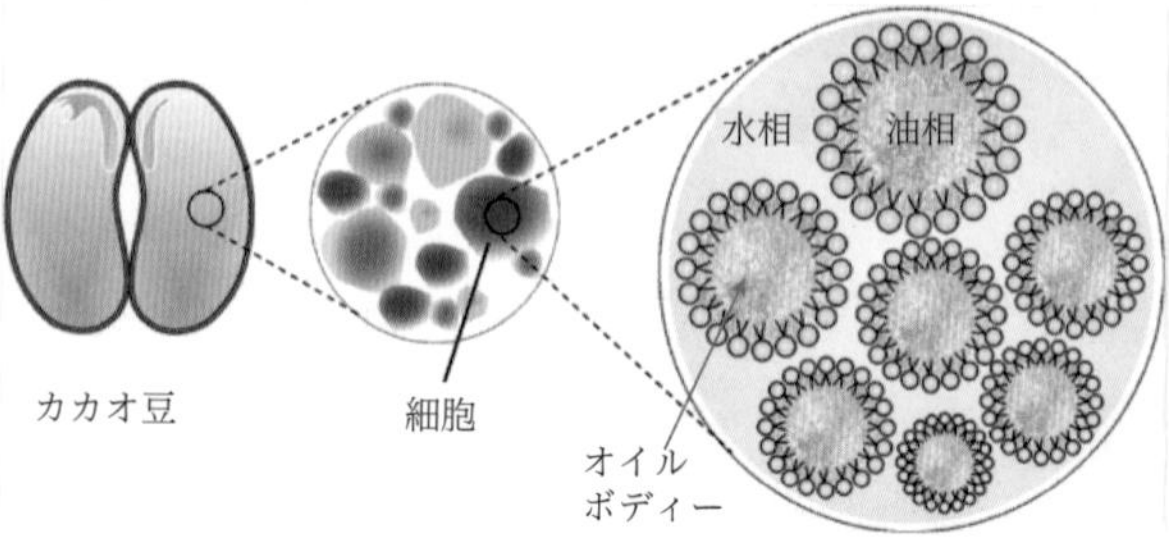

図 4.6　カカオ豆中のオイルボディーの模式図

は一五日後であった。しかし、一七℃では十日後でも短い茎が伸びただけで発根が見られず、一五日後でも同様であった。つまり、一七℃では発根が起きないことが判明した。

カカオ豆の中でのココアバターの結晶化と融解

では、豆の中のココアバターの状態はどうなっているのであろうか。

カカオ豆から抽出したココアバターをバルク状態で融かして冷却すると、約二五℃で結晶化することは簡単に観察できる。しかし、生のカカオ豆の細胞の中では、ココアバターはオイルボディーという数µmサイズの油滴となって細胞液中に分散している（図4・6）。したがって、カカオ豆の細胞液中に分散するオイルボディーの中のココアバターの結晶化と融解を観察するためには、示差走査熱量計法（DSC）と放射光X線回折法（SR-XRD）を併用する必要がある。前者は結晶化と融解に伴う熱の出入りを感知し、後者はそれぞれの反応とココアバターの結晶多形[注)]の結晶化と転移との関係を確認できる。生のカカオ豆を用い

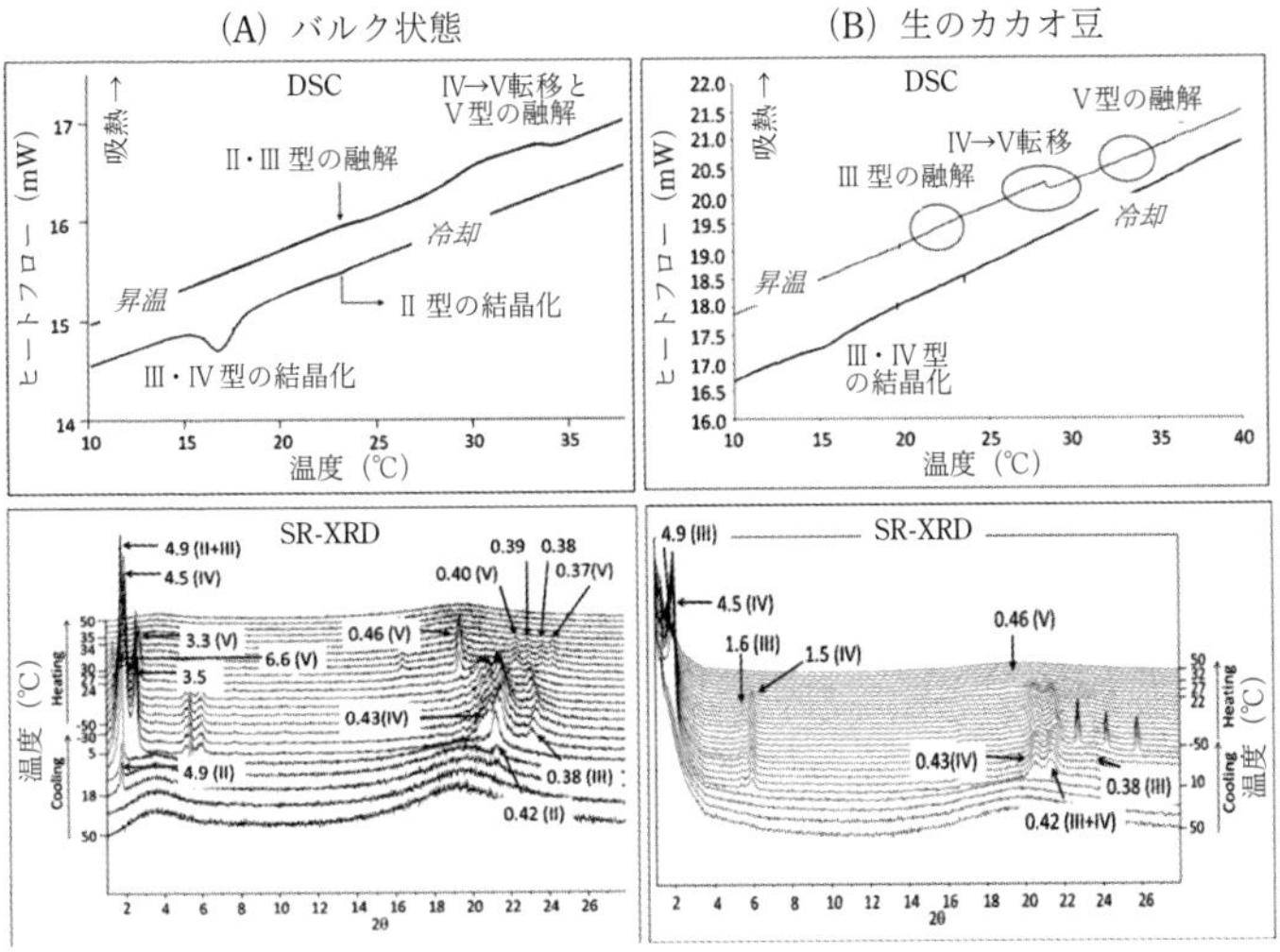

図 4.7　ココアバターの冷却・昇温の DSC 曲線と SR-XRD パターン

る場合は、その中の水分によるX線の吸収が著しいので、放射光という強力なX線源を用いなければならない。

図4・7には、ベトナム産の生のカカオ豆のDSCとSR-XRDの結果を示す。冷却・昇温の速度によって反応温度が異なるが、図には自然状態のカカオ豆の生息条件を想定して、毎分〇・一℃の温度変化で測定した結果を示す。

まずバルク状態では冷却によって二五℃でII型が結晶化し、約一八℃からIII型とIV型の結晶化が続く。昇温すると二二〜二四℃でII型とIII型が融解し、二七〜三四℃でIV→V転移とV型の融解が生じる。一方、生のカカオ豆の場合は、冷却によっ

注：ココアバターの結晶多形については、第十一章で詳述する

表 4.4　0.1℃ / 分で冷却したカカオ豆中のココアバターの結晶化温度

産地	豆の前処理	結晶化温度（℃）	
		開始	終了
ドミニカ共和国	生	16.4	5.4
	乾燥	17.6	5.8
コロンビア	生	15.8	6.7
	乾燥	15.7	7.0
インド	生	19.5	9.3
	乾燥	19.3	9.5
フィリピン	生	16.3	9.0
	乾燥	16.5	9.5

て一七〜一五℃でⅢ、Ⅳ型が結晶化し、昇温すると二二℃、二七℃、三四℃でそれぞれⅢ型の融解、Ⅳ→Ⅴ転移とⅤ型の融解が生じる。

ここで重要なことは、

（1）冷却によるココアバターの結晶化温度が、バルク状態の二五℃から豆の中の一七℃まで低下すること

（2）昇温では、バルク状態とカカオ豆中の融解・転移の温度に著しい差が見られないことである

表4・4には、異なる産地のカカオ豆の生の状態と乾燥した状態で、ゆっくりと冷却したココアバターの結晶化温度を示す。この結果から、

・産地によって結晶化温度に約三℃のばらつきがみられること。

・生の豆と乾燥した豆で結晶化温度に大きな差がみられないことがわかる。前者に関しては産地の平均気温と相関があると思われるが、生産地の地形（高度）が不明であるために、産地の緯度と直結することはできない。し

かし、いずれもバルク状態よりも結晶化温度が低下している。さらに、生の状態と乾燥状態で同じ結果が得られたことから、豆の中では図4・6のような微細な油滴となることで、ココアバターの結晶化温度の低下がもたらされたことになる。

以上をまとめると、バルク状態では約二五℃でココアバターの結晶化が起きるが、カカオ豆中では微細なオイルボディーとなっているので、結晶化温度は低くなっている。しかしそれでも、約一六～一九℃で結晶化が発生する。この事実と、上記のカカオ豆の発根実験とを合わせれば「カカオ豆中のココアバターの結晶化により、発根・発芽が阻害される」と結論できる。また、あらかじめ発芽させた苗を移植して育てる場合でも、カカオの培養細胞実験では約一六℃以上、さらに絶対条件が一〇℃とされ、湿度も日中が七〇～八〇％で夜間は一〇〇％近いと言われている。(5) この条件が満たされなければ、カカオの種の保存に危機が訪れるのは明瞭であろう。

このことが「カカオの原産地がアマゾン川源流域」に直結するのであるが、その背景には地球の氷期の形成があった。

地球の気温変化と最終氷期

四六億年前に誕生した地球は、地球の公転軌道などの影響で、何度も寒冷化に襲われ、今から二〇万年前まで遡っても図4・8に示す2つの大きな氷期があった。そして、現在の地球上の生き物の生息に最も関係しているのがヴュルム氷期（七万～一万八五〇〇年前）という「最終氷期」であ

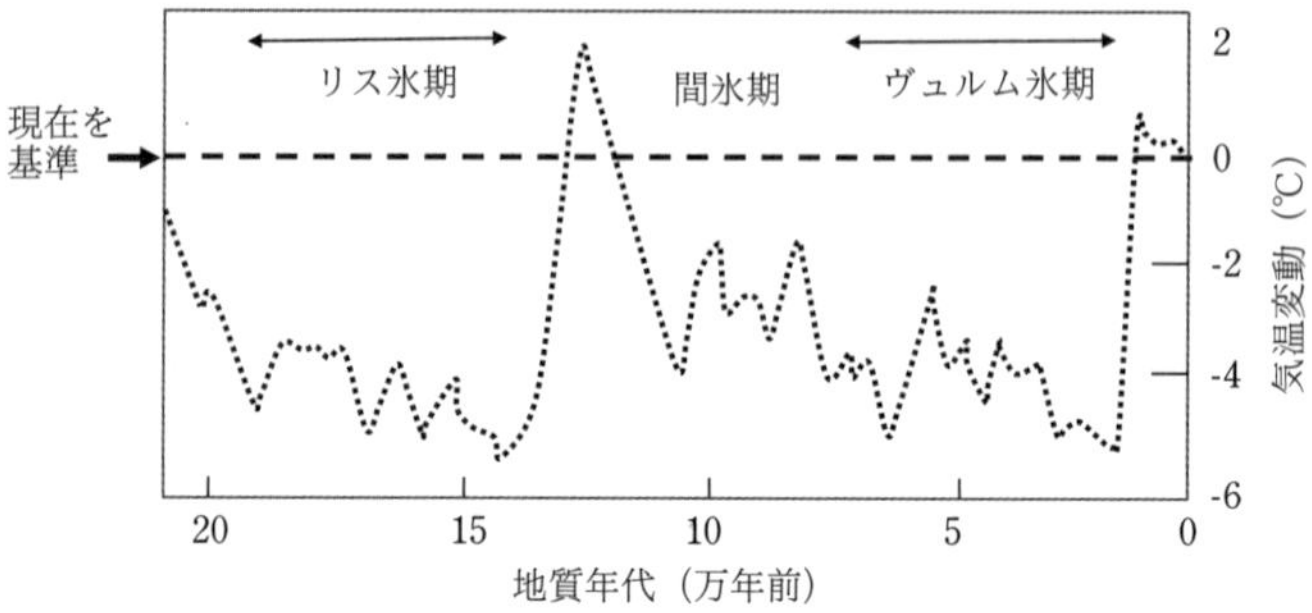

図 4.8　20 万年前から現在までの氷期と気温変動

る。この時には海水温が三〜八℃も低下し、極地の大氷河の形成で海水面が約一二〇mも低下し、地球全体が乾燥化した。そのために地球上の多くの熱帯雨林が消滅してサバンナなどの草原になったが、問題は、「最終氷期にカカオが生息できる熱帯雨林が消えずに残ったのはどこか」である。

図4・9には赤道周辺の南アメリカを示す。複雑になるので略しているが、アマゾン川はブラジル北東部の河口から西方に遡って、源流域はアンデス山脈の麓まで広がっている。現在は地球上で最大の熱帯雨林が広がるアマゾン川流域であるが、最終氷期には低温化と乾燥によって、その多くが砂漠やサバンナとなった。アヌフらによれば、最終氷期の熱帯雨林は、河口付近とベネズエラからペルーに至る源流域などの限られた範囲にしか残らなかった（図4・9の斜線部分）。[6] 一方、トーマスらは、最終氷期の熱帯雨林はアマゾン川源流域、ギアナ高地の東の低地、メソアメリカのカリブ海沿岸まで残ったとしているが、アマゾン川源流域に関してはアヌフらと一致している。[7] なお、図4・9に示す最終氷期時代の「熱帯雨林の逃避地」は、

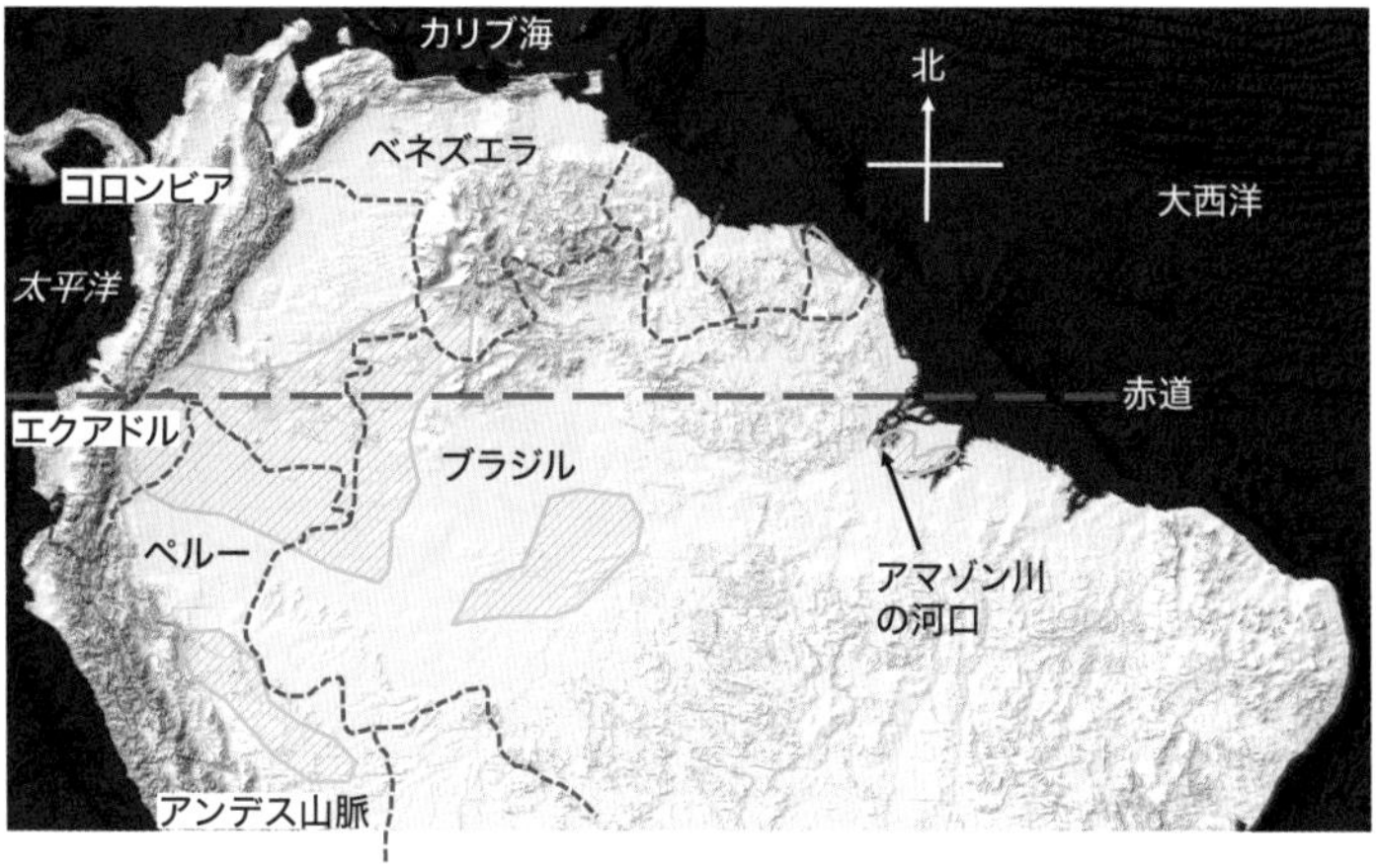

図 4.9　最終氷期のアマゾン川周辺の熱帯雨林（斜線部分、文献 6 を改変）

アマゾン盆地の「乾燥回廊」にあるパラルソ洞窟の岩石中の酸素同位体の分析により得られた、年間降雨量の最多地域と一致している。[8,9]

なぜアマゾン川源流域に熱帯雨林が残ったかというと、その周辺の不思議な地形が関係している。二五〇〇万年前の南アメリカでは、現在のアマゾン川流域は平たん地で、河川は南から北へ向かい、現在のベネズエラからカリブ海に流れていた。ところが大陸の西側でチリからペルー、エクアドル、コロンビア、ベネズエラまで伸びるアンデス山脈が隆起すると、西から東に流れるアマゾン川が形成された。[10] しかし、アンデス山脈は南北には長いが東西には極めて狭く、東側の麓のアマゾン川源流域の標高は河口から約四〇〇〇km遡っているにもかかわらず、わずか三〇〇〜四〇〇mである。つまり、図4・9のアンデス山脈の東隣にある斜線の地域は、赤道直下で、数千mのアンデスの高山に周囲を阻まれた懐のような場所なので、気温も下がらず雨量も多いために熱帯雨林が残ったのである。

最終氷期の前の間氷期の温暖な時期に、中南米の広大な熱帯雨林で育っていたカカオは、最終氷期には図4・9の斜線の地域に何万年も「逃避」して、絶滅の危機を生き延びたと考えられる。そして、河川や山脈によって隔てられた地域ごとに、異なるたくさんのカカオの品種が生まれた。

しかし、約一万八五〇〇年前に最終氷期が終わって温暖化に向かうと、回復した熱帯雨林と共にカカオは生息地域を広げて、ブラジルからメキシコまで拡散した。やがて人類も、シベリアからアラスカを経て南下して中南米に到達し、カカオと遭遇することになる。

4.2 ヒトのアメリカ大陸への到達

アメリカ大陸は、発生の地：アフリカを出てからの「大いなる旅」の最後にヒトが到達した「新天地」である。彼らがいつ、どこを通って、どこへ到達して、どのような生活をしていたのかについては、現在でも関連する研究者の間で論争されている。それは、カカオの運命をも決する重要なテーマであるが、本稿では近刊の成書[11]などを基に考察する。

最近まで、「アメリカに到達した最初のヒトは大型動物を狙う狩猟採集民で、ベーリンジアをわたってアジアから移住し、現在のアラスカからカナダやアメリカ北中部を覆う氷床の間を通って

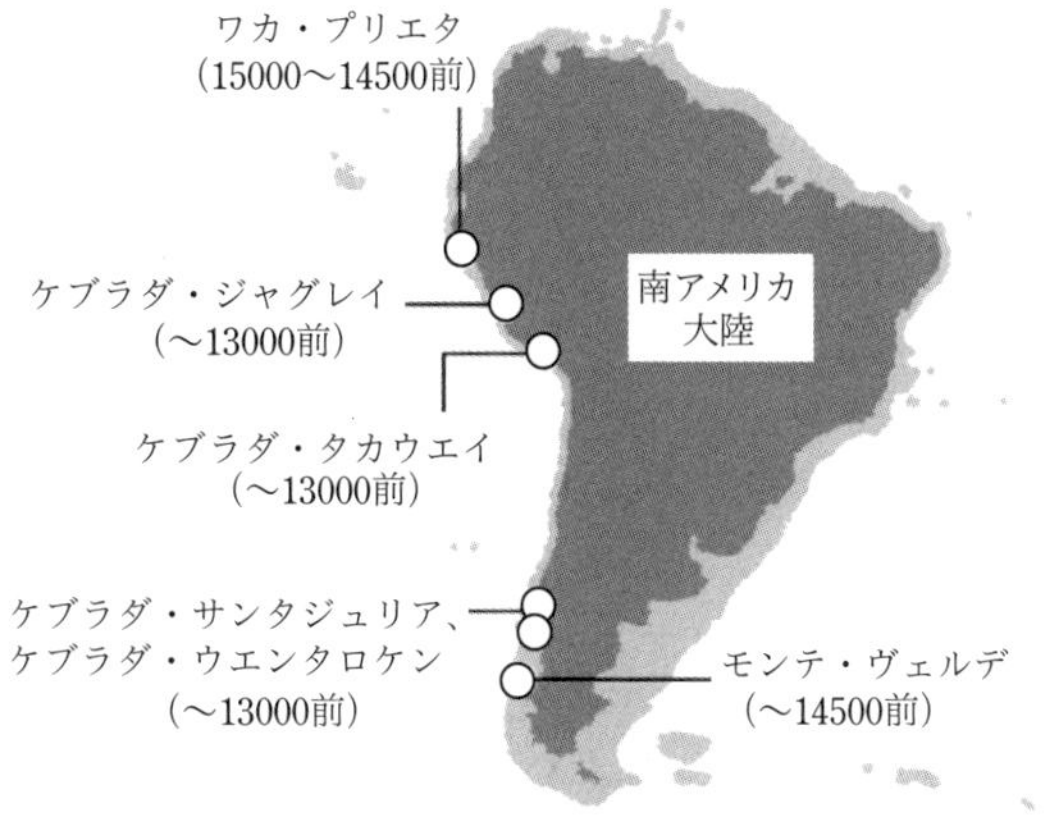

図 4.10　南アメリカにおける最古のヒトの痕跡が確認された遺跡
（薄い灰色部分が最終氷期の陸地、文献 2 を改変）

南下した」と考えられてきた。アメリカ中部・ニューメキシコ州のクローヴィスにある、今から約一万三〇〇〇年前の遺跡で、尖頭器をはじめとする石器などが多数発掘された。その場所は、放射性炭素による年代測定で最終氷期の後期の遺跡であるが、そのため「そのヒト集団がアメリカ先住民の祖先」という考えは「クローヴィスファーストモデル」と呼ばれている。

しかし二〇〇八年に、南米の最南端に近いチリのモンテ・ヴェルデ遺跡で、約一万四五〇〇年前の人類の痕跡が発見され、二〇一二年にペルーの太平洋岸にある一万五〇〇〇年～一万四五〇〇年前のワカ・プリエタ遺跡からも人類の痕跡が見つかった。それ以外の南米の多くの遺跡から（図4・10）、[12] クローヴィスファーストモデルのルートとは別に、最終氷期で海岸線が現在よりも数km以上も後退して出現した、太平洋の海岸沿いの陸地

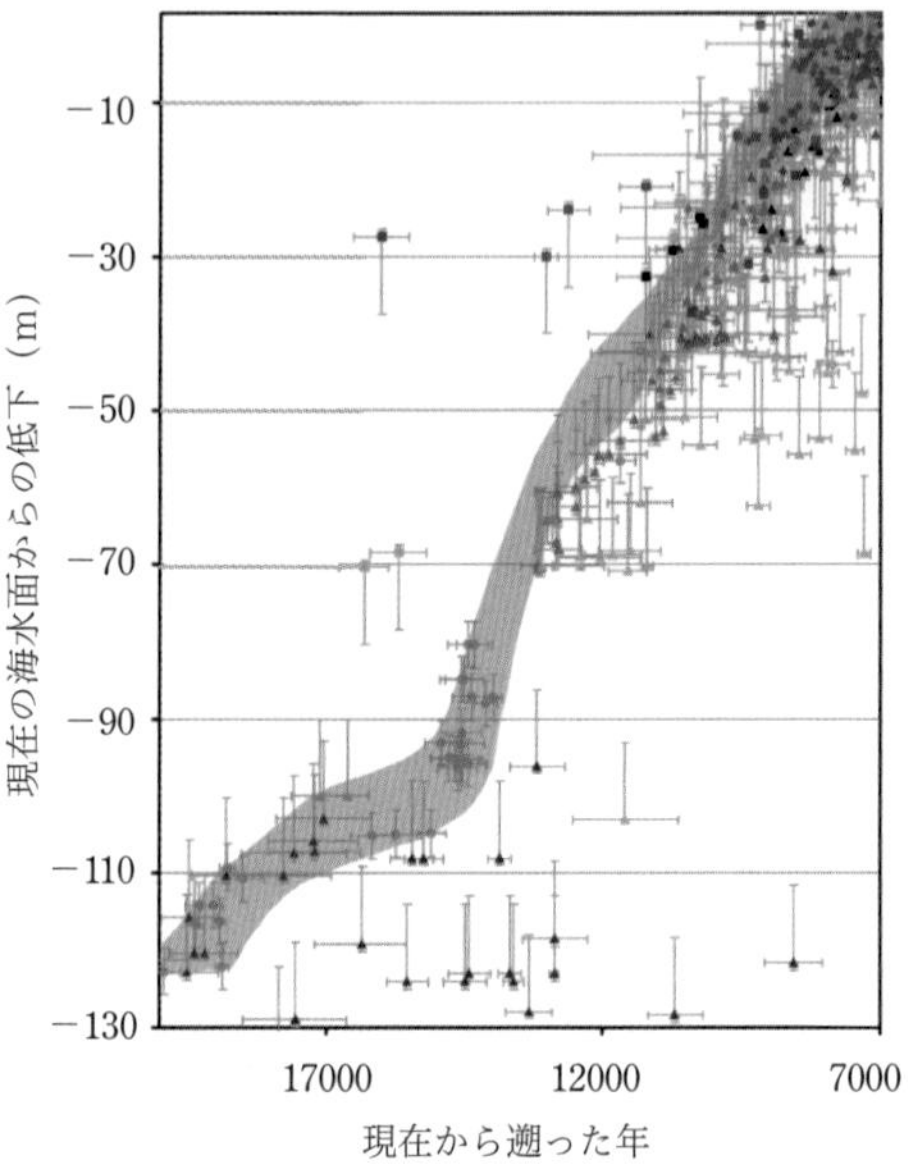

図 4.11　最終氷期以後のオーストラリア周辺の海水面の上昇

（文献 3 を改変）

を通ってヒトが拡散したという説も提唱されている。このルートは現在は水没しているので、具体的にヒトの拡散を裏付ける証拠を確認するには、海底探査による発掘の結果を待つしかない。

いずれの場合も、アメリカ大陸の先住民の祖先は、アジアに起源をもち、ベーリンジアを経由したことは確実である。

すなわち、約七万三〇〇〇年前に始まり、約二万五〇〇〇年前に最も盛んとなった最終氷期には、地表面の水が氷結して、一〜二kmの厚さの氷河が地上を蔽っていたため、海水面は現在より約一二〇m低下していた。現在のベーリング海峡の水深は約四〇mなので、最終氷期には海底が広い範囲で露出し、南北の幅が一〇〇〇kmの広い陸地（ベーリンジア）ができ、そこを通って人々がアメリカ大陸に入ったのである。その後、クローヴィスファーストモデルのルートと、太平洋岸沿いのルートで北米を移動した人々は、いずれも中米から狭いパナマ地峡を通って南米に到達したが、その時期はヒトの痕跡が確認された約一万四五〇〇年以前となる。

最終氷期の後の温暖化により、氷河の融解などによって海水面が上昇し、海岸線も後退する。図4・11には、ニュージーランドやニューギニアを含むオーストラリア大陸沿岸の三三カ所の調査に基づいてまとめられた、最終氷期以後の海水面の上昇の様子を示す[13]。これによれば、南米大陸にヒトが到達した時期には、海水面はまだ現在より九〇m以上も下がっていて、現在のベーリング海峡が形成されるのは七〇〇〇年ほど前である。したがって、一万年以上の長い期間に、ベーリンジアを通ってアジアから続々と人々がアメリカ大陸に移動し、やがて南米にも到達し、カリブ海岸を迂回したり、比較的温暖な太平洋岸を南下した後にアンデス山脈を越えたりして、南米各地に拡散したと考えられる。

アメリカ大陸に到達した人々は、それまでの長い旅の中の大半を占めた最終氷期という、生存にとって極めて過酷な条件を生き抜いてきた。そのために、狩猟や採集の技術や、石器作成などの生活手段の獲得に十分に習熟していたであろう。

では、その人々がいかにカカオに遭遇したのか。まずは、彼らがカカオを食した証拠から始めることにする。

4.3 カカオ飲料の痕跡

ヨーロッパ人が一五世紀末にアメリカ大陸にやってくるまで、カカオに接していたのは中南米の人々だけであった。そして古代から現在まで、その地の人々の間でカカオが食されているが、南米と中米ではその方法は異なっている。

南米ではカカオパルプ（果肉）を発酵して酒にしており、現在、それは「カカオワイン」という高級酒として販売されている。また、南米以外のカカオの生産地でも、カカオワインが製造販売されるようになった。

一方、中米ではローストしたカカオ豆の子葉（カカオニブ）と茹でたトウモロコシを細かく磨砕して、冷たい水に入れて飲んでいる。それは、ホンジュラスではピノール、グアテマラではピノーリョ、メキシコではパツォルと呼ばれている。ただし、中米でも最初は酒にしていたが、その後にトウモロコシを加えた飲料にしたと考えられている。両者の違いは、南米は湿度が高いので湿ったカカオパルプを長持ちできるのに対して、乾燥した中米ではパルプがすぐに干からびて発酵が難しいためとされている。[14] また、ピノールなどを作るためには、必ずしも、チョコレートをつくる場合のようにカカオ豆を発酵させる必要はない。なぜならば、磨砕して水に混ぜて飲むので、チョコレート特有の味と香りを必要としないためである。

すでに述べたように、最終氷期以後にヒトが野性のカカオに遭遇したが、いつ頃、どのように彼らがカカオを食べ物として摂取し、そのためにカカオを栽培したのであろうか？

後者については、最新のゲノム解析により、野生のカカオの品種の多様性を追跡すれば推定できるが、前者については、古代の遺跡の出土物の中から「最古のカカオの痕跡」を確認するしかない。そのための多くの研究が報告されているが、二〇一一年まではその痕跡は中米の遺跡でしか報告されなかったので、「カカオの栽培と飲食のルーツは中米」と思われていた。しかし、二〇一八年に南米のエクアドル、アンデス山脈の東側の麓、すなわちアマゾン川源流域の遺跡からカカオの痕跡が報告されたので「中米ルーツ説」は崩れ、南米がルーツということになった。ここでは、関連する三つの研究を紹介する。

中米の遺跡

図4・12には、カカオの痕跡が発見されたホンジュラスとメキシコの遺跡と、出土した土器を示す。

二〇〇七年にヘンダーソンらのチームが、それまで考えられていたより五〇〇〇年も前の約三〇〇〇年前に、中米の先住民がカカオを原料とする飲み物を飲んでいたことを発表した。[15] 彼らは、ホンジュラス北部のウルア渓谷の低地にあるプエルト・エスコンディド遺跡にある一三個の土

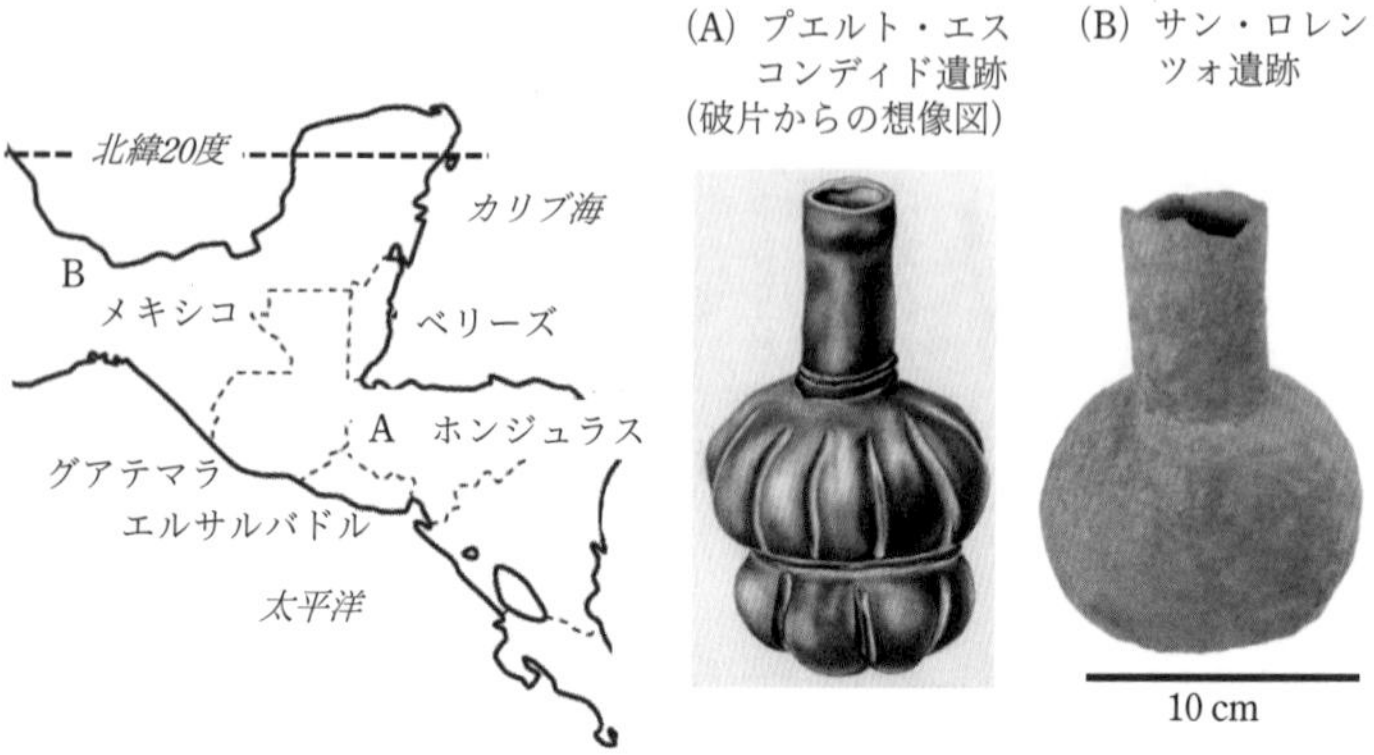

(A) プエルト・エスコンディド遺跡（破片からの想像図）
(B) サン・ロレンツォ遺跡

図4.12 中米でカカオの痕跡が確認された遺跡と出土した土器[15],[16]

器の破片の中から、テオブロミンとカフェインを検出した。カカオ豆中にはテオブロミンとカフェインが平均で7：1で含まれている。カフェインはカカオ以外にも含まれているが、テオブロミンはカカオに特有の化合物なので、その存在がカカオの痕跡のマーカーとなっている。ちなみに、テオブロミンは一八世紀にスエーデンのカール・フォン・リンネがつけたカカオの品種名「テオブロマ（ギリシャ語で『神の食べ物』）」に由来している（第六章参照）。

この渓谷は、一六世紀にこの地を支配したスペイン人たちが、本国での消費用に高品質のカカオ豆を生産したことで有名である。最も古い年代の破片から再現された壺の形を図4・12（A）に示す。ヘンダーソンらは、「テオブロミンとカフェインはカカオパルプとカカオニブの両方に含まれているので、壺から見つかった成分がどちらに起因するかは決定できないが、破片から再構成された壺の形から、この壺がカカオパルプを発酵させた酒の容器である可能性が高い」としている。

一方、二〇一一年にはポウィスらが、メキシコ中部のサン・ロレンツォにある三八〇〇年〜三〇〇〇年前の遺跡から、一五六個の陶器の破片と容器を発掘し、その中の二七のサンプルからテオブロミンの存在を確認した[16]。図4・12(B)に示す壺は、(A)と同じように飲み物を注ぐ形をしているが、それ以外の土器も同様である。ポウィスらは、この地の先住民がこれらの容器を発酵した酒のために使用したのか、それともトウモロコシと一緒に飲むために使用したのかは不明としている。

南米の遺跡

ところが二〇一八年に、カナダ、アメリカ、フランス、エクアドルの国際研究チームが、アマゾンの熱帯雨林近くの遺跡で、五〇〇〇年以上前に初めて食用目的でカカオが栽培された証拠を発見したと発表した[17]。その遺跡はエクアドル南東部、アンデス山脈の麓にあるサンタ・アナ・ラ・フロリダ遺跡で、カカオの原産地のアマゾン川源流域にある（図4・13）。この遺跡には約五三〇〇年前〜約二一〇〇年前まで先住民が住んでいたとみられるが、トウモロコシやサツマイモ類、そしてカカオの木を含む多くの作物が栽培されていたことが明らかになっている。

研究チームは、遺跡で発掘された陶器の中から、従来の研究のようにテオブロミンやカフェインを同定するだけではなく、カカオに特有の遺伝子やでん粉の成分も特定している。図4・13の土器

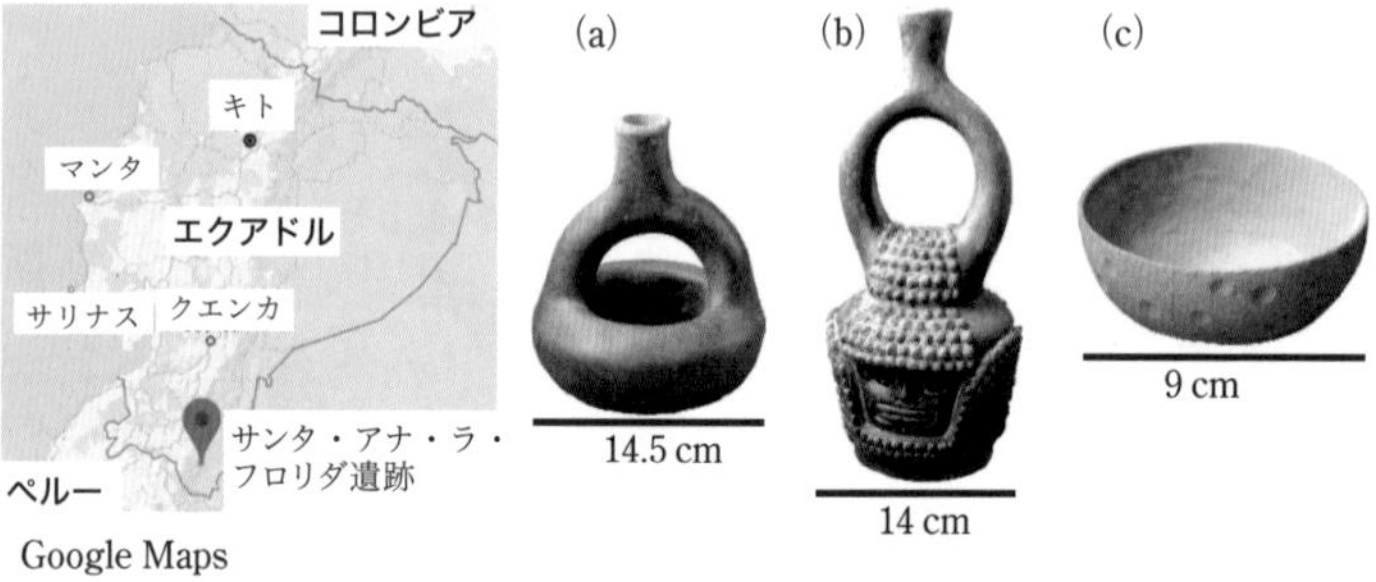

図 4.13　サンタ・アナ・ラ・フロリダ遺跡の場所（左）とカカオ豆の痕跡が同定された土器（右、文献 7 を改変）

は、それぞれ今から（a）四〇九〇年～三九八〇年前、（b）四一四六年～三九三二年前、（c）四一五〇年～三九二〇年前と判明したが、それ以外の土器の中で最も古いものは五四四〇年～五三一〇年前のものであった。研究チームは、「これまで中米で発見された過去の証拠が示すより、少なくとも一五〇〇年以上早く、カカオの木は栽培され、カカオは食されていた」と説明している。

このように、今から約五四〇〇年前に南米で、約三八〇〇年前に中米で、ヒトがカカオを食していた証拠が示された。では、最終氷期の後期にこの地にやってきたヒトは、アマゾン川源流域から拡大しつつあったカカオとどのようにして遭遇したのであろうか？

エクアドルのサンタ・アナ・ラ・フロリダ遺跡は、カカオの原産地であるアマゾン川源流域にあるので、人々がアンデス山脈を越えたか、それを迂回してこの地にやってきて遭遇したのは間違いない。しかし、中米のプエルト・エスコンディド遺跡やサン・ロレンツォ遺跡は、アマゾン川源流域からは直線で約四〇〇〇km離れている。その間には、アマゾン川源流域を取り囲むように、現在のペルー、エクアドル、コロンビアからベネズエラのカリブ海岸まで、数千m級のアンデス山脈が立ちはだかっている。したがって、最終氷期が終わって図4・11に示すようにゆっくりとした時間経過で熱帯雨林が拡大し、自然の条件で動物によってカカオがその自生の範囲を中米にまで広げるためには、アンデス山脈を避けて、現在のベネズエラの東側からカリブ海沿岸を迂回し、狭いパナマ地峡を通り、さらにそこから急峻な山脈を避けて海岸線を拡散する必要があるが、その場合は七〇〇〇〜八〇〇〇kmの距離になる。

もし、中米の遺跡で見つかったカカオの痕跡が、カカオパルプを発酵した酒によるものであれば、その地にカカオの木が育っていなければならない。プエルト・エスコンディド遺跡の陶器の場合は、カカオの酒の可能性が高いことが示されている。では、どのようにしてアマゾン川源流域からこの地にカカオの木が伝搬したのであろうか。考えられるのは、ヒトによる運搬と、動物による自然拡散である。そこで、まずは動物によるカカオの拡散を考察してみよう。

4.4　植物の種子散布と動物

ほとんどの植物は地面に根を張り、自らの力で動きまわることはできない。そんな植物でも、生涯でたった一度だけ動く機会がある。それは、まだ根も葉も出ていない、種子の段階である。種子

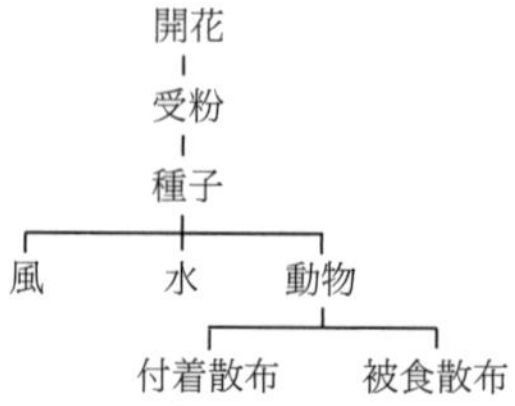

図 4.14　主要な種子散布の媒体

が親木から移動することを「種子散布」と呼ぶ。

植物にとって種子は「子供」である。なぜ子供を親木から移動させるのかについてはさまざまな仮説があるが、一般的なものには、死亡率が高い親木付近から逃避させるため（空間的逃避仮説）や、広範囲に分散させることで生育に適した環境に到達する確率を高めるため（移住仮説）などがある。[18] 動くといっても自力で種子を動かすことができる植物はごく一部で、大部分の種子は、風や水、および動物の力を利用して移動する。カカオの生育地の熱帯雨林では、じつに五〇％～九〇％の植物が種子散布を動物に依存している。[19]

種子散布を動物に頼る植物には、「ひっつき虫」として広く知られる、動物の体表面に付着して散布されるもの（付着散布型）や、動物に食べられて散布されるもの（被食散布型）がある（図4・14）。被食散布型の植物の果実は、動物にとって魅力的でなければならないため、おいしい果肉や果汁、目立つ色や形という属性を有している。

幹生果

カカオは、人の手のひらより少し大きい果実（カカオポッド）が幹から直接生えてくる「幹生果」で、硬い外皮の中には、甘くてジューシーな果肉で覆われた、大人の親指大の種子が二〇個

図4.15　さまざまな幹生果

から四〇個詰まった、典型的な被食散布型の植物である（図2・2）。カカオのような幹生果は熱帯雨林に多く、比較的大きくて、匂いを出し、赤色やオレンジ色の果実をつけて目立たせているが、それは森の中でも視覚や嗅覚によって動物（おもに哺乳類）に発見されやすくするための植物の工夫である（図4・15）。

では、カカオの種子は誰が運ぶのだろうか。

イチジクのような小さい種子は鳥やコウモリなどの小さな動物から、ゾウやクマなどの大きな動物まで、さまざまな動物によって散布される。しかし、カカオの種子は大人の親指大なので、小型の動物は飲み込むことができない。さらに、カカオポッドの外皮は硬くて厚い。熟したカカオポッドでも、成人男性が力いっぱい固いものに叩きつけて、やっと割れる。つまりカカオは、「硬い外皮を破壊して、大きめの種子を飲み込むことができる、大型の動物に種子を運んでもらうことを想定して進化した」と考えられる。

それができるのは、ゾウやサイ、クマであろう。しかし、カカオの自生地の中南米の熱帯雨林にそのような大型動物は、「現在は」生息していない。東南アジアに生息するマレーグマは、鋭い鉤爪や歯でドリアンの硬い果皮を割って、四㎝を超える種子を飲み込めるので、南米に生息するメガネグマはカカオの種子を散布できる。しかし、メガネグマはアンデス地方など標高が高い地域に生息するので、標高が低いカカオの自生地では個体数が少なく、主要な種子散布者とはなりえない。

カカオが地球上に誕生したのは、約一〇〇〇万年前である。[20] それから約一〇万年周期で幾度となく訪れる氷河期を生き延びてきたが、カカオは誰に種子を散布してもらって、現在まで子孫を残せているのであろうか?

メガファウナによる種子散布

もっとも現実味がある答えは、「メガファウナ」である。メガファウナとは、体重五〇〇㎏以上の陸生哺乳類のことである。ゾウやサイがそれに該当するが、じつはメガファウナは最終氷期に大量に絶滅した。その原因として、ヒトによる直接、間接的な影響が強かったと考えられている。

おもにメガファウナに種子を散布させる植物の特徴として、熟しても自然に裂けない硬く厚い外皮、大きな重い果実や種子、糖、脂質、タンパク質などが豊富な果肉、果実が熟すと木から落ちること、などが挙げられる。[21] こうした特徴の多くは、カカオにも当てはまっている。

カカオの自生地の中南米では、かつて、ミツユビナマケモノに近縁な体重一tもあるオオナマ

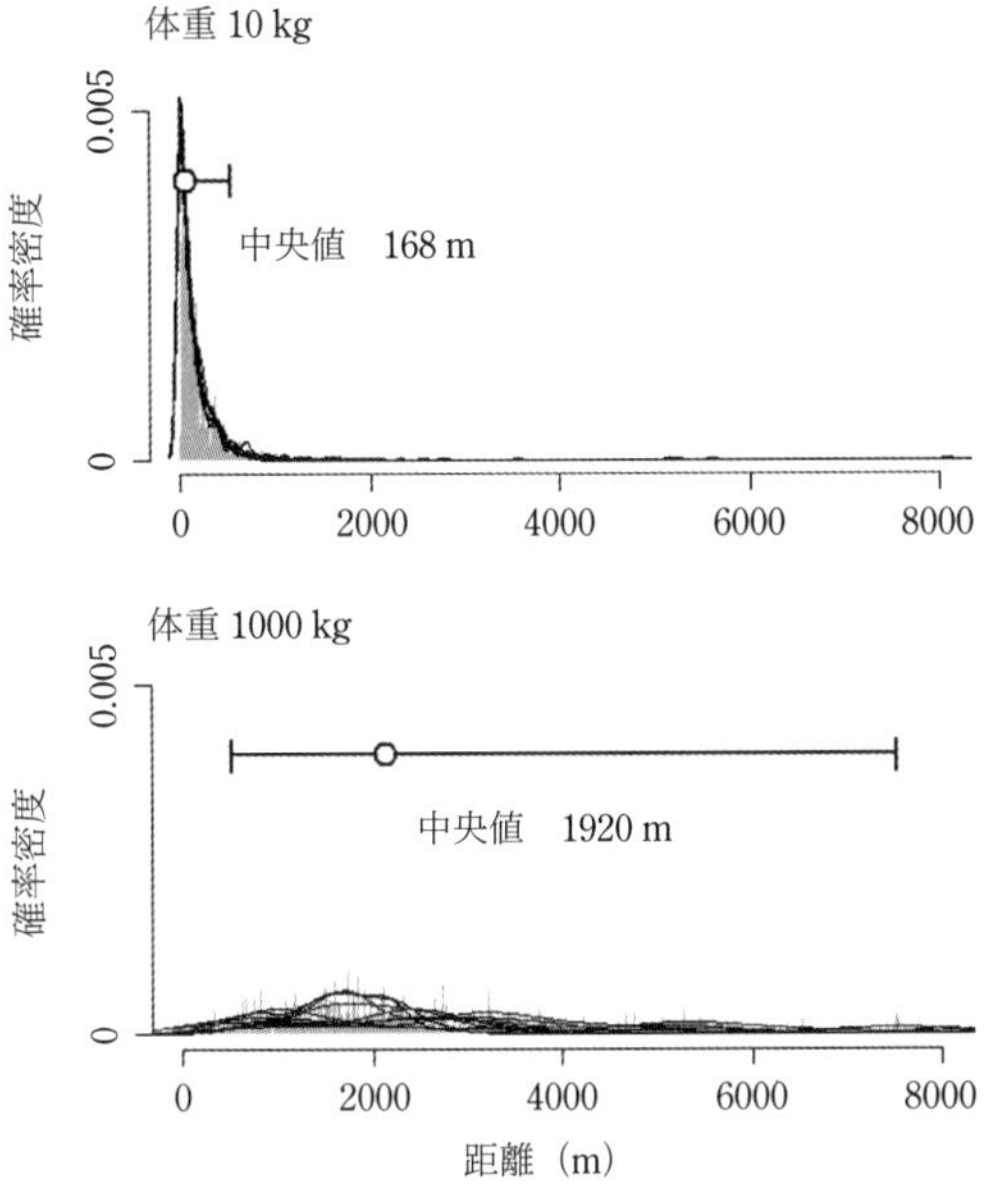

図 4.16　体重 10 kg と 1000 kg（メガファウナ）の動物が種子を飲み込んでから排泄するまでの間に種子を移動させる距離のモデリングによる推定（文献 12 を改変）

ケモノ（メガテリウム）や、ゾウに似た四 t を超えるゴンフォテリウムやマストドン、サイに似た一 t 超のトクソドンが地上を徘徊していた。こうしたメガファウナにとって、爪や歯で硬いカカオの外皮を開けたり、足に体重をかけて割ったりすることは朝飯前であった。彼らの大きな口に入った種子は、果肉のぬるぬるに助けられて歯をすり抜けて飲み込まれ、腸管を通り、最終的に糞に混じって排出される。

食べられた種子が、メガ

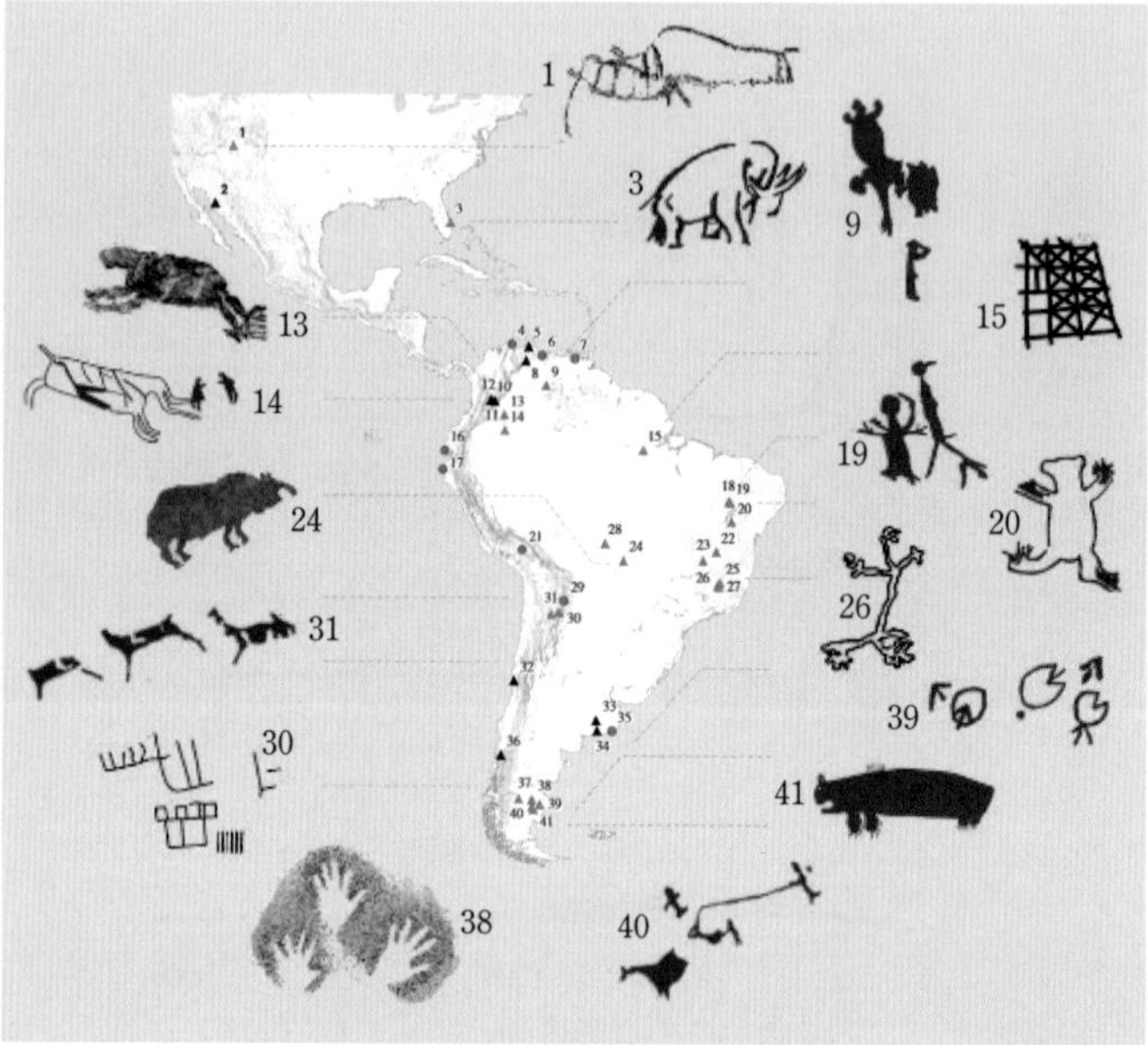

図 4.17　メガファウナの岩絵や彫刻が確認された場所

（文献 13 を改変）

ファウナのような一tを超える動物の腸管を通過するまで、長い場合は数日かかる。[22] さらに、メガファウナは体が大きいので、移動できる距離も長い。そうなると、カカオの種子が親木を離れて運ばれた距離も必然的に長くなり、排泄するまでの間に一kmは軽く超えたと予想されている（図4・16）。[22] つまり、メガファウナはカカオの種子を長距離移動させて、分布域を拡大するために欠かせない存在だったに違いない。

しかし、メガファウナによるカカオの繁栄は突如として終わりを迎えた。すでに述べたように、今から一万四五〇〇年～一万

図 4.18　メガファウナが描かれた岩絵（メキシコ国立人類学博物館）

三〇〇〇年前にヒトが南米大陸に到達した。南米大陸でのヒトの拡散とその年代は、各地域に生息していたメガファウナの絶滅とほぼ一致している。南米では、ヒトによって作成されたメガファウナの壁画や彫刻が四〇カ所以上の地点で見つかっている（図4・17）[23]。このことから、ヒトにとってメガファウナは生活に強く結びついた存在で、脅威でもあり、一度に大量の肉を入手できるごちそうでもあった（図4・18）。

ヒトが南米大陸に到来してから、たった一〇〇〇年の間にメガファウナは絶滅したとされる（図4・19）。メガファウナの絶滅は、その死肉や血、糞を餌としていた猛禽類や吸血コウモリ、糞虫も絶滅に追いやった。さらに、おもにメガファウナが種子を散布していた植物は、種子を長距離移動させてくれる運

図 4.19　象を捕獲するヒト（メキシコ国立人類学博物館）

び手を失った。そうした植物も絶滅してしまったのだろうか？

なんと、救世主が出現した。それは、メガファウナを絶滅させた大きな原因のヒトそのものである。

4.5　ヒトとカカオの遭遇

メガファウナを魅了した大きくて栄養豊富な果実は、ヒトをも惹きつけた。カカオやクプアス、サワーソップ（恐らくアボカドも）などの、現在もヒトによって食べられる大型果実や大型種子をつける植物は、ヒトに食べられない植物よりも広い地域に自生している。[24]

カカオをはじめとする栽培品種

は、大陸をまたいでさらに広い地域に分布する。ヒトが持ち込んだウシやウマなどの家畜が種子散布を担っている大型果実もある。[25] 一部の植物の種子の長距離移動は、ヒトがメガファウナに取って代わったのである。そしてヒトは、大型の果実や種子をつける植物の生育地の拡大だけでなく、個体数の維持にも貢献した。カカオはメガファウナにもヒトにも好まれた、幸運な植物のひとつなのである。

ヒトによるカカオの拡散

動物に食べられて種子を運んでもらう被食散布型の植物は、おいしい果肉や果汁を報酬として動物に前払いして、種子散布を任せる。しかし、報酬を受け取った動物のすべてが、生育に適した環境に種子を運んでくれるとは限らない。果肉や果汁だけを食べて種子を噛み砕かれたり、死亡率が高い親木の下に種子を捨てられたりすると、植物にとっては何の利益も得られない。裏切られるリスクがあるので、特定の動物種に種子散布を依存する植物は基本的には存在しない。

では、メガファウナに種子散布を任せていた大型種子をつける植物の場合はどうだろうか？　メガファウナを喪失した後でも、重力や水によって運ばれるものや、ヒトやバク、アグーチなどの大型げっ歯類によって種子散布されるものがある。

カカオは果実が熟して落下した場合、その果実から種子が自然に発芽する確率は極めて低い。[26] それは、外皮が硬くて厚すぎるので、それが腐って中の種子が外に出て発芽する前に、種子の方が先に腐るからである。つまり、カカオは重力や水によって移動しても生育地を拡大することはできないと考えられる。メガファウナを失ったカカオは、ヒトによって長距離を移動した。ヒト以外では、さまざまな種類のサルがカカオの種子を飲み込んで種子散布する。

このように、カカオの種子を散布してくれるメガファウナ以外の野生動物は存在する。しかし、こうした「小さい」動物たちが種子を飲み込んでから排泄するまでに種子を散布できる距離は、長くても数百mである。たとえばクモザルは約四〇〇m[27]で、オマキザルは一〇〇m～四〇〇mで、種子が大きいほど運べる距離も数十m程度と、短くなる傾向にある。[28]すなわち、現在カカオの種子を散布できる野生動物が種子を移動させることができる距離は、数km単位で種子を運んだメガファウナとは比べものにならないくらい短い。

以上から、メガファウナが絶滅したあと、短い期間に数千kmの移動ができたのは、船による移動などの手段を有しているヒトの手によるものと考えるのがもっとも現実的である。

カカオの原産地である南米では、ヒトが到来するまでカカオは大型動物（メガファウナ）によって生存を支えられていた。しかし、ヒトの到来によってメガファウナは絶滅し、カカオの生存に危機が訪れたが、そのヒトがカカオを食することによって、カカオの生存を支えた。その後に、カカオはヒトによってその品種を増やし、栽培の範囲を広げていくことになる。

第五章　世界に迎えられたカカオ

最終氷期を高温・高湿のアマゾン川源流域で乗り越えたカカオと、アジアから南米にやってきたヒトが遭遇したことによって、カカオにとって全く新しい旅立ちが始まった。それは多くの品種への進化と、アマゾン川源流域から中南米、さらにはコロンブス以後の全世界への拡散である。

ヒトに遭遇するまでの数万年の間、カカオは大河や山脈で隔てられたアマゾン川源流域の限られた範囲で、ヌカカなどの数㎜以下の受粉者による自然交配によって独自に進化してきた。[1] しかし、ヒトの到来によってその様相は一変し、カカオの品種は時間的にも地域的にも多様性を増して（図1・3）、現在に見られるような〝テロワール（生産地固有）〟な味と香りのカカオ豆の生産が可能となった。

5.1　代表的なカカオの品種

現在まで伝統的に分類されている、三種類のカカオの実を図5・1に示す。フォラステロ種は、

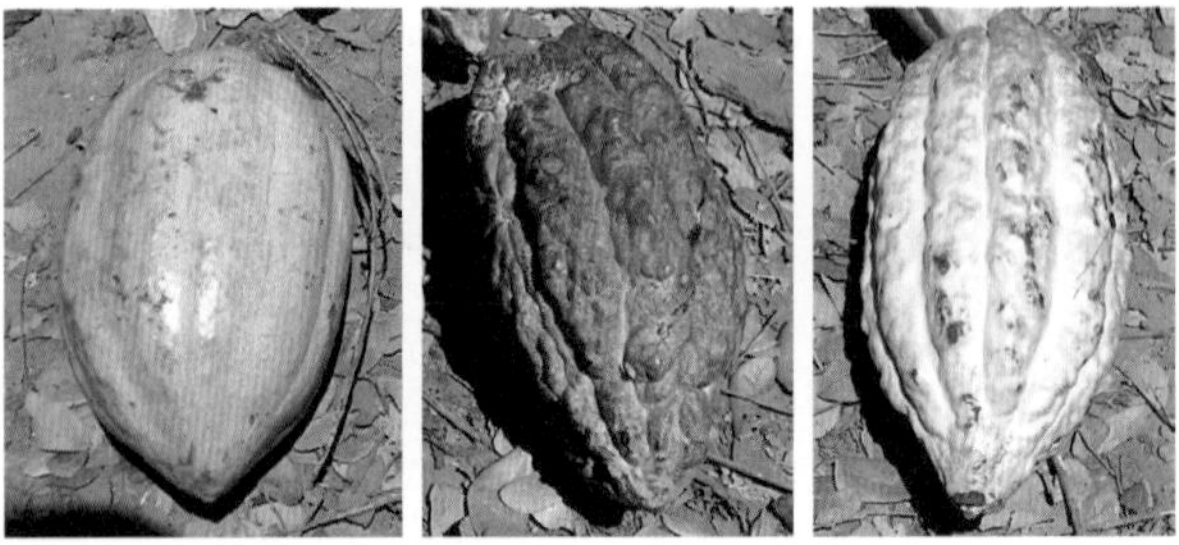

フォラステロ　　クリオロ　　トリニタリオ

図 5.1　代表的な 3 種類のカカオの実

世界で最も多く栽培されている品種で、ポッドの形は丸く、表面が滑らかである。生のカカオ豆を切断して子葉部を見ると紫色で、苦みと渋みが強く、香りも刺激的である。〝フォラステロ〟はスペイン語で「知らない人、部外者」という意味があるが、この品種は生育がはやく、病気や害虫への抵抗力が強いので栽培がしやすい。

「カカオの原種」と言われるクリオロ種のカカオポッドの形は、表面にイボがあり溝が深い。〝クリオロ〟はスペイン語で「その土地の生まれ」という意味である。生のカカオ豆の子葉部が乳白色であれば、「純粋なクリオロ種」と言われているが、子葉部が紫色のカカオ豆でもクリオロ種と呼ばれる場合がある。クリオロ種は酸味のあるフルーティーな香りがして、苦みが少ない特徴を持つが、病害に弱く、世界でも希少な品種である。

フォラステロ種とクリオロ種とのハイブリッド（交雑）であるトリニタリオ種のカカオポッドは比較的大きく、生豆の子葉の内部は紫色で、香りや苦みはフォラステロとクリオロの中間

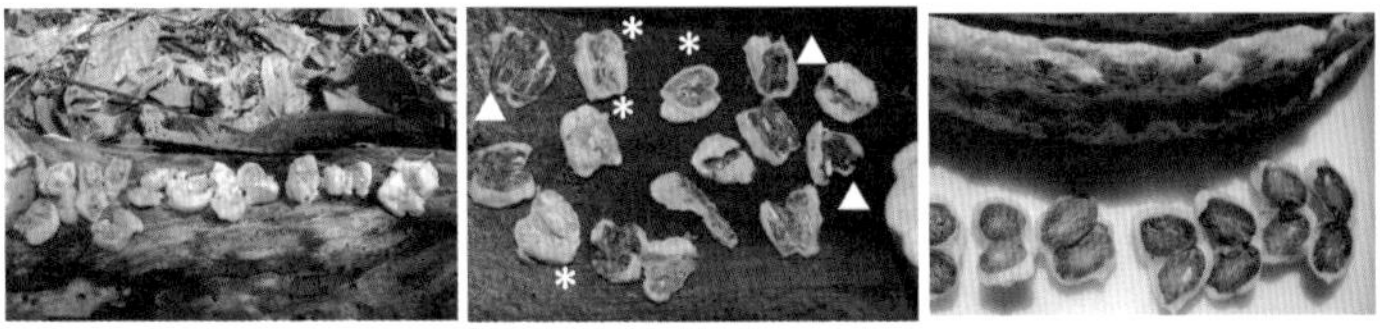

A メキシコ国立農牧林研究所のクリオロ農園　B メキシコ南部のカカオ農園　C ベネズエラのパタネモ地方の農園

図 5.2　クリオロ種のカカオ豆のカットテスト

である。その他にも、エクアドルのみに生息するアリバ種、あるいはナシオナル種は、フローラル（花）な甘い香りとさわやかな苦みの品種である。

ここで問題となるのが、世界各地の農園で生産されているカカオの品種の特定である。図5・1に示すようなカカオの実の外形からだけでは、確定しにくい。そこで、収穫直後のカカオ豆の割断面の色を確認する「カットテスト」で、白色と紫色の程度を比較する方法が用いられるが、実際には、図5・1に示す三つの品種に明確に区分けできない場合がある。

その実例を図5・2に示す。Aは、メキシコ南部のチアパス州にあるメキシコ国立農牧林研究所で、接ぎ木法によってクリオロ種だけを栽培している農園のカカオの実から取り出した豆のカットテストの結果であるが、全てが乳白色で「純粋なクリオロ種」ある。研究所では希少価値の高いクリオロ種をメキシコに普及させるために、他の品種が栽培されている農園からこの農園を切り離し、周囲を大きな木々で囲んで外来遺伝子の混入を防いでいる。

Bはチアパス州ソコヌスコにある古いカカオ農園で採集した、「クリオロ種」と呼ばれているカカオ豆のカットテストである。一五個の豆の中で四つが乳白色（＊）、三つが濃い紫色（△）で、それ以外が薄い紫色である。これから即断すれば、このカカオはクリオロ種と他の品種とのハイブリッドとなる。

一方、Cには、ベネズエラ・カラボロ州パタネモ地方の農園のカカオ豆のカットテストを示す。豆の断面の紫色の濃さの程度や、豆の味などの評価の結果、農園ではこの豆を「クリオロと他の品種との交雑の程度は五七％」とした上で、〝クリオロ・モデルネ〟と命名している。

図5・2BやCのように、それぞれのカカオを〝異なる品種のハイブリッド〟と解釈せざるを得ないのは、いわば当然である。カカオは自然の交配の中で異なる遺伝子が混じりあったし、ヒトの介在によって意図的に品種の改良がおこなわれてきたからである。

5.2　カカオの世界への拡散

一四九二年のコロンブスによる「新大陸発見」後に、カカオは世界に拡散する。カカオも含めて、アメリカ大陸の先住民が育てた食べ物には、ピーナッツ、じゃがいも、さつまいも、トマト、カボチャ、とうもろこし、唐辛子、ピーマン、イチゴ、パイナップルなどがあるが、これらの食べ物が大航海時代に世界に羽ばたいて、人類の食糧革命に寄与したことは言うまでもない。

カカオは、一六世紀にはスペインやポルトガル、その後にはオランダ、フランス、イギリスなど

図 5.3　18 世紀までの主なカカオ栽培の拡散ルート

によって中米から苗木が船によって運搬されて各地に拡散したが、一八世紀までのカカオ栽培の広がりを図5・3に示す[2,3]。

一五二五年にはクリオロ種がカリブ海沿岸のプランテーションで栽培され、一五六〇年には現在の東ティモールに、一七世紀にスペイン領となった現在のフィリピンには一六七〇年にクリオロ種が持ち込まれた。アマゾン川源流域がカカオの原産地ではあるが、その下流に位置するブラジルには一七四〇年、その後に多くの国々にカカオが導入された。

こうした状況の中で、一六世紀後半〜一八世紀にかけて生じた小氷期の寒冷化が、とりわけ北半球では深刻な災害を引き起こした。そのために、一七一五年頃から約八〇年でカリブ海の島しょ部で栽培されていたクリオロ種のカカオがほぼ全滅した。そこで、トリニダード島において、生き残ったクリオロ種とアマゾン川下流域から移植されたフォラステロ種の交配でトリニタリオ種が誕生した。

その一方で、増大するカカオの需要の増加をうけて、安定した生産のためにフォラステロ種を中心にアフリカでの栽培が進み、一八二二年にはアフリカのプリンシペ島、一八五〇年には サントメ島でのカカオ栽培が始まり、一九世紀後半にガーナ、ナイジェリア、マダガスカ

表 5.1 世界の主なカカオ豆の生産国と生産量（単位、万トン）

地　域	国　名	2015 年	2021 年
アフリカ	コートジボワール	179.6	220.0
	ガーナ	85.9	82.2
	カメルーン	31.0	29.0
	ナイジェリア	30.2	28.0
	ウガンダ	3.2	4.0
中南米	エクアドル	18.0	30.2
	ブラジル	27.8	30.2
	ペルー	9.2	16.0
	ドミニカ共和国	7.5	7.0
	メキシコ	2.8	2.8
	ベネズエラ	2.4	2.7
アジア・オセアニア	インドネシア	59.3	72.8
	パプアニューギニア	3.6	4.2
	インド	1.6	2.7

ルなどでのカカオプランテーションが広がった。一八五五年にはベルギーが、植民地化したコンゴにカカオを持ち込んだが、それが現在の「チョコレート大国：ベルギー」につながっている。

5.3　現在のカカオ豆の生産

国連食糧農業機関（ＦＡＯ）の統計に基づく主要国でのカカオ豆の生産量（二〇一五年と二〇二一年）を表５・１に示す。

以下に、それぞれの地域の生産国の特徴を示す[3]。

アフリカ

西アフリカでの生産量が多く、コートジボ

ワールが飛びぬけていて、次いでガーナ、カメルーン、ナイジェリア、ウガンダである。コートジボワールとガーナで栽培されているのはフォラステロ種で、後述の「バルク豆」である。いずれも香味は強く、チョコレートの製造に最適であるが、ガーナ豆の方が国内の生産と流通における品質管理が良好であるために、他の豆より優れた品質を有していて、世界市場においてプレミアム価格がつけられている。ナイジェリアのカカオの品種と品質はコートジボワールに似ているが、品質の安定性は少し劣っている。一方、カメルーンのカカオはトリニタリオ種である。

東アフリカではタンザニアやマダガスカルのカカオ豆の生産量は少ないが、非常に品質が良いので、日本のビーン・トゥ・バーチョコレート店による評価が高い。タンザニアにはトリニタリオ種が多く、サントメ・プリンシペやマダガスカルの豆はスペシャリティ豆として差別化されている。

中南米

最大の生産国はエクアドルで、ここ数年で1.5倍に増大した。スペシャリティ豆であるアリバ種が国際的な評価が高く、プレミアムチョコレートの製造のために高価で買い取るチョコレート製造者もいて、日本でも人気が高い。最近、生産性がアリバ種より高いCCN51というカカオの栽培が広がっているが、これにはアリバ種のようなフローラルな香味がなく、酸味が強い。

かつては重要なカカオ生産国であったブラジルでは、前世紀末に病害によって生産が急減したが、最近は復活している。ブラジル豆は良好なカカオ香味を持つが、西アフリカ産のものよりも酸味が強く、ココアバターの融点が低いので柔らかいチョコレートとなる。国内での消費量が多いので、主に西アフリカからカカオ豆を輸入している。

ペルーのカカオ豆の生産もここ数年急伸しており、フローラルな香味が特徴で、ヨーロッパで人気が高い。次いで、ドミニカ共和国やコロンビア、メキシコが続いている。メキシコは、コロンブス以後のスペイン人が先駆的にカカオ飲料の味を改良して世界に広げたところであるが、自家消費が多いためにほとんど輸出されず、逆に輸入している状態である。「チュワオ豆」など高品質のクリオロ種で有名なベネズエラは、その国名自体が「チョコレートのブランド」になるほど人気が高く、フェアトレードによるカカオビジネスを進める農園が増えている。

アジア・オセアニア

この地域ではインドネシアが最大の生産国で、パプアニューギニアとインドが続いている。インドネシアは、主にフォラステロ種とトリニタリオの交配種を生産しているが、従来から発酵処理されない豆が多く、国全体としての評価は低かったが、最近発酵に力を入れる農園が増えてきている。インドネシア産のカカオ豆は、平均気温が高い赤道直下の低地で生産されるために、ココアバターの融点が高く、硬いチョコレートができる利点がある。

パプアニューギニアは土地が肥沃なためにカカオ栽培に適しており、トリニタリオ種が栽培されている。表5・1にはないが、近年、ベトナムやフィリピンがカカオの生産に力を入れている。べトナムは中部高原、南東部、およびメコンデルタでトリニタリオ種のカカオ栽培に国を挙げて取り組んでいる。すでに述べたように、フィリピンには一七世紀にスペインの植民地としてクリオロ種が栽培されていた。現在フィリピン政府は、3C、すなわちコーヒー、ココナッツ、カカオを換金作物として重要視している。

5.4　バルク豆とスペシャリティ豆

現在、世界中で作られているチョコレートに使われるカカオ豆は、味と香りなどの特徴によってバルク豆とスペシャリティ豆に大別される。この区分けは品質の優劣を意味するものではなく、カカオの遺伝的起源と形態学的特徴、カカオ豆の風味と化学的成分、発酵や乾燥、酸度、オフ・フレーバー、カビ、昆虫の侵入、および不純物の割合などによって特徴付けられる。。

バルク豆は、通常はフォラステロ種のカカオ豆で、ミルクチョコレートやダークチョコレート、カカオマス、ココアバター、ココアパウダー製造に用いられる。バルク豆を多く生産する国は、西アフリカのコートジボワールやガーナである。

一方、スペシャリティ豆には「ファイン豆」と「フレーバー豆」があるが、流通過程において、バルク豆に比べてプレミアム価格で取引され、時にはバルク豆の二倍や三倍となる。スペシャリティ豆にはクリオロ種、トリニタリオ種、ナシオナル種が該当し、フォラステロ種の豆は含まれて

表 5.2 国際ココア機関によるスペシャリティ豆の割合の国別比較（—は情報なし）(4, 5)

国　名	2016年	2021年	国　名	2016年	2021年
ベリーズ	50%	—	ジャマイカ	95%	100%
ボリビア	100%	—	マダガスカル	100%	100%
ブラジル	—	100%	メキシコ	100%	—
コロンビア	95%	95%	ニカラグア	100%	80%
コスタリカ	100%	100%	パナマ	50%	50%
ドミニカ	100%	100%	パプアニューギニア	90%	70%
ドミニカ共和国	40%	60%	ペルー	75%	75%
エクアドル	75%	75%	サンルチア	100%	100%
グレナダ	100%	100%	サントメ・プリンシペ	35%	—
グアテマラ	50%	75%	トリニダードトバゴ	100%	100%
ハイチ	—	4%	ベネズエラ	100%	—
ホンジュラス	50%	—	ベトナム	40%	—
インドネシア	1%	10%			

いない。

二〇二一年に示された国際ココア機関の定義では、ファイン豆とは、「フレーバーに欠陥がなく、生産者の専門知識と〝テロワール〟、すなわちカカオが栽培、発酵、乾燥される特定の環境の感覚を反映した複雑なフレーバー特性を提供するカカオ」であり、フレーバー豆とは、「フレーバーに全く欠陥がなく、ブレンドにおいて伝統的に重要であった貴重な芳香またはフレーバー特性を提供するカカオ」である。表5・2には国際ココア機関が評価したそれぞれの国で生産されるカカオ豆の中のスペシャリティ豆の割合、表5・3には、スペシャリティ豆を生産する国とそれぞれのカカオ豆の特徴

表 5.3　スペシャリティ豆の国別の特徴

国　名	カカオ豆の特徴
コロンビア	焦げた果実、ナッティ
コスタリカ	フルーティ、ナッティ
ドミニカ共和国	タバコ、フルーティ、草臭
エクアドル	高い香り、フローラル、スパイシー、グリーン
グレナダ	焦げた果実、糖蜜
インドネシア	カラメル、酸味
ジャマイカ	フルーティ、レーズン
マダガスカル	ナッティ
パプアニューギニア	フルーティ、フローラル、酸味
ペルー	焦げた果実、酸味、ナッティ
サントメ・プリンシペ	フルーティ、酸味
トリニダードトバゴ	糖蜜、カラメル、レーズン
ベネズエラ	上記の特徴を有する多くの種類

を示す[2]。この結果によれば、スペシャリティ豆の生産国は中南米に多く、アジアやアフリカには少ない。

すでに述べたように、現在、カカオの供給は需要に追い付いていない。その一方で、カカオ農家の離農の動きがあちこちで報告され、カカオ生産の先行きが不透明という意見も寄せられている。

ヒトがカカオに出会ってから約一万五〇〇〇年、中南米のカカオの故郷から世界に拡散して約五〇〇年という現在、カカオの悠久の旅立ちを跡付けたうえで、これからも、消費者とカカオ豆やチョコレートの生産者の共通の利益が持続的に発展できる道を模索したい。

第六章　カカオ──「神の食べ物」と名付けた人々

およそ一〇〇〇万年前に誕生して熱帯雨林で自生し、何度も訪れた氷河期、とりわけ約七万年前に始まった最終氷期を南米のアマゾン川源流域周辺で生き延び、その後の温暖化で中南米に生息域を広げ、約一万五千年前にその地にやってきたヒトと出合い、約五〇〇〇年前にヨーロッパを経て世界に広がったカカオに、「神の食べ物」という学名が与えられた。

6.1　カカオの学名

学名とは、生物を特定するために必要不可欠な「世界共通の名前」のことである。その表記法は、スウェーデンのカール・フォン・リンネが一七五三年に出版したSpecies Plantarum（植物の種「シュ」、図6・1）において、属名と種の名前を併記する方法（二名法）として提案された。リンネ以前には、複数の名前で他の種から区別する特徴を記していたが、語数が増えて複雑かつ不便なものとなっていた。リンネの二名法は、属名に種名を加え、種の特徴は別に記すというもので、それ

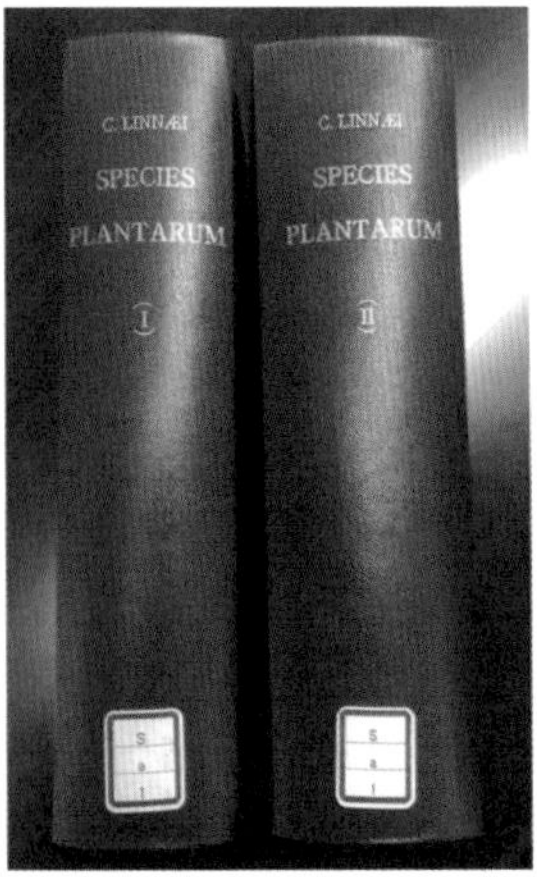

図 6.1　Species Plantarum（復刻版）、東京大学大学院理学系研究科附属・小石川植物園

図 6.2　リンネの彫像（ウプサラのリンネ博物館の庭園）

が今日まで続いている。

リンネはスウェーデンのウプサラ大学出身で、そこの教授も勤めた。ウプサラはストックホルムから電車で北に向かって約一時間の古都で、一四七一年創立のウプサラ大学は北欧で最も古く、摂氏温度（℃）のセルシウスや、ミクロな長さ単位（Å）のオングストロームもここの出身で、教鞭もとった。ウプサラ大学の近くにはリンネ博物館があり、植物標本や庭園が展示されているが、庭の一隅には花を観察する若きリンネの彫像がある（図6・2）。リンネはこの庭園で自ら多くの植物を栽培するとともにヨーロッパ各国を訪問したが、中南米を訪問したことはない。

カカオの学名はギリシャ語で「神（々）の食べ物」を意味する「THEO（神）BROMA（食べ物）：テオブロマ」である。「植物の種」には2つのTHEOBROMAの植物が記されている（図6・3）が、カカオに加えてGuazuma（グ

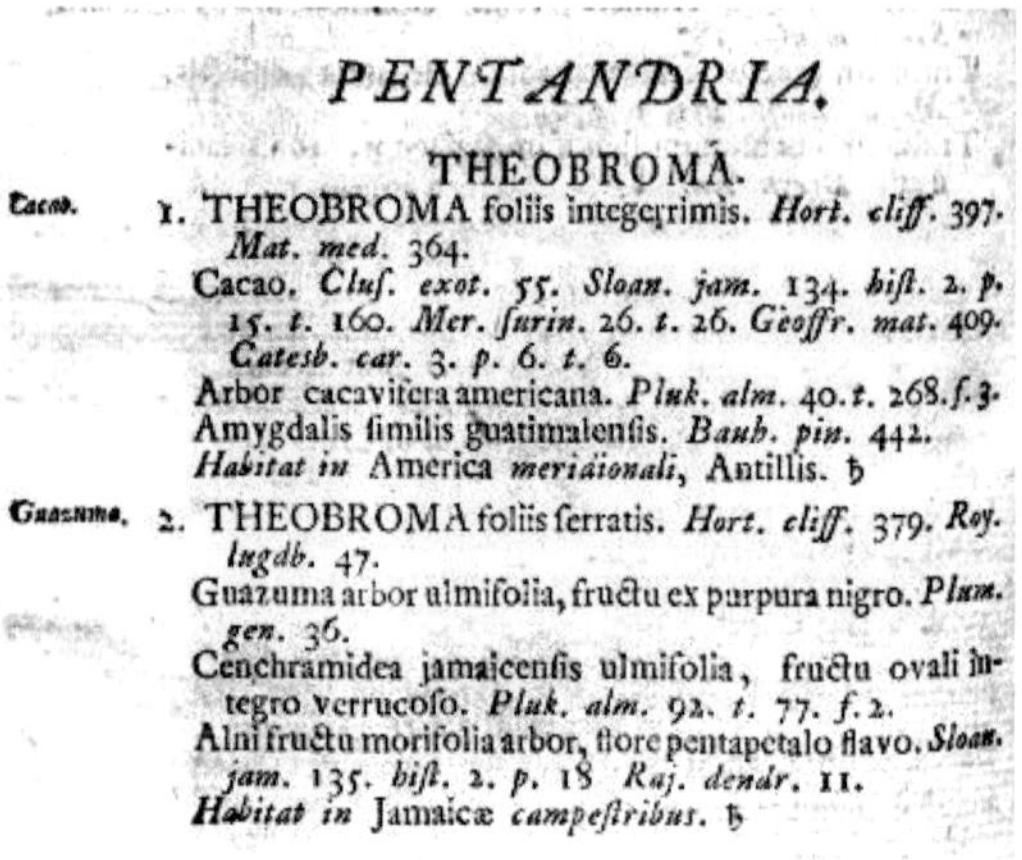
PENTANDRIA.

THEOBROMA.

Cacao. 1. THEOBROMA foliis integerrimis. *Hort. cliff.* 397. *Mat. med.* 364.
Cacao. *Cluſ. exot.* 55. *Sloan. jam.* 134. *hiſt.* 2. *p.* 15. *t.* 160. *Mer. ſurin.* 26. *t.* 26. *Geoffr. mat.* 409. *Catesb. car.* 3. *p.* 6. *t.* 6.
Arbor cacavifera americana. *Pluk. alm.* 40. *t.* 268. *f.* 3.
Amygdalis ſimilis guatimalenſis. *Bauh. pin.* 442.
Habitat in America *meridionali*, Antillis. ♄

Guazuma. 2. THEOBROMA foliis ſerratis. *Hort. cliff.* 379. *Roy. lugdb.* 47.
Guazuma arbor ulmifolia, fructu ex purpura nigro. *Plum. gen.* 36.
Cenchramidea jamaicenſis ulmifolia, fructu ovali integro verrucoſo. *Pluk. alm.* 92. *t.* 77. *f.* 2.
Alni fructu morifolia arbor, flore pentapetalo flavo. *Sloan. jam.* 135. *hiſt.* 2. *p.* 18 *Raj. dendr.* 11.
Habitat in Jamaicæ *campeſtribus.* ♄

図 6.3　Species Plantarum 中の THEOBROMA の記述部分

アズマ）がある。グアズマは和名をベイシダーと言い、アメリカ原産で、アマゾンをはじめとするアメリカの熱帯地域で生育する。その樹皮と葉の部分の薬効が高いのでハーブ医療に利用されたり、美しく淡い色合いと加工性の良さから、家具や工具として使われたりしている。また、その果実は、カリブ海周辺の多くの地域で家畜の重要な飼料となっている。

それにしても、なぜリンネは「神の食べ物」という〝崇高な〟学名をカカオとグアズマに与えたのであろうか。その特異さは、他の果実などと比べても際立っている。

たとえば、ミカン（オレンジ）の学名は Citrus sinensis で、その意味は〝柑橘類〟の Citrus と〝中国産〟の sinensis である。Sinensis は一八世紀〜一九世紀にかけてアジアに来て植物を収集したヨーロッパ人が、身近にない植物の学名に与えた名前である。類似のものにCamellia sinensis（チャノキ）や、Camellia japonica（ヤブツバキ）がある。もう一つの例がバナナで、リンネはMusa（バショウ属）paradisiaca（「楽園」の意）と、Musa sapientum（「知恵・賢者」の意）という二つの名を与えた。いずれもミカンに比べて華麗ではあるが、〝神〟には及ばない。

カカオの学名の由来について、世界的な名著として知られる「チョコレートの歴史」（ソフィー・コウ、マイケル・コウ）の中では、以下の通り記述されている。[1]

「ジョゼフ・バショーと呼ばれるパリの医師が（中略）『よく知られているように、チョコレートは素晴らしい発明品であり、ネクタルやアムブロシア（神々の飲食物で、それを口にすると不老不死になるとされる）以上に、神々の食物としてふさわしい』と書いている。リンネはこのバショーの論文を読んでいて、カカオの属名としてテオブロマ、すなわち『神々の食物』を採用したのではないかと考えられている」。

コウ夫妻のこの説は広く拡散されており、たとえばフランスのチョコレート関連情報をネット検索すると、必ずと言ってよいほど、「ジョゼフ・バショーが『チョコレートは、ネクタルやアムブロシア以上に、神々の食物としてふさわしい』と言った」の文言がヒットする。ネクタルは、ギリシャ神話に出てくる「神々が飲んだ酒（nektar）」に由来する。

しかし、筆者がフランスや日本の友人と共にジョゼフ・バショーの関連論文を検索したが、確認できていない。一方、一六八四年にパリ大学医学部で、医学博士の論文を審査したバショーという医師が確認できたが、彼はジョゼフではなくステファン（フランス名はエティエンヌ）であった。

現時点で筆者は、この「ジョゼフ・バショー説」には根拠がなく、ステファン・バショー氏が審査した学位論文の記述が該当すると思われる。すなわち、一六八四年にステファン・バショーを審査委員長としてパリ大学医学部で審査されたフランシスコ・フーコーの学位論文の第五章で、カカオ飲料について「温かくマイルドなジューシーさで腸の本来の温かさと強さを刺激し、強化し、消化を助け、食物の拡散と不要物の分泌を促進し、脂肪を蓄積し、それは脳の敵ではなく、ヴィーナス（恋の女神）の友人であり、肉体と精神に非常に適しているので、健康的である」と記述されている。[2]

本章では、まずリンネに先行して一七世紀に出版されたカカオに関する情報を紹介した後に、図6・3のカカオの説明にある参考文献について考察したい。

6.2 カルレッティの「世界周遊記」

一五九一年〜一六〇六年にかけて世界一周をしたイタリア・フィレンツエの商人、フランチェスカ・カルレッティ（一五七三—一六三六）が書いた「世界周遊記[3]」の中に、カカオが登場している。

カルレッティは、商用で初めて世界一周をした数少ないヨーロッパ人の一人であるが、彼の旅程は以下の通りである（図6・4、地名・国名は現在のもの）。

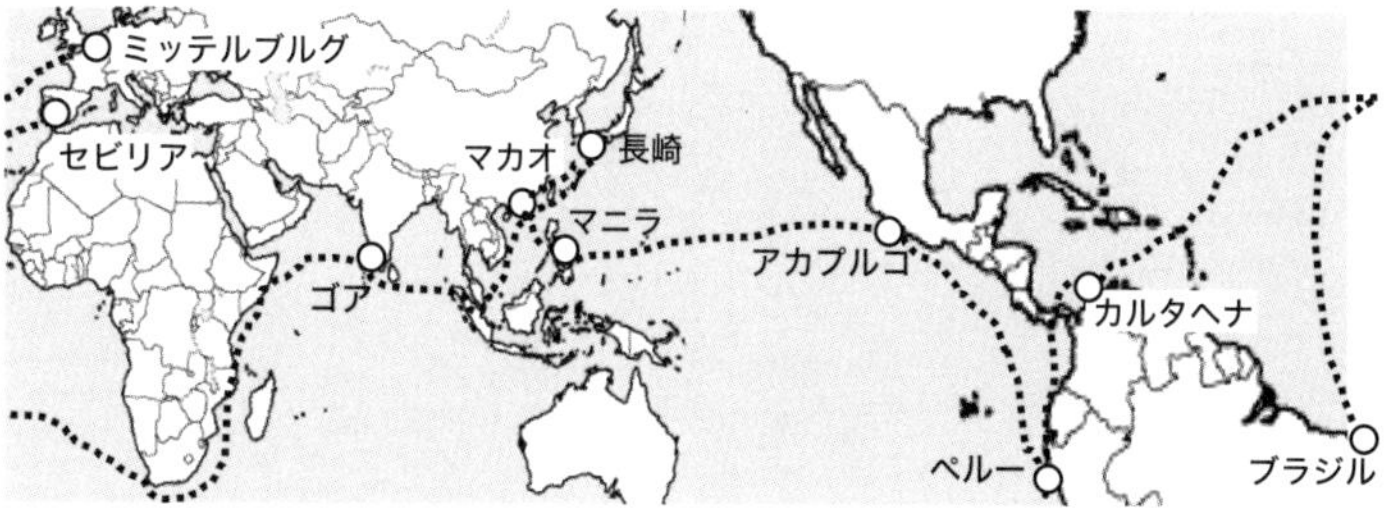

図 6.4　カルレッティの世界一周の航路

スペインのセビリアから、コロンビアのカルタヘナへ行き、そこから海岸伝いにペルーに移動した後に船で北上して、アカプルコからメキシコに入り、それから太平洋を横断してフィリピンのマニラに到着。その後、マカオから長崎を経て、マラッカ海峡からインドのゴアに行き、アフリカ南端の喜望峰を回ってブラジルへ渡り、最後にオランダのミッテルブルグへ帰還。

カルレッティは一八歳でセビリアにおいて海上貿易を学び、一五九四年に父と一緒にスペインを出港した。最初は奴隷貿易に手を染めたが、すぐに貿易業に転じて、フィレンツェに帰ったころには金満家となっていた。国際貿易、とりわけ東洋に興味を示していたトスカナ公爵のフェルディナンド・ドゥ・メディチはカルレッティを招いて情報を集めたが、カルレッティは公爵のために旅行記をまとめたのが「世界周遊記」である。この本のオリジナルは彼の死後に離散していたが、その後にまとめられて、一七〇一年に完全版が出版された。英訳したワインストックは、「カルレッティの観察眼は鋭く正確で、とりわけ日本の見聞記は、江戸時代の鎖国に入る前のヨーロッパ人の報告としては傑出している」としている。

「世界周遊記」のメキシコ旅行の中で、カカオは以下のように書かれている。

「メキシコ滞在中にカカオを飲んだが、楽しく有益だった。タバコとは全く異なって、カカオを一日として飲まずにはいられなかった。カカオは美しい木になる実であるが、雑草をとって土を肥やし、『カカオの母』と呼ばれる大きな木の陰で、直射日光と風を避けて育てなければならない。カカオ豆はマツカサのようにかたい殻に覆われているが、松の実よりはるかに大きく、束ねられた豆を覆う薄い果肉をはがして取り出す。豆の中身は黄褐色で少し苦みがあり、その中には油が多く、それに価値がある。朝にカカオ豆入りの飲料を飲めば、一日中、他の食べ物なしで過ごすことができる。それはこの国で最も重宝する贈り物の一つで、この国の宗教的で高貴な人々の間で崇められている」。

この記述から判断すると、彼が見たカカオの品種はクリオロと思われる。彼が経験した通りに、現在でもメキシコ周辺のカカオ農家では、カカオにトウモロコシを入れた飲料は食事として摂取されている。

6.3 ストゥッべの「インディアン・ネクター」

一六六二年にイギリスで出版されたチョコレートの本も、リンネが参考にした可能性がある。それは、ヘンリー・ストゥッベ（スタッブ、あるいはスチューブ、一六三二〜一六七六）が書いた「イン

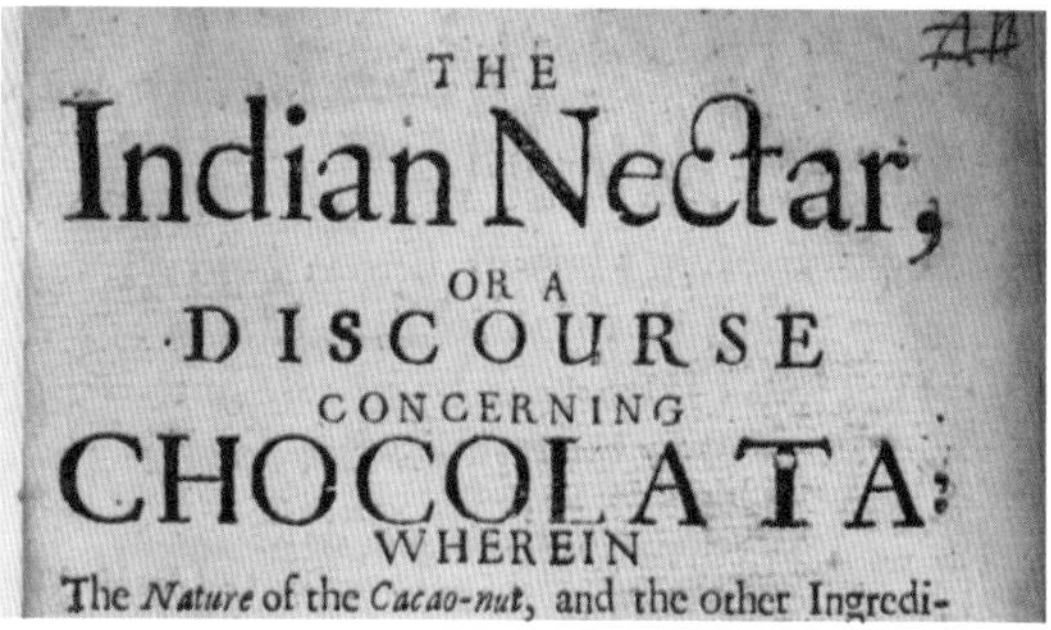

図 6.5　ストゥッベ著の「インディアン・ネクター」の表紙[4]

ディアン　ネクター、あるいはチョコレートに関する話題」である（図6・5）。[4] 本書の冒頭では「カカオナッツ注)の性質、およびその他の成分を、インディアン注)とスペインの作家の判断と経験に基づいて、その栄養と強精性、およびその薬理効果（特にうつ病）について十分に議論した」と書かれている。

ストゥッベはその当時、最も著名なラテン語とギリシャ語の学者、数学者であると同時に、政治、宗教、歴史に精通していたが、一七世紀のイギリスに起こったピューリタン革命においては、反王政側に立って活動した。ピューリタン革命は、イギリスの絶対王政による国教会の強制に対する清教徒（ピューリタン）の信仰の自由や、重商主義に反対する中間平民（ジェントリ）層の不満などが要因となって、一六四二年に始まり、一六四九年に王政が倒れて共和制が成立した。しかしその革命は失敗に終わり、一六六〇年に王政復古となった。

王政復古後の一六六一年に、彼は王室医師としてジャマイカに派遣された。一七世紀末のカリブ海とその周辺の地域は、スペイン、イギリス、フランス、オランダ、デンマークの植民地となっており、イギリスは、現在のベリーズとニカラグアの海岸沿いと、バハマ諸島、ヴァージン諸島、およびジャマイカを支配していた。しかし、現地の風土が彼には合わずに一六六五年に帰国したが、一六六二年に現地でチョコレートを称賛する本を出版したのである。

彼はジャマイカにおけるカカオ飲料について、同時代の報告や自らの見聞を基に、鉄製や石製の道具の使い方や、カカオ豆にアーモンド、ヴァニラ、アチョーテ注)、各種スパイスを加えた飲み物のレシピや飲まれ方について、非常に詳しく記述している。以下にその例を紹介する。

・カカオ豆をすりつぶしてペースト状にし、トウガラシを少し加え、カップに少しずつ冷やした水を入れて飲むのが、原住民の普通の飲み方である。

・皇帝に献上するときは、数種類の果物や五〇個以上の高品質のカカオでできた泡の入った大きな瓶を持ってきて、それを飲食した。人々は皇帝に感謝の言葉を述べたり、歌ったり、踊ったりしたが、カカオ飲料が好色な欲望を誘発するのに効果的であると言っていた。

・うつ病に効く薬のレシピは以下の通りである。細かく粉にしたカカオ豆一二ポンドとシナモン一ポンド、アニスの種〇・五ポンド、細かく粉にしたヴァニラ六個、メカクス注)またはメカショキトル注)の花を四片、トウモロコシ三ポンド、ナツメヤシ一ポンド、アインツォーリ注)（または甘いアーモンド）〇・五ポンドをよく叩き、好みでアチョーテ注)〇・五オンスや砂糖四ポンドを加える。なお、メカショキトルとヴァニラの代わりに、ナツメグとクローブを入れることもできる。

・ジャマイカには多くのカカオ農園が組織されていたが、そこに駐留するイギリス軍において、カカオは、すりつぶしたペーストに砂糖を混ぜてから水に溶かし、滋養と癒しの手段の一つとして広く飲まれていた。

ストゥッベは、「チョコレートは、脂肪の多い栄養に適度な苦味と収斂性が加わると胃の働きを促進し、他の内臓で調合されて便として排出されるが、多くの人にとっての滋養飲料として成功を収めている」と結論している。

注：カカオナッツはカカオ豆、インディアンは原住民、アチョーテは紅色の天然色素、メカクス、メカショキトル、アインツォーリは現地の植物

6.4　神の食べ物

さて、いよいよ図6・3の中の「テオブロマ」に属する2つの植物、グアズマとカカオの記述を解読する。

冒頭のpentandriaは「5本の雄しべ」で、実際にカカオの花の雄しべは五本である。カカオに関する最初の説明にあるfoliisはfolium（=葉）の複数形奪格で、これをinteger（全縁の）の最上級integerrimusで形容しているので「全く全縁の=鋸歯のない葉を持つテオブロマ」となり、グアズマには鋸歯があるという違いを示している。また、カカオとグアズマについて書かれた記述の

表 6.1 図 6.3 中の Cacao の説明

（確認できたもののみ明記、著書の和訳は筆者によるもの）

項目	文献
Hort. cliff.（書名） 397.	5
Mat med.（薬用植物） 364.	6
Cacao（カカオ）、Clus.（人名、Clusius） exot.（書名） 55.	7
Sloan（人名で Sloane）、jam. 134. hist.（書名[1]） 2. p. 15. t.（図版）160.	8
Mer. surin. 26. t. 26.	
Geoffr.（人名 , Geoffrey）、mat.（書名） 409.	9
Catesb. car. 3. p.6. t. 6.	
Arbor（植物の）、cacavitera、americana.（アメリカの）Pluk.（人名で Plukenett）alm.（書名[2]） 40. t. 268. f. 3.	10
Amygdalis Similis guatilensis（グアテマラのアーモンドに似た仲間）. Bauh（人名で Bauhin）、pin.（書名[3]）442.	11
Habitat jn America meridionali, Antilles（中央アメリカのアンティリスに生息）	

1) Natural History of Jamaica（ジャマイカの自然史）
2) Almagestum Botanicium（植物学全書）
3) Pinax theatri botanici（植物劇場のリスト）

最後のマークは、リンネだけが使っていた記号である。

カカオの説明中のイタリック部分は参考資料で、表6・1のように説明できる。

この参考資料から推察すると、リンネは一七五三年以前に出版された本でカカオの存在を知り、学名にギリシャ語のテオブロマを付けたのではないかと思われる。そこで、参考資料中で確認できたBauhin（バウヒン）、Plukenett（プルークネット）、およびSloane（スローン）の業績について説明する。

ガスパール・バウヒン

バウヒン（一五六〇～一六二四）は、スイスの植物学者である。数千種の植物を記

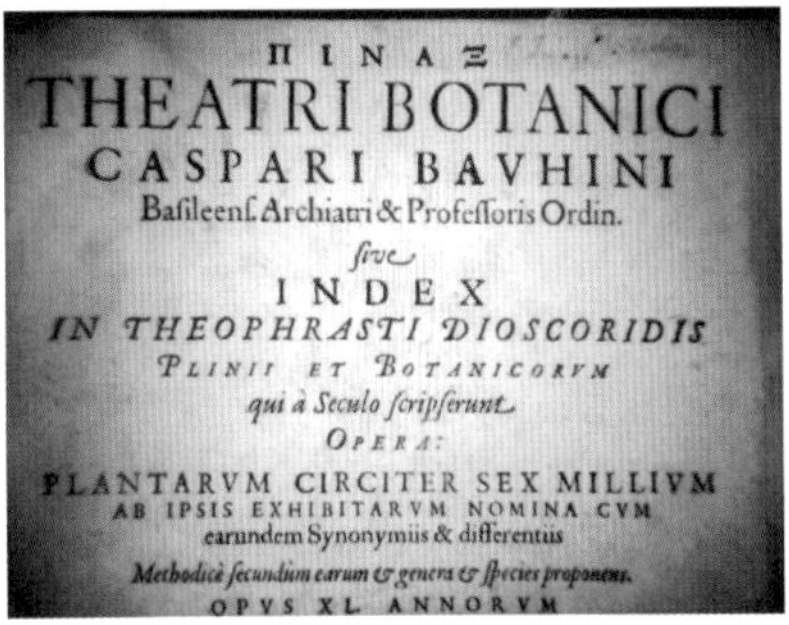

図 6.6　Pinax theatri botanici の表紙[11]

載して分類し、リンネの二名法の先駆けをなした。リンネはガスパールとジャンのバウヒン兄弟を顕彰して、マメ科のハカマカズラ属の花をバウヒニアと命名した。

彼が一六二三年に出版した「Pinax theatri botanici（植物劇場のリスト）」（図6・6）で、カカオは「グアテマラのアーモンドに似た仲間」の項目で紹介されている。

レナード・プルークネット

プルークネット（一六四二～一七〇六）はイギリスの植物学者でイングランド女王のメアリー二世に雇われ、王室植物官に任じられた。彼の死後、協力者とともに集めた約八〇〇〇にのぼる植物標本は、一七一〇年にハンス・スローンのものとなり、後にロンドン自然史博物館のコレクションの一部となった。「植物の種」の引用では、彼が一七〇〇年に出版した「Almagestum botanicum（植物学全書）」（図6・7）の中で、カカオは「アメリカのカカビフェラの木。鞘に包まれた実がアーモンドのような形をしている」と紹介されている。

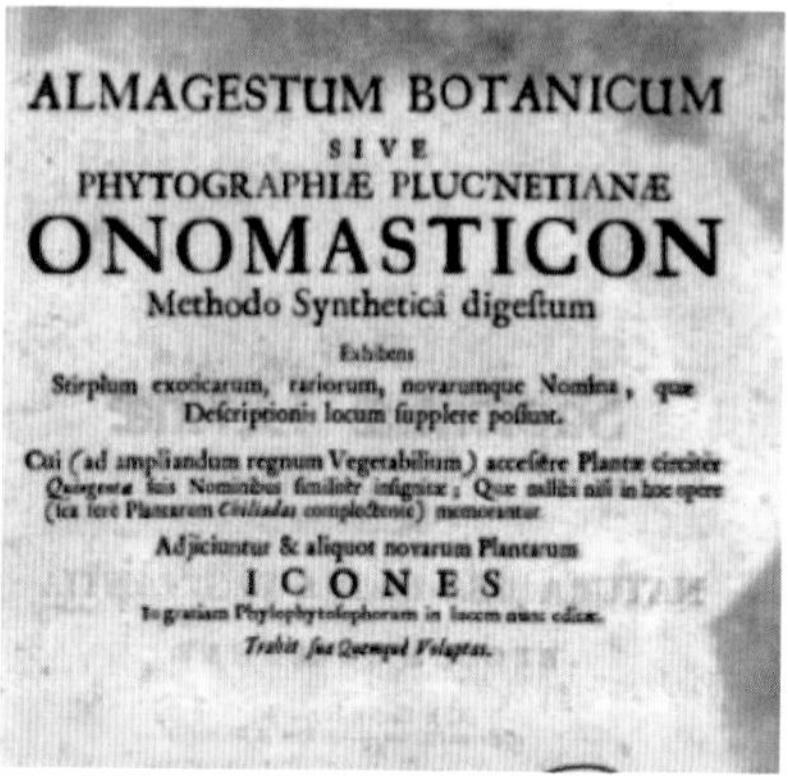
ALMAGESTUM BOTANICUM
SIVE
PHYTOGRAPHIÆ PLUC'NETIANÆ
ONOMASTICON
Methodo Synthetica digestum
Exhibens
Stirpium exoticarum, rariorum, novarumque Nomina, quæ Descriptionis locum supplere possunt.
Adjiciuntur & aliquot novarum Plantarum
ICONES

図 **6.7**　Almagestum botanicum の表紙[10]

ハンス・スローン

スローン卿（一六六〇〜一七五三）は、幼いころから博物学的なものや奇妙なものを収集する癖があったが、一六七九年にロンドンで医学と植物学を学んだ後に、フランス留学を経て、一六八七年にイギリスの西インド諸島艦隊の外科医に任命されてジャマイカに滞在した。その間に、彼はカカオを含む無数の標本を収集し、それ以後は植物などの研究に生涯の情熱を傾けた。

イギリス帰国後に、彼は裕福な市会議員の相続人であり、ジャマイカのサトウキビ農園主の未亡人であるエリザベス・ラングレーと結婚した。彼らの家には膨大な数の本や標本、珍品が収容されていたが、その中にはバウヒンの遺品も含まれていた。彼の死後、膨大なコレクションは国のために購入され、それが大英博物館の基礎となった。

(1) スローンの功績

スローン以前に出版された自然史の記述のほとんどは、ヨーロッパから見れば異質の地域を興味本位で訪問した観察者によってもたらされた、ナンセンスなものが多かった。しかし、奇しくもスローンが誕生した一六六〇年に、現在まで続くロイヤル・ソサイエティ（王立協会）が設立されたが、王立協会の設立の理念は、慎重な観察と演繹による自然研究であった。創立メンバーの中には、「イギリス博物学の父」と言われるジョン・レイや、医師で哲学者のジョン・ロックがいたが、いずれもスローンの友人であった。

これらの「新しい」科学者たちは、「世界とそこに生息する植物や動物は神の不変の創造物である」という宗教的見解を受け入れながら、自然現象の詳細な観察、記録、解釈を正当で真に価値のあるものと見なした。スローンはこの理念を正確に理解していたために、二五歳の若さで王立協会のフェローに選ばれ、一七二七年には会長を務めた。

スローンは、物理学や化学から地質学や古生物学、自然史に至るまで、現在「サイエンス」と呼ばれるあらゆる分野に興味を持っていたが、最初から一貫して取り組んだのは植物学であった。それはいわば当然の成り行きで、一七世紀の医学は、ほとんどの医薬品が得られる薬草に依拠しており、植物学と医学が密接に関連していたからである。

図 6.8　カカオの絵と標本[8]

（2）ジャマイカ行きとカカオとの遭遇

一七世紀には「新大陸」で続々と植物、動物、鉱山などが発見され、すでにジャガイモ、トウモロコシ、ゴム、キニーネ、タバコなどの有用な製品を「旧世界」に提供していた。そのため、ジャマイカに赴任する新しい総督が、現地へ赴任する医師を募集していると聞いて、医師として成功していたスローンは応募しようとしたが、ほとんどの友人が熱帯病や航海の危険を理由に反対した。しかし、親友のジョン・レイの「ジャマイカへ行き、その自然を徹底的に研究することを切に願う。アメリカの植物学に関する多くの発見があるかもしれない。あなたが、とてつもないことをやってのけるであろうと期待している」との助言で、ジャマイカ行きを決意した。[12]

ジャマイカへの航海と滞在中、スローンは細心の注意を払って日記をつけ、日常生活、自然現象、遭遇した鳥、魚、無脊椎動物に関するあらゆる観察を記録した。また、ジャマイカの至る所で、人工物、動物、特に植物の大規模なコレクションを集めて記録し、可能な限りそれらをプレスして乾燥させてイギリスに持ち帰った。

植物を扱う際に、彼はジョン・レイの植物種の記述法を参考にした。後にそれはリンネの二名法にとって代わられることになるが、そうなるまでには半世紀が必要であった。スローンが集めた多くのサンプル、特に果物は適切に保存することができなかったので、彼は現地で画家を雇い、多くの魚、鳥、昆虫と一緒に新鮮な状態でそれらを記録した。スローンは、得られたイラストと約七〇〇種の植物を含むほとんどの標本をイギリスに持ち帰り、帰国後も現地で描かれなかった標本は、有能な画家によって描かれ、帰国後に「ジャマイカの自然史」が出版された。

彼らが描いたカカオの絵と、標本を図6・8に示す。その解説には、「ナッツ自体は、牛の腎臓のようにいくつかの部分で構成されており、壊れる前にいくつかの線が見え、油っぽくて苦味がある」と書かれている。

スローンがジャマイカで過ごしたのはわずか一五カ月だけであったが、そこでカカオ飲料にも出会った。原住民はそれを水と混ぜて飲んでいたが、スローンは、その薬効成分のためにジャマイカで広く摂取されていると理解した。しかし、スローンにとってはまずくて飲めず、吐き気を催し、消化しにくいが、それは「豆の油っぽさが原因である」と推測した。そこでスローンは、ミルクと混ぜた方がはるかにおいしくなることを発見し、後にそのレシピで特許を取得し、彼の生涯でかなりの収入をもたらした。

最後に付言するべきことは、一七三六年、二九歳の青年リンネがロンドンに赴いて、七六歳のス

図 6.9 ウプサラ市内のカフェ
リンネ（左）、リンネの墓碑銘（中）、リンネ博物館（右）

ローンを訪ねたことである。リンネは面談した大先輩に敬意を払ったが、彼がスウェーデンに戻ってから、「スローンたちが植物標本を保存するやり方は秩序だっていない」と批判したとのことである。すでにその時期に、リンネはそれまでの植物の分類法に代わる新しい方式を実行に移していたからだと思われる。

リンネは「植物の種」の中では、カカオとグアズマに「神の食べ物」の学名を与えた理由について明文化していない。もしかすると、どこかにそれはあるかもしれないが、筆者は確認できていない。そこで、本章では、「植物の種」の中の参考文献や、リンネに先行する人々の報告をもとに、「一七五三年以前に出版された本でカカオの存在を知り、中米で神にささげる飲み物とされていたということを知ったので、学名にギリシャ語の『神の食べ物』と命名した」と結論する次第である。

ウプサラの街は、北欧特有の清楚なたたずまいの中にある。街を歩くとあちこちにリンネの名前がみられ、ウプサラ大聖堂にはリンネの墓碑銘が、そして彼が植物を育てた庭園が、チョコレートを愛する人々を迎えている（図 6・9）。

第七章　カカオを実らせる天使たち

いうまでもなく、チョコレートはカカオ豆を原材料にした嗜好食品である。それぞれコーヒーがコーヒー豆、バターが牛乳、ワインが葡萄を原料にしなければできないし、それ以外の材料で代替したものの味は、本来の原材料の足元にも及ばないのと同様に、カカオ豆なくしてはあのチョコレートの風味は生まれない。

カカオ豆は、年間雨量が約一五〇〇mm以上、年間の最低気温が約一六℃以上の熱帯雨林で育つカカオの木になるカカオポッドの中にある種で、甘酸っぱくてヌルッとした果肉（パルプ）にくるまっている。長さが一cmに満たない小さな花が、受粉をしてから約半年で、ラグビーボールの形をした二〇cmほどの大きさのカカオポッドまでに成熟する。

通常の果実の場合、成熟して木から落下すれば、種を覆っている果肉は腐敗して自然発芽する。しかし不思議なことに、カカオの場合はポッドを覆っている硬い殻が腐敗する時間は、その中の豆が腐敗する時間より長い。したがって、自然落下したカカオポッドの中からカカオ豆が発芽する確率は極めて低い。大人でも力一杯、木の幹や岩に叩きつけないと割れないほどの硬いポッドの殻

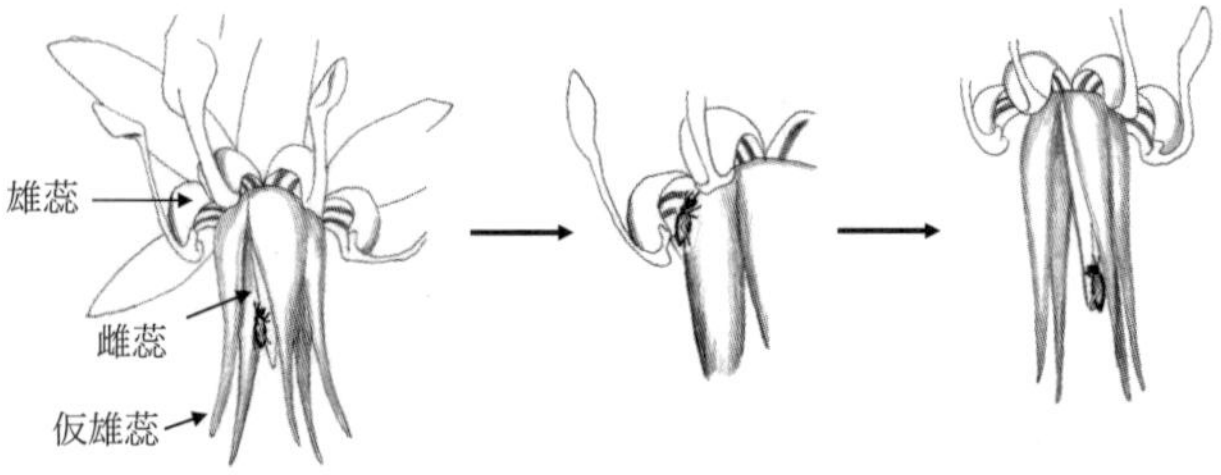

図 7.1　カカオの花の他家受粉の仕組み

は、熱帯雨林の過酷な環境の中で、ウィルスや紫外線などの外敵からカカオ豆を守っているのである。

ではどうやってカカオ豆は発芽して、子孫を残すのであろうか?そのカギは、豆を覆っている甘いパルプにある。そのパルプが、ポッドを丸ごと食べるメガファウナや、殻を破ることのできる霊長類を引き寄せ、彼らに豆やパルプを食べさせた後に、渋くて食べられない豆を吐き出させたり、糞中に残させたりして地面に戻し、そこで発芽できるようにしたのである。

7.1　カカオの花の受粉

このような独特な生態を示すカカオであるが、その花の受粉の仕組みにも不思議な仕掛けがある。そのメカニズムは拙著に詳述したが[1]、ここにその概略を再録する。

ほとんどすべての植物の花は、遺伝的優位性を保つために他の花から受粉する（他家受粉)。虫媒花であるカカオの場合も同様で、図7・1には受粉の様子を示す。花の開花時間は早朝で、そ

図 7.2　カカオの花と受粉直後の幼いカカオポッド

れから昼までの間に香りの発散が最も強く、花の受精能力も高く、さらに虫の行動も活発である。花の根元の花弁の位置に雄蕊があり、雌蕊は五本の細長い仮雄蕊に囲まれている。したがって、受粉するためには、授粉者が雄蕊で花粉を体に付けた後で、「城壁」のように雌蕊をガードしている仮雄蕊の囲いを抜けて雌蕊にたどり着かなければならない。

カカオの花は、香りで虫をひきつける。その香りの成分は、仮雄蕊の外側の花弁の根元から揮発したあと、仮雄蕊と雌蕊の先端の柱頭を包むように下に降りてきて、虫を柱頭に誘引する。香りに引き付けられて花の下側からやってきた虫は、柱頭に取り付いて他の花から体に付着した花粉をそこに塗りつけ、仮雄蕊を通り抜けて香りの強い花弁側に移動し、そこでこの花の花粉を付着させ、他の花に飛んでいく。

授粉者が、仮雄蕊に取り囲まれている柱頭ではなく、いきなり香りを発する花弁の外側の付け根に取り付いてしまえば受粉できない。そこで、カカオの花はすべて下側をむいており（図7・2）、分子量の大きな香り物質（フェロモン）を花の下側に放出し、虫を柱頭におびき寄せている。しかし、カカオの花の柱頭の周囲にある仮雄蕊の物理的障害によって授粉者が雌蕊にたどり着きにくいために、受粉率が低下する。

実際にカカオの花の受粉率は数％以下であるが、図7・1に示した他家受粉によって遺伝上の優位を保つことができる。すなわちカカオの花は、受粉率の低下というデメリットと遺伝上の優位性のメリットのバランスをとっていると思われる。

7.2 アレン・ヤング氏の研究

ここに示したカカオの花の受粉機構を初めて系統的に解明した科学者の一人が、アメリカのミルウォーキー博物館のアレン・M・ヤング氏である。[2] 図7・1にまとめたカカオの花の受粉の仕組みは、すべてヤング氏の研究を下敷きにして書かれているが、筆者はミルウォーキーまで足を延ばして、彼の研究室を訪問することができた（図7・3）。

一九四六年にニューヨークに生まれたヤング氏は、筆者と同年齢である。シカゴ大学の動物学科を卒業後に、ミルウォーキー博物館の動物部門で昆虫を研究していたが、コスタリカで熱帯の昆虫を研究している時に、シナモンや胡椒など香料の研究者をしている友人からカカオの花の不思議な

図 7.3　アレン・ヤング氏（右）と筆者（ミルウォーキー博物館にて）

生態を聞いた。「多くのエネルギーを使ってたくさんの花をつけるのに、結実率は数％以下。こんな花は見たことがないが、なぜなのか？」。

そこで彼はカカオに興味を持ち、ほぼ半世紀にわたって、カカオの花の受粉を中心とした研究を続けてきた。彼の研究の初期は、中米のコスタリカの湿原にあるフィンカ・エクスペリメンタル・ラ・ロラという実験室を拠点にしたフィールドワークが主体であった(図7・4)。

筆者は、ヤング氏の書いた著書や多くの論文を追跡した。初期の論文はほとんどヤング氏の単著だったが、そのうちにチョコレート会社やほかの大学との共同研究のために、どんどん著者が増えていったことに深い感銘を受けた。筆者が訪問した二〇一七年にはヤン

図 7.4　コスタリカのカカオ農園で実験するヤング氏

グ氏はすでに退職していたが、博物館にオフィスを構えていて、週に一・二回出勤して研究を続けていた。

一般に、花の受粉機構については植物学と動物学の両方のアプローチがあるといわれているが、彼は後者の立場でコスタリカのフィールドワークを基礎にして、極めてオリジナルな研究を行った。

熱帯雨林中でのフィールドワークは、大変に困難で辛抱強い観察を必要とする。早朝からカカオの花の盛りが始まって午後にそれが終わるまで、狙いをつけた花の近くで観察するのであるが、ある時観察に熱中するあまり、すぐ横を毒蛇が通り過ぎたこともあった、とのことである。[2]

すでに二〇世紀の初頭に、カリブ海のカカオ農園でオランダとイギリスの研究者によって小さな虫（ヌカカなどの小さなハエ）が授粉者であることは知られていたが、それをもとにして彼は三つの重要な発見を行った。

図 7.5　カカオの花の成分の蒸留抽出

(1) 授粉者を誘うフェロモンの同定

カカオの花の香りは、ヒトでは感知できない。しかし「必ず香り物質が出ているはずだ」と確信したヤング氏は、新鮮な花を採集してコスタリカの現地で蒸留抽出し（図7・5）、それを冷凍してミルウォーキーに運び、ウィスコシン大学マディソン校の質量分析器で分析した。その結果、多くの有機分子の中から鎖状分子（ペンタデセン、ペンタデカン）が主要な誘引物質であると同定した。いずれも炭素数が一五の直鎖状炭化水素であるが、分子量が大きいために蒸散しにくい。たとえば、短鎖アルコールのフラネオール（いちご）、アルデヒドのバニリン（バニラ）、テルペンのシトロネロール（バラ）などの芳香族とは大きく異なる。さらにヤング氏は、ペンタデセンなどと類似した分子を合成してカカオの木の下に置き、授粉者が誘引されることを確認した。

実は、拙著[1]で書いた「すべてのカカオの花が、下を向いている」ということはお菓子研究家の河田昌子氏の指摘によるものであるが、ヤング氏はあまり気にかけていなかったらしい。その例として、彼の本の中でカカオの花は上を向いて描かれている[2]。筆者は、勝手に花の向きを一八〇度ひっくり返して図7・1のように書き換えたのだが、それを彼に告げると「あっ、そうか」と驚いた様子で、「それを確認しなければいけないいな」とつぶやいていた。

(2) フェロモンの分泌

ヤング氏はカカオの花の雌蕊の中を電子顕微鏡で観察して、誘引物質を分泌する場所を決定し、それに惹かれて授粉者が雌蕊に到達することを実際に確認した。

(3) 授粉者の繁殖生態

授粉者は特定できたが、問題はヌカカなどの生態で、熱帯雨林のどの場所で卵を産み、幼虫から蛹になるのかが不明であった。ヤング氏は朝から夕方まで熱帯雨林を歩き回って観察していたが、偶然にも、腐ったバナナの切り株に繊維で囲まれた空洞があり、そこで授粉者が生息していることを見つけた。

バナナは、カカオが幼い苗から幼木になるまでの間に、日陰を作るためのシェイドツリーとして植えられている。バナナは大きく育つと背丈が数mで、幹の太さは五〇cm以上にもなるが、実は「巨大な草」である。すなわち、バナナの「幹」のように見える部分は、葉が何重にも重なった「偽茎、あるいは仮茎」という構造になっている。その「幹」を垂直に切った切り株の表面には、

図 7.6　腐ったバナナの切り株

繊維質が作る小さな空間がたくさんできていて、熱帯雨林の中ではそこに常に水たまりができている（図7・6）。そこでヤング氏は意図的にバナナの切り株を腐らせて、その中でヌカカやタマバエなどの授粉者を卵から蛹や成虫まで育てた。その上で、花が咲いているカカオの木の幹を袋で覆い、授粉者が生息するバナナの切り株を入れた袋の中の花の受粉率が、それを入れない袋の中の花よりも高まることを確認した。

7.3　トップダウンとボトムアップ

筆者が訪問した時にヤング氏が研究していたテーマは、カカオの木の生育に及ぼす熱帯雨林の生態因子の影響である。すなわち、トップダウンとしての光合成と、ボトムアップとしての地面からの栄養補給のどちらを優先させるかということである[3]。前者を優先するとすれば、カカオの木にシェイドツリーなどを植えな

(a) 開放型（エクアドル）　(b) 熱帯雨林型（メキシコ）

図 7.7　カカオ農園

いで、「開放型」の農園で燦燦と日光を当てる方式で育成するべきである。一方で、後者を優先するとすれば、熱帯雨林と同じように、シェイドツリーを植えた湿気のある環境でカカオを育成することとなる。

筆者が訪問したエクアドルのある大規模なカカオ農園は、トップダウンの立場に立っていた。すなわち、エクアドル南西部の砂漠地帯を、人口池から水を引き、カカオの木の根元に灌水して土壌を湿らせた農園に変えて、開放式でカカオを育てていた。苗木はバナナなどの日陰で育てるが、成木になったらシェイドツリーなしに燦燦と日光を当てている（図7・7 a）。農園主たちによれば、カカオの生産性は格段に向上したとのことである。このような栽培方法はヤング氏も知っているが、彼によれば「数年はそれで生産性は上がるかもしれないが、長い時間たった時にどうなるのかはまだわからない」とのことであった。

一方、メキシコの熱帯雨林型の農園では、カカオの木

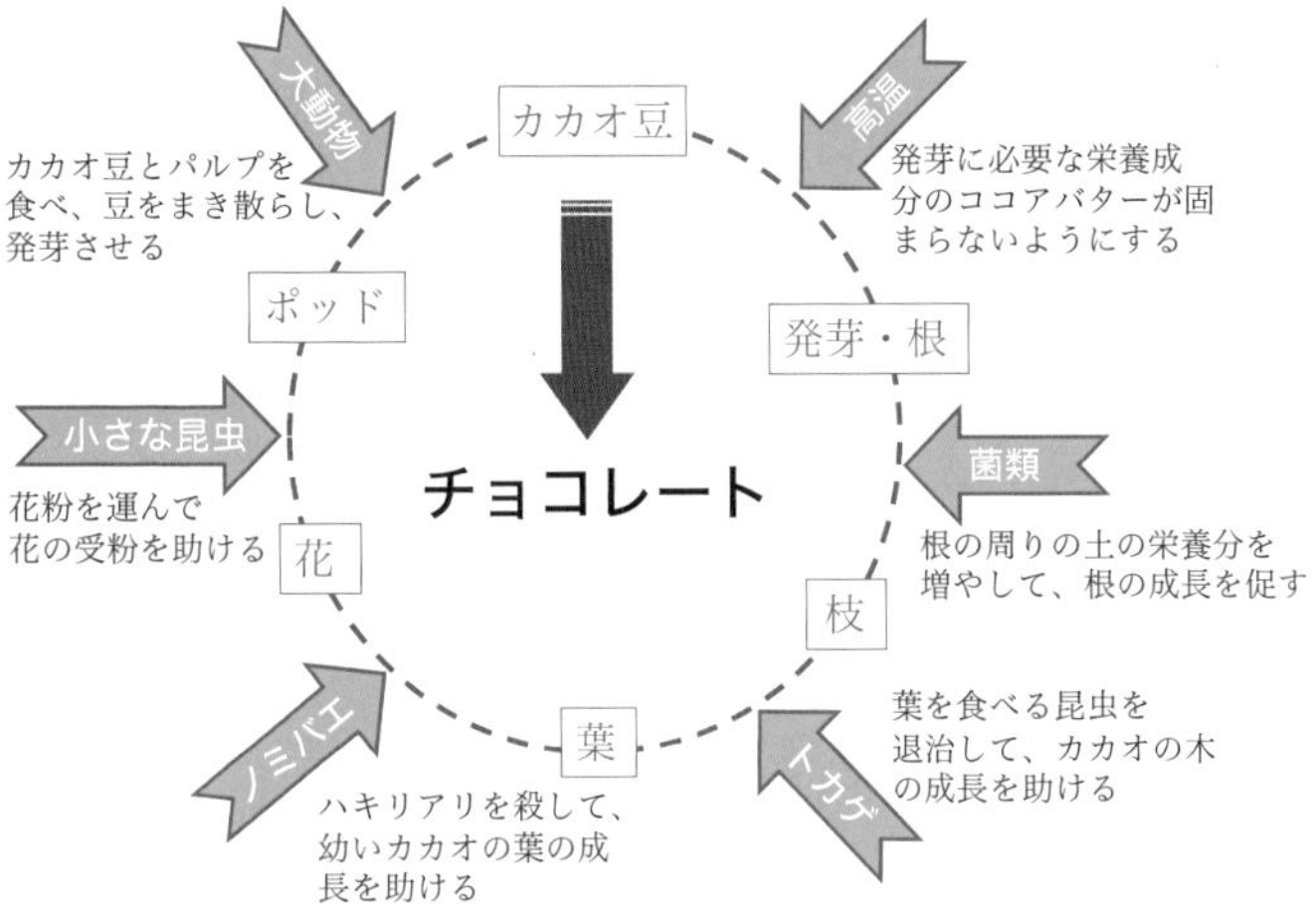
大動物
カカオ豆とパルプを
食べ、豆をまき散らし、
発芽させる
高温
発芽に必要な栄養成
分のココアバターが固
まらないようにする
カカオ豆
ポッド
発芽・根
チョコレート
小さな昆虫
花粉を運んで
花の受粉を助ける
花
菌類
根の周りの土の栄養分を
増やして、根の成長を促す
枝
葉
ノミバエ
ハキリアリを殺して、
幼いカカオの葉の成
長を助ける
トカゲ
葉を食べる昆虫を
退治して、カカオの木
の成長を助ける

図 7.8　熱帯雨林におけるカカオの生育

の何倍もの高さの様々な樹木を植え、苗木だけでなく成木でもシェイドツリーの下でカカオを育てていた（図7・7b）。まさしく、これはアグロフォレストリーである（第三章参照）。

ヒトに遭遇するまで、カカオは「アグロフォレストリー」と形容できる環境で育っていたが、その中では次のような「天使たち」が図7・8に示す仕組みの中でカカオを実らせていたに違いない。

・ヌカカなどの二〜三mmの小さな虫が、カカオの花の花粉を運んで、授粉する。

・幼いカカオの葉にとっての最大の敵は、集団で襲ってくるハキリアリであるが、ノミバエはハキリアリの頭に卵を産み、その成虫がハキリアリの脳に入って殺す。また、トカゲなどはカカオの苗木の柔らかい茎に穴をあけ、中の養分を吸い取るアブラムシを食べる。

・熱帯雨林の土壌に住む菌類は、成長すると菌糸を出して、死んだ動物や植物を速やかに分解して、カカオの木の根の周りの栄養分を増やす。

・メガファウナやサルなどは、カカオポッドの硬い殻を破ってカカオ豆を取り出し、パルプを食べて豆をまき散らし、発芽させる。

第八章　チョコレートの品質は発酵で決まる

カカオ豆を発酵させない限り、チョコレート独特の味と香りが生まれないので「チョコレートは発酵食品」である。[1] ただし、ワインや味噌・醤油、チーズなどの発酵食品とは異なって、カカオの発酵は一連のチョコレート製造プロセスの〝上流部分〟、しかもチョコレートの製造現場から遠く離れた熱帯地方のカカオ農園で行われているので、消費者からはカカオの発酵を実感することはできない。

しかし近年、品質の良いチョコレートを安定して製造するためには、カカオの発酵を正確に制御する必要があることが認識され、チョコレート会社がカカオ農園を直接運営したり、フェアトレードで購入するパートナーのカカオ農園での発酵をサポートしたりする事態が生まれている。さらに、チョコレート製造者が、農園から直接購入したカカオ豆の品質が悪くて途方に暮れるケースがしばしばみられるが、その原因は、農園におけるカカオの発酵が不十分なためと考えてよい。したがって、フェアトレードでカカオ豆を購入する場合は、必ず現地に出向いて、農園における発酵の状況を確かめる必要がある。

8.1 カカオの発酵とその必要性

ところで、カカオがヨーロッパ人によって現代の「香り高いココア飲料」や「食べるチョコレート」に変身する以前に、いつごろからカカオの発酵の必要性が中南米の人々によって理解されていたのであろうか？

古代から中米のカカオの生産地では、ローストしたカカオ豆から皮を取り除き、中身の子葉（カカオニブ）をトウモロコシなどと一緒に磨砕し、スパイスと一緒に冷たい水に加えて飲んでいた。筆者がメキシコのカカオ農家のホルヘさん宅でごちそうになったパツォルは、発酵せずに乾燥しただけのカカオ豆を土鍋でローストした後で、皮をむいてすりつぶし、すでに用意してあった茹でたトウモロコシと一緒に井戸水に混ぜて飲んだだけである（図8・1）。ホルヘさんによれば、「昔からこのやり方だ」とのことであるが、パツォルにはチョコレートやココア独特の香りは全くない。それは、カカオの香りを運ぶ油分が水に閉じ込め

図 8.1　パツォルを作るカカオ農家のホルヘさん

られたままなので当然で、むしろ水になじみやすいトウモロコシの味しかしなかった。

一方、古代の人々は、カカオパルプを発酵させてお酒にして飲んでいた。その過程で、カカオ豆の苦みや渋みが軽減されるので、発酵した豆をローストすれば、発酵しない豆にはない香りが付加されることも知られていたに違いない。コロンブス以後に中南米にやってきたヨーロッパ人が、現地やヨーロッパでカカオ飲料の味を自分たちの好みに合うように工夫する中で、カカオ豆の発酵の意義を理解し、そのための方法を改良したと考えられる。

8.2　カカオの発酵プロセス

カカオ豆の発酵は、カカオポッドから取り出したカカオ豆と、その周りを覆っている果肉（カカオパルプ）を発酵装置に入れて行われる。発酵の期間は、カカオの種類や農園の気温、および発酵装置によって異なり、短くて二日、長くて一〇日、平均で五日である。

発酵装置には、ビニールやバナナの葉で覆うだけのもの（図8・2a）から、バスケットに入れてその上からバナナの葉で覆うもの（図8・2b）、さらには大容積の箱を五段組み上げたもの（図8・2c）まで千差万別である。発酵が長すぎると味を悪くする微生物の活動が始まるので乾燥過程に移行するが、そのタイミングは豆の色や香りを基に、熟練した現場の作業者が経験で判断する。

発酵に関与する微生物は、カカオポッドの表面、バナナや農園の植物の葉、農園で使用される道

a：ビニールやバナナの葉で覆う　b：バスケットに入れてバナナの葉で覆う　c：大容積の箱を5段組上げる

図 8.2　カカオの発酵装置

具類、前回の発酵で使った運搬道具やバスケット、発酵箱、昆虫や動物、周囲の土壌、粉塵、さらには空気中にも存在する。後述する「スターター発酵法」では、発酵の初期段階で別途の方法で培養された酵母などを投入している。

発酵の初期は、カカオ豆に隙間がないように粘り気のあるパルプでカカオ豆を含む全体を密閉して嫌気条件で行うが、発酵が進めばパルプの粘り気のもとになるペクチンなどが分解して、パルプが液状化して流れ落ち、豆の隙間に空気が入って好気条件となる。この変化は偶然ではなく、発酵に関与する微生物の生育条件に対応して、嫌気条件から好気条件へと変わる必然性を有している。図8・2cの五段の発酵箱を用いれば、最上段を嫌気条件にしたうえで、一日ごとに上段から下段にカカオ豆を移動させることで好気条件を実現できるが、図8・2のaやbの場合では、袋や箱の中のカカオ豆の全体をかき回して、均一に空気を送り

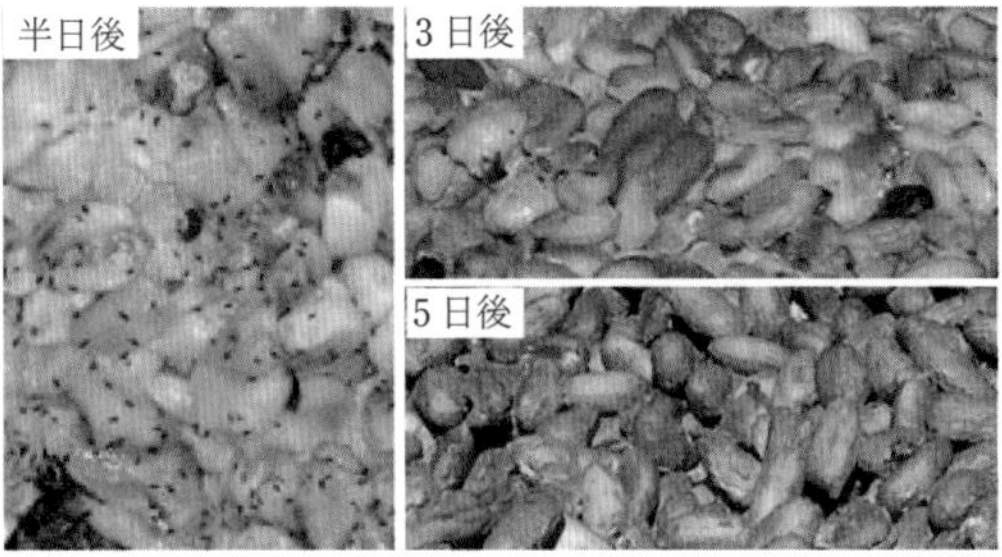

図 8.3　発酵によるカカオ豆の色の変化

込まなければならない。いずれの場合も、熱帯の高温高湿の農園で、カカオ豆からの強烈な臭気をよくかぎ分けて行う大変な労働である。

発酵させずに乾燥させたカカオ豆は灰色になるが、十分な発酵を行えば茶色になる。図8・3に、発酵に伴うカカオ豆の色調の変化を示す。半日後はまだパルプの白色が残ったままで、三日後に半分以上が茶色になり、五日後には全体が茶色となる。よく見ると三日目までは豆の表面に、まだ分解されないパルプ中の糖分などを吸う小さな虫が付着しているが、五日目には糖分が分解したために消えている。

発酵なしに乾燥したカカオ豆には、チョコレートの味と香りが全くない。それでもカカオ生産地では、ココアバター製造のための需要があるので、労働密度の高い発酵を避けて未発酵豆を販売する場合がある。しかし、その場合の販売価格は発酵豆に比べて低くなってしまう。したがって、高品質のカカオ豆を生産・販売して収益を上げるためには、農園で働く人々が発酵に関する十分な知識を深めたうえで、発酵過程を正確に制御する必要がある。

8.3　カカオの発酵における微生物の役割

白色のカカオパルプには、八〇%以上の水分に加えて、一〇〜一五%の糖類やペントサン類、クエン酸、ペクチン、タンパク質、アミノ酸、ビタミン類、ミネラル類が含まれている。糖分とクエン酸のためにカカオパルプは甘酸っぱい味がして、pHは三・五〜三・八である。糖類はショ糖（スクロース）、ブドウ糖（グルコース）と果糖（フルクトース）で、その濃度はポッドの熟度が増すと増加する。

糖分を多く含むカカオパルプは、発酵を促す微生物が生育するには格好の培地である。実際に、カカオの発酵はカカオパルプから始まり、そこで生じたアルコールや乳酸、酢酸がカカオ豆に浸透する。カカオ豆中にはでん粉、糖類、タンパク質、ポリフェノールなどがあり、発酵したパルプから浸透したアルコール、乳酸、酢酸が加わった複雑な生化学反応で香味前駆体が生まれ、ローストによってそれがチョコレートの香味となる。

図8・4に示すように、カカオの発酵は、主に三種類の微生物（酵母、乳酸菌、酢酸菌）の活動により連続的に進行するが、微生物の生態とその時間変化は極めて複雑である。なぜならば、カカオの発酵過程は微生物の種類やその数、基質や代謝物、時間とともに変化する濃度などが異なるからである。そのために発酵の中身やその品質、カカオの香味に相違が生じるが、それらは農園の環境や土着する微生物との相互作用の変化によって特徴づけられ、さらにカカオの品種や生育法、農園

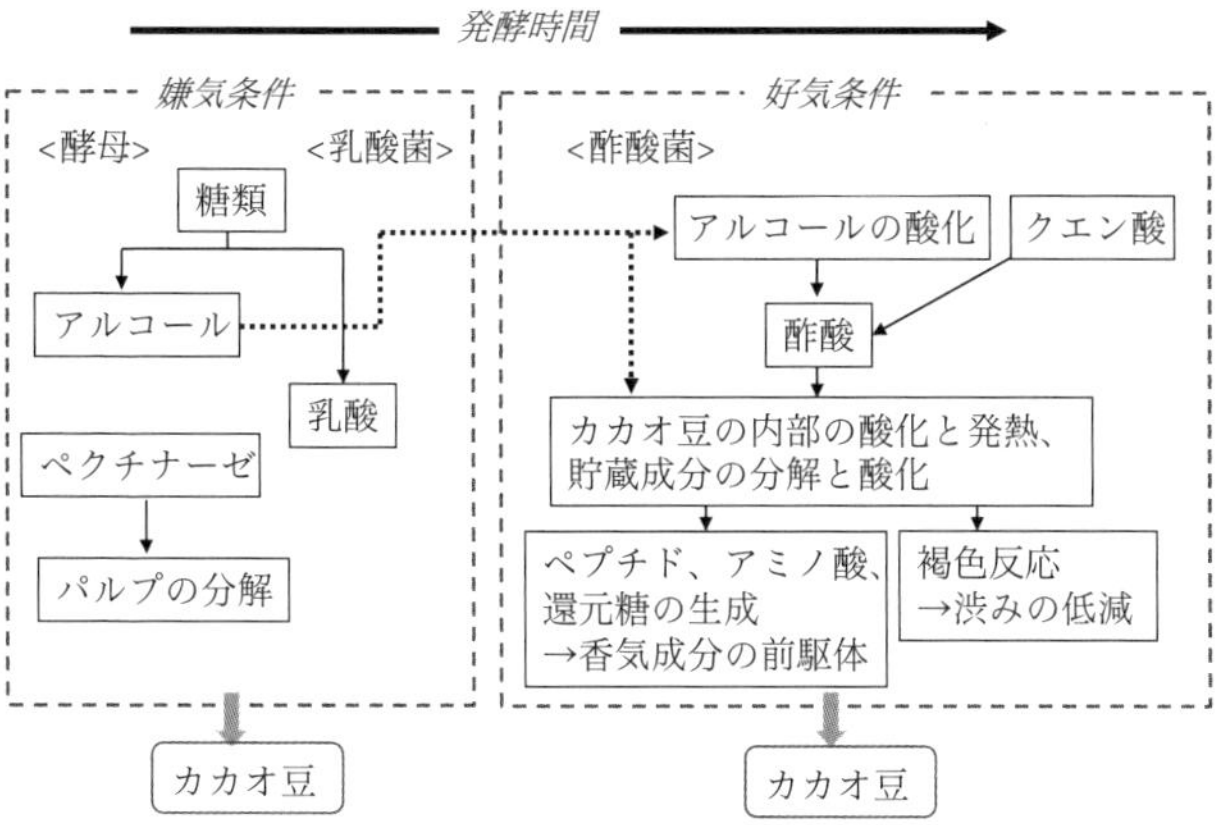

図 8.4　カカオの発酵の概要

の管理、発酵の方法や時間などに依存している。したがって、同じ農園、同じ発酵条件、さらには同じカカオの品種においても発酵の実態が異なる場合がある。

そのような多様性にもかかわらず、以下に記すように複雑で連続的な微生物の活性の動態には、一定の共通性や普遍性がある。

酵母はカカオパルプ中の糖類（グルコース）からエタノールを生成するとともに、ペクチンを分解することにより、香気成分である高級アルコールやアルデヒド類、エステル類を生成する。

乳酸菌はカカオパルプ中の糖類（グルコースやフルクトース）や有機酸（クエン酸）を、乳酸や酢酸、マンニトール、ピルビン酸へと変換する。これにより酢酸菌の生育に不可欠な炭素源としての乳酸を生成することで、その微生物的な発酵環境を作り出し、糖アルコール類や有機酸、高級アルコール類、アルデヒド類など、ココアやチョコレートの香味に寄与する物質を生成する。酵母と乳酸菌は、いずれも嫌気条件で発酵を行う。

一方、酢酸菌はエタノールを酢酸へ変え、生成した酢酸は豆の子葉に浸潤することで発芽を阻止する。そのために豆の中の細胞構造が破壊され、カカオ豆の内部で酵素的・非酵素的反応が生じ、後のチョコレート製造における最初の工程である、カカオ豆のローストにおける色調や、香味前駆体物質である親水性ペプチド類や疎水性アミノ酸類、還元糖類を生成する。

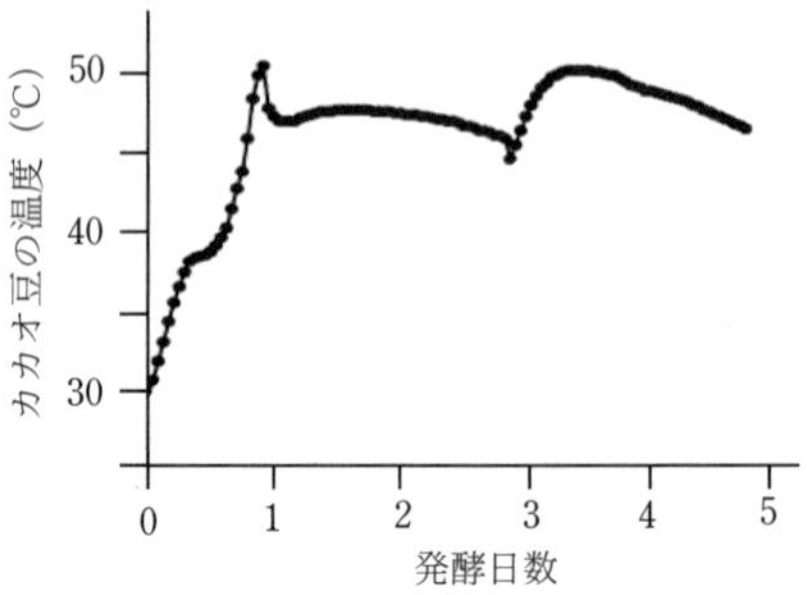

図 8.5 カカオ豆の発酵中の温度変化[2]
（エクアドルの例）

微生物発酵により生成したエタノールと酢酸、および酢酸発酵で生じた熱による昇温、さらにはパルプが流出して好気条件となって供給された酸素はカカオ豆中の物理化学的変化をもたらす。とりわけ、pHの低下と温度上昇が豆の死滅と子葉中の細胞構造変化を引き起こし、局在していた脂質―タンパク―でん粉細胞とポリフェノール貯蔵細胞（または色素細胞）が破壊される。その結果、内部基質と酵素が移行して混合されることで、カカオ豆中で酵素的、非酵素的反応が可能となり、香味前駆体物質が生成される。図8・5には、エクアドルの農園におけるカカオの発酵過程での豆の温度変化を示す。[2]

従来からカカオの発酵に関しては膨大な研究が行われているが、ベルギーのデヴュィストとルロイは、二〇〇〇年以降に出版されたほとんどすべての論文を総括して、カカオの発酵における主要な微生物である酵母、乳酸菌、酢酸菌の働きに関する詳細な総説を発表した[3]。ここでは、この論文をもとに、三種の微生物の発酵過程をさらに詳しく説明する。

なお、発酵時間の経過とともに酵母、乳酸菌、酢酸菌の順に活動が連続的に進行し、その場所もカカオパルプとカカオ豆の両方に広がるが、それぞれの微生物の活動は時間的にも空間的にも画然としたものではなく、重なり合って進行する。その上で、ここでは便宜的に発酵で果たす三種の微生物の役割を個別に整理する。

酵母による発酵（嫌気条件）

酵母は、カカオ発酵過程の嫌気条件である二四時間〜三六時間の段階で生育する（図8・6）。これは環境温度が二五℃〜三五℃で、糖類が多く、酸性条件下で生じる。このような条件では、主としてパルプ中の転化酵素、および程度は小さいが酵母中の転化酵素のはたらきで、スクロースから生成されたグルコースとフルクトース量が多くなっている。この発酵は成熟したパルプに特徴的であり、クエン酸の存在によるpH三・〇程度の酸性条件で起こる。

酵母はグルコース存在下で選択的に生育し、グルコースをATPと還元性物質獲得のための解糖系（グリコリシス）を通してピルビン酸を生成し、最終的には酸化還元バランスをとるためにエタ

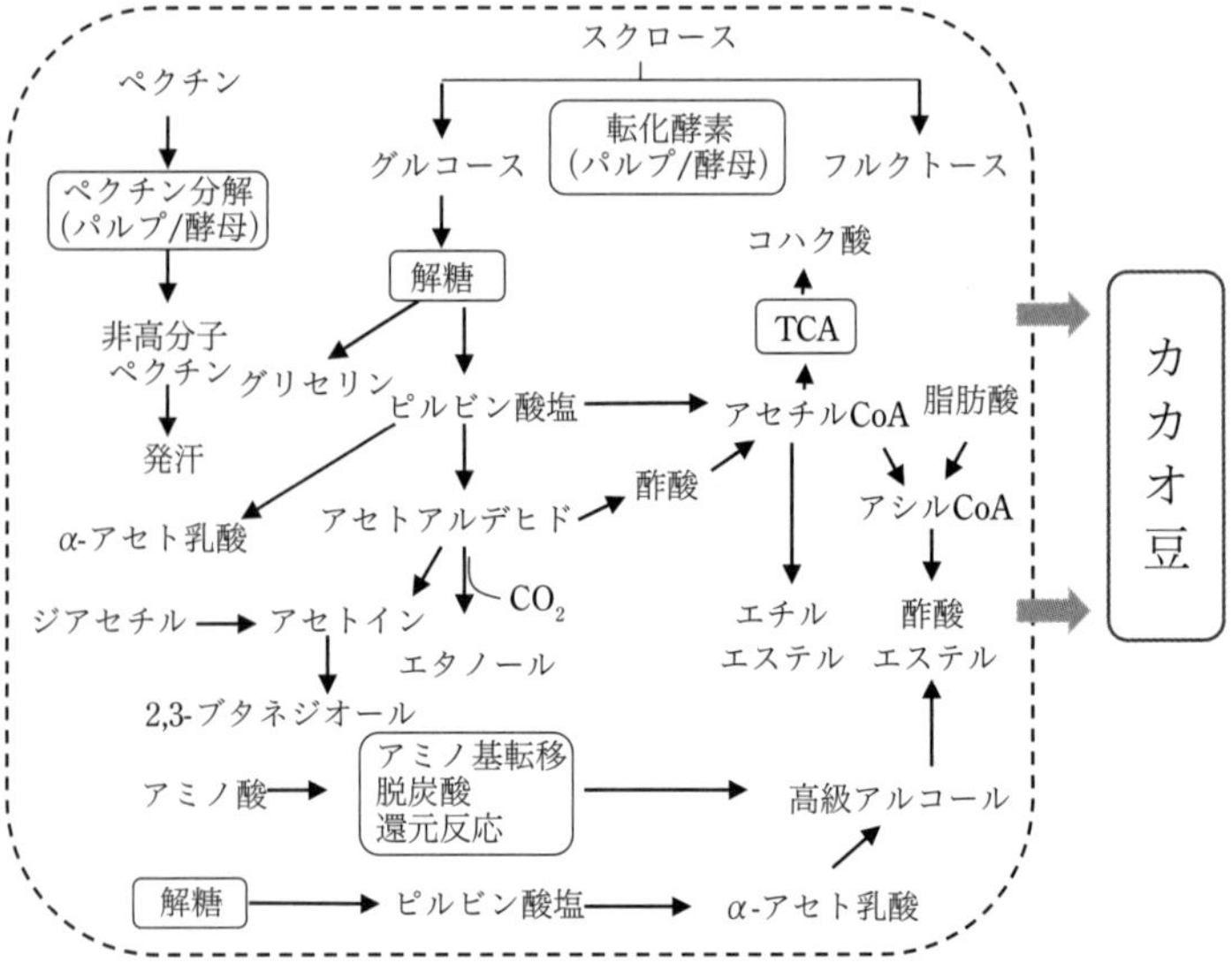

図 8.6　カカオパルプにおける酵母の発酵で生じる主な化学変化

ノールと二酸化炭素を生じるが、これによって嫌気性条件が維持される。

また、酵母はペクチナーゼ活性によって、ペクチンを分解している。これにより、カカオ発酵過程でのいわゆる「スェットニング（発汗）」が生じるが、それは白黄色から赤味を帯びた液体のパルプ分解物である。液体は地面に流れ出るか、他の目的（施肥など）のために回収される。

酵母のプロテアーゼ活性は、カカオ豆の皮の分解に作用し、そのため皮の構造が乱れて、カカオパルプの発酵による代謝物が豆の中へ侵入しやすくなる。さらに酵母が解糖系によって生成するグリセリンは甘味に寄与し、食感も向上させる。ピルビン酸の代謝やTCAサイクルによって得られる酢酸やコハク酸などの有機酸類も酵母によって産生され、これらは豆の酸度に影響する。また、アセトアルデヒドからアセトインを生成させ、さらに2,3-ブタネジオールへと分解される。同様にジアセチルもアセトインと2,3-ブタネジオールへ分解される。酵母は、さらに高級アルコール類やエステル類を生成するが、いずれも香味前駆体分子と香味活性物質になり、カカオ豆のフローラルでフルーティな香りに寄与する。

嫌気条件で生じる発酵活性によって、カカオ豆の温度は二五℃〜三〇℃から、三五℃〜四〇℃に上昇する。ペクチンの分解やカカオパルプの流出は温度の上昇を促進し、パルプの粘性を低下させるのでパルプが流出しやすくなる。それに撹拌操作が加わって空気が流入し、好気条件での微生物の生育に好適となる。なお、酵母が生成したエタノールの一部はカカオ豆に侵入し、発酵の後期に酢酸菌により酸化されて酢酸になり、発汗とともに流出するか揮発する。

表8・1に、カカオの発酵で働く酵母の中で、最も頻繁に確認された一〇種の酵母を、検出頻度順に示す(3,4)。

上記以外の酵母種も検出されるので、カカオの発酵には多くの酵母種が関与するとともに、それらの起源も多様であることを示している。これらの酵母種はそれぞれ

表8.1　カカオの発酵で働く代表的な酵母

菌　種	生育期
Saccharomyces cerevisiae	中期〜終期
Pichia kudriavzevii	中期〜終期
Hanseniaspora uvarum	
Hanseniaspora opuntiae	初期〜中期
Pichia manshurica	
Hanseniaspora guilliermondii	
Pichia kluyveri	
Pichia	
Hanseniaspora	
Candida tropicalis	

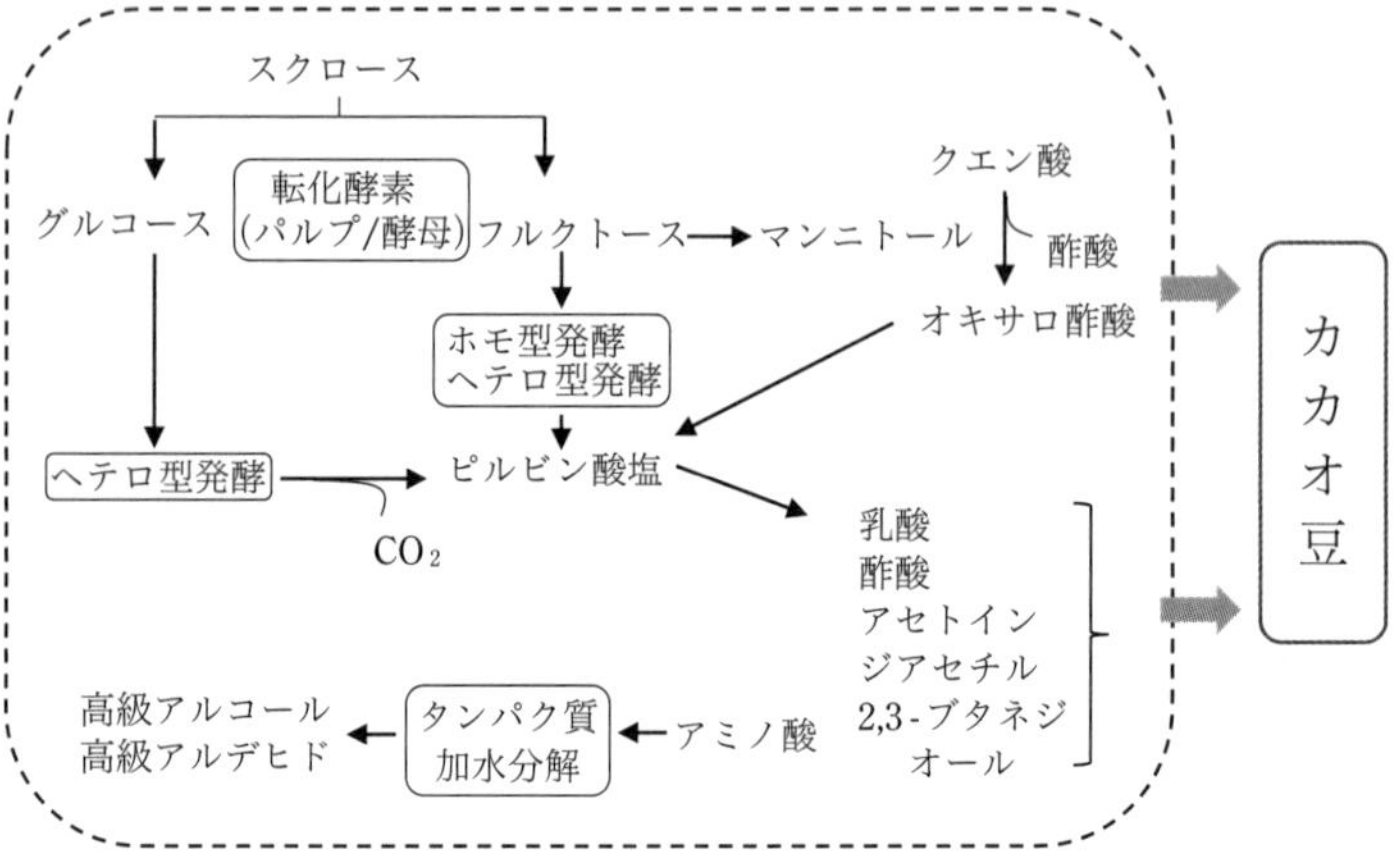

図 8.7　カカオパルプにおける乳酸菌の発酵で生じる主な化学変化

酸やエタノール、熱に対する耐性が異なるので活性状態も異なるが、競合して同じ基質と反応している。環境条件の悪化（グルコースの減少、嫌気条件の悪化、比較的高いpH、温度の上昇）、および競合する乳酸菌の増殖によって、酵母の数は減少に転じる。

乳酸菌による発酵（嫌気条件）

乳酸菌は発酵が始まって二四〜七二時間で最適な生育条件となり、急速な増殖が始まる（図8・7）。乳酸菌の生育のためには酸素を必要とせず、フルクトースを電子受容体としてマンニトールを生成する。さらに、フルクトースはホモ型発酵経路、あるいはヘテロ型発酵経路でピルビン酸を生成するが、クエン酸は酢酸およびオキサロ酢酸に変換される。後者はさらにピルビン酸へ代謝され、最終的に乳酸、酢酸、またはピルビン酸代謝物であるジアセチル（バター様の香気）やアセトイン（バター様の香気）

および2,3-ブタネジオールを生成する。

乳酸は揮発性がないため、カカオ豆の乾燥やチョコレート製造のロースト、コンチング段階で容易に除去することができない。このように、乳酸菌の生育は発酵過程において好ましくないか、不要とさえ考えられている。前者は酸度に関する問題（乳酸は新鮮な酸味、酢酸は酢のような感覚に寄与する）であり、後者は主に乳酸菌が望ましいエステル類生成（豆のフローラルでフルーティな香り）に関与しないことにある。しかし、酵母に加えて乳酸菌のフルクトース資化による初期の生育やクエン酸変換、グルコースやフルクトースで生育した場合の乳酸や酢酸、マンニトール産生も含めて乳酸菌の代謝物はカカオ発酵過程において重要である。

乳酸そのものは、酢酸のように豆のpH値やペプチド類、フラバノール類を調整する機能を持たないが、パルプ中のクエン酸がカカオ豆の中へ移行するのを防いだり、フルクトースから生成したマンニトール（おそらく豆へ浸潤する）が酢酸によるものよりもカカオの香味の発現に寄与する。とくにパルプ中のアミノ酸変換は、酵母と同様にカカオの香味の生成に関与し、マンニトールの蓄積による甘味と冷涼感の付与となる。

表 8.2　カカオの発酵で働く代表的な乳酸菌

菌　種	生育期
Fructobacillus pseudoficulneus	初期
Fructobacillus tropeaoli	初期
Leuconostoc pseudomesenteroides	初期
Lactiplantibacillus plantarum	初期
Limosilactobacillus fermentum	中期〜終期
Lacp. Plantarumi	
Liml. fermentum	
Enterococcus	初期
Weissella	初期

表8・2に、カカオの発酵中に単離された主要な乳酸菌

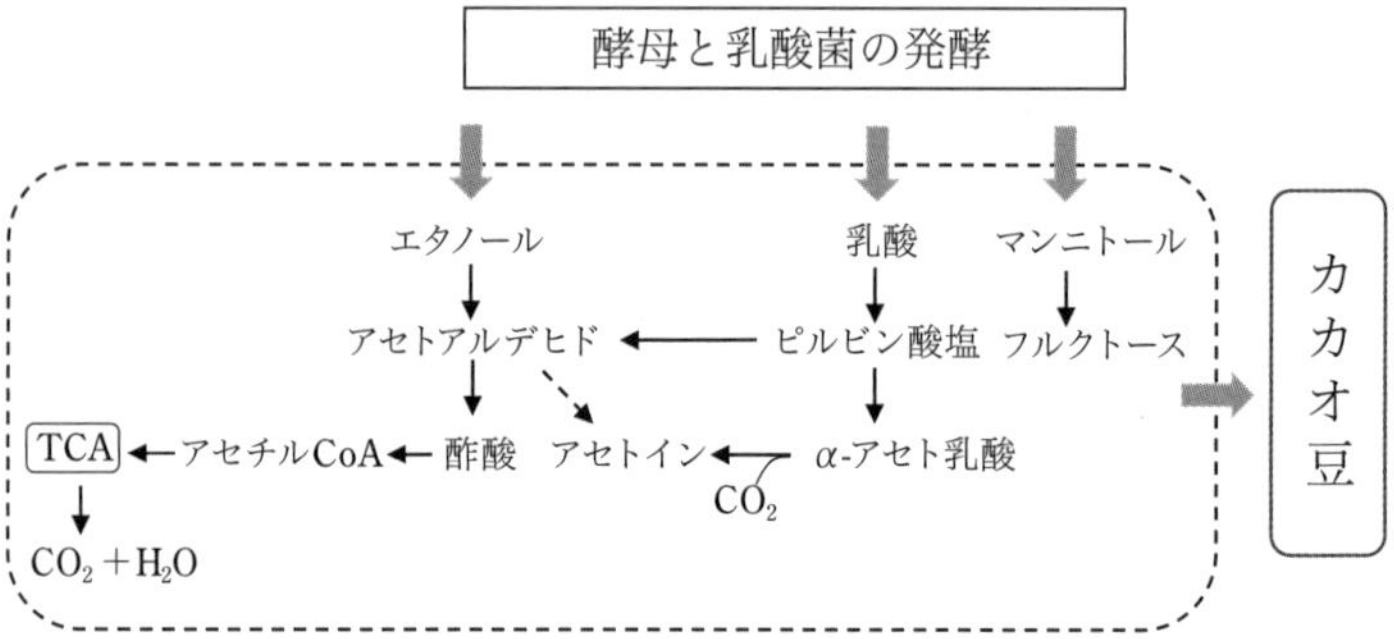

図 8.8 カカオパルプにおける酢酸菌の発酵で生じる主な化学変化

を示す[3]。

酢酸菌による発酵（好気条件）

カカオ発酵の初期から存在し、嫌気条件での酵母と乳酸菌の生育期間を生き延びた酢酸菌は、発酵の開始から約四八時間経過した好気条件で増殖を開始し、七二～九六時間で最大増殖を迎える（図8・8）。これはすでに述べたように、カカオの発汗や人為的な撹拌による空気流入によって促進される。

酢酸菌は、酵母によって産生されたエタノールを酢酸へと酸化する。この発熱反応により温度上昇が生じ、最大で五〇℃にも達する。エタノールが主なエネルギー源であるが、乳酸菌によって産生された乳酸が酢酸菌の主たる炭素源となる。エタノールの酸化と同時に、乳酸はα-アセト乳酸を経て主にアセトインに酸化される。

このように酵母と乳酸菌の存在下で酢酸濃度は最高値に達するが、酵母や乳酸が産生したエタノールや乳酸が酢酸菌の最適な生育に必須なのである。これによって、カカオ豆の熟成に必要不可欠な酢酸が生成される。表8・3に、代表的な酢酸菌を示す。

表8.3　カカオの発酵で働く代表的な酢酸菌

菌　種	生育期
A. ghanensis	初期
A. senegalensisi	初期
A. lovaniensis	終期
A. syzygii	終期
A. tropicalis	終期
A. pasteurianus	

カカオ豆中の酵素的・非酵素的変換

酢酸菌が産生した酢酸はカカオ豆の中に浸透し、子葉のpHを六・五から四・八へ低下させる。子葉における低pHと解離していない酢酸は、エタノールの浸潤と発酵過程の高温によって種子の胚芽を死滅させる。これにより種子の発芽は阻害され、子葉の内部構造が完全に破壊される。このような物理化学的変化は、カカオ豆の中で望ましい酵素的、非酵素的変換を引き起こし、生成された化合物成分は、脂肪貯蔵組織からとけ出た油脂（ココアバター）とともに豆から放出される（図8・9）。

不十分な発酵であれば、ローストしたカカオ豆を磨砕したときに、細胞内からのココアバターの漏出が不十分となり、チョコレートリカーの流動性を低下させる。ココアバターは、約二〇μmの大きさのカカオ豆の細胞の中で、細胞内膜に覆われた約一μmのオイルボディーとして細胞液中に分散している。十分な発酵が起これば、生成するアルコールと酢酸によってオイルボディーを覆う内膜が溶解して、ココアバターは細胞内でバルク状の油滴となり、磨砕によって漏出する。しかし不十分な発酵によって、ココアバターの多くがオイルボディーのままであれば漏出しにくくなる（図

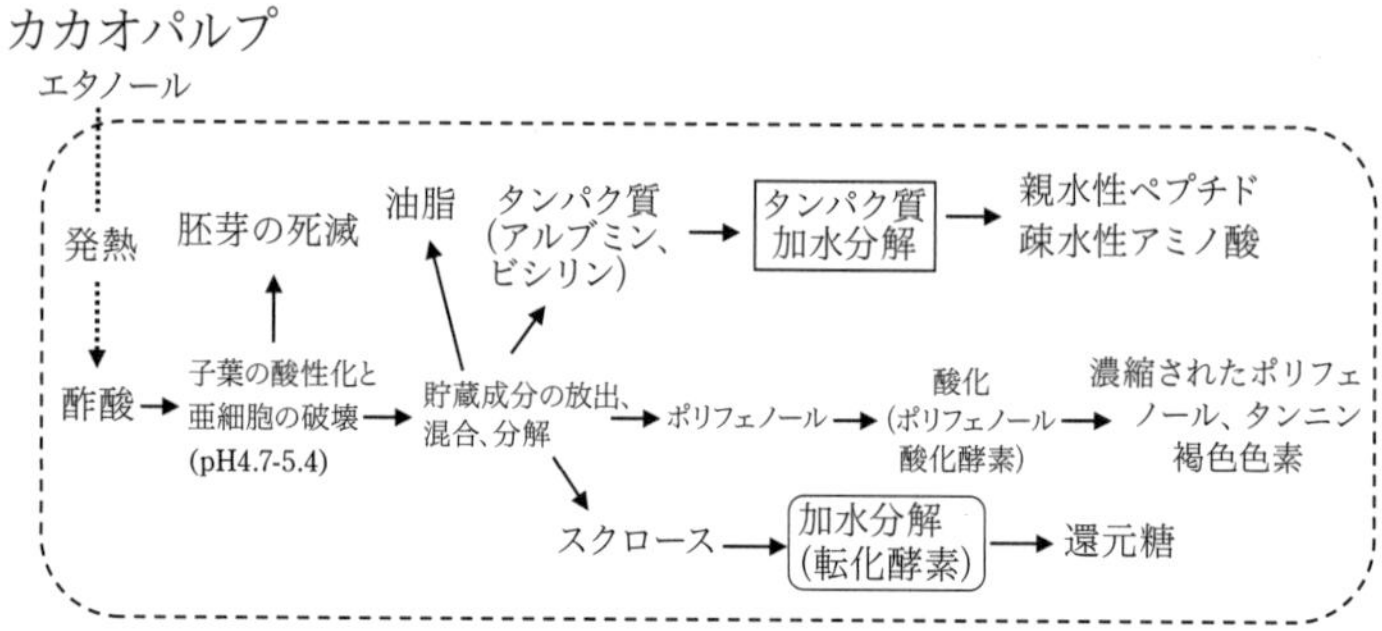

図 8.9　カカオ豆の発酵で生じる主な化学変化

8・10)。

カカオの収穫後にポッドが長く放置されて、酢酸発酵に至るまでの期間が長ければ、カカオ豆は死滅しないので発芽が始まる。その過程で豆の中の貯蔵物質が発根から発芽までの成長に消費されるので、チョコレートの香味前駆体などの生成が阻害される。

図8・9に示すカカオ豆の中の反応は、すべて発酵の進行によって変化する嫌気条件と好気条件、pH低下の速さや温度の上昇速度、カカオ豆が酸性下にある時間とその程度、最終的な豆の中のpH値（発酵が不足すれば五・五〜五・八で、良好な発酵であれば四・七〜五・四）、酸素分圧などにより影響を受ける。

好気条件下では、カカオ豆中のポリフェノール酸化酵素が活性化する。その至適pHは弱酸性の五・四である。この酵素は発酵・乾燥中に次第に失活するが、カテキン類を酸化してキノン類を生成するため、カカオ豆中に褐色色素を生成する。カカオ豆中の転化酵素やグリコシダーゼ類、プロテアー

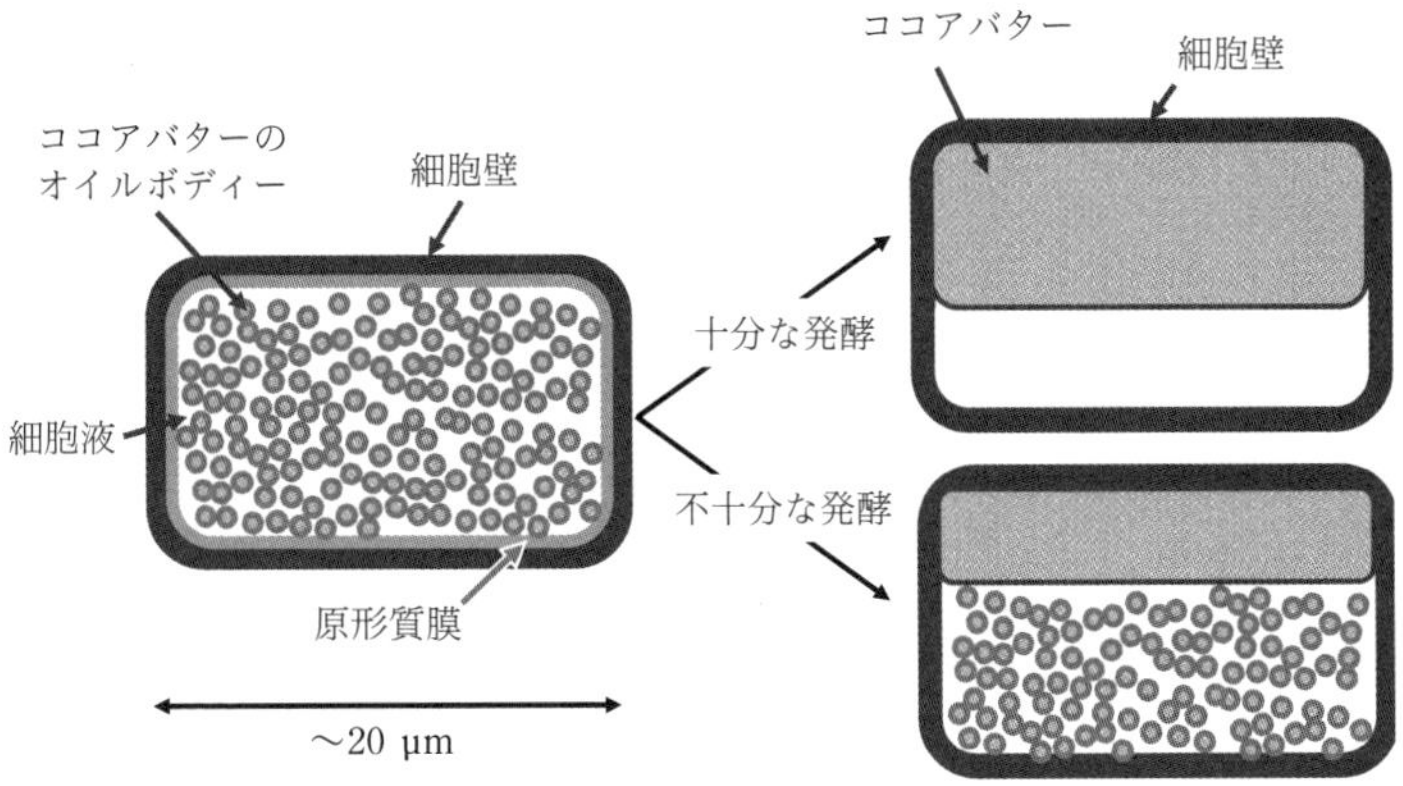

図 8.10　カカオ豆の発酵で生じるココアバター油滴の変化

ゼ類が活性化するが、転化酵素はスクロースを還元糖であるグルコースとフルクトースに分解し、これらは香味前駆体となる。

タンパク質の加水分解に寄与するプロテアーゼ類は、主にアスパラギン酸プロテアーゼ（至適pH三・五）とセリンカルボキシペプチダーゼ（至適pH五・八）であり、カカオ豆中の主要な貯蔵タンパク質であるビシリン様（7S）グロブリンとアルブミンに作用する。この二種類のプロテアーゼの作用は、カカオに特有の望ましいナッティー感を持つ揮発性有機化合物となる、香気前駆体の生成に必要である。二つのプロテアーゼの至適pHが異なるため、酸性化の程度と時間に大きく依存するが、そのために親水性ペプチドと疎水性アミノ酸が生成され、いずれもカカオの香味の前駆体となる。

カカオ豆中のペプチド類の数は、発酵開始後四八～九六時間で最大となる。発酵時間が長くなるとペプチドのサイズは小さくなるが、小さなペプチド類はタンパク質の分解により生成する。これらペプチドの性状や数は発酵の程度を示す指標となるので、伝統的なカットテスト（カカオ豆の色調による定性評価）や発酵指標測定（色調による定量評価）に代わり得るものである。

試験管を用いたカカオのビシリンの分解実験において、短鎖ペプチド類（pH四・四〜五・二で生成）がカカオに特有な香気前駆体で、わずかに長いペプチド類（pH四・八〜五・六で生成）はナッティー香気の前駆体であることが示された。このように、カカオ豆の内部が強酸性となるカカオ発酵において、pHが五・二以下なることで熟成豆中に強いカカオ香気を有することになる。対照的にカカオ豆中で酸度が弱く、pH五・二以上の場合は熟成豆に高いナッティー香気を持つものとなる。

いずれも、発酵中のカカオ豆の内部のpHの変化する速さと程度が、カカオの香味の発現に極めて重要であることを示している。

8.4 スターター発酵法

ここまで記述した伝統的な発酵法（自然発酵法とする）では、必ずしも同一の品質のカカオ豆の生産が再現性良く得られず、さらに望ましくない微生物の発生も起こりうる。そこで、自然発酵法における微生物の動態変化の分析に基づいて、カカオの発酵で最も活性のある酵母、乳酸菌、酢酸菌をあらかじめ培養して、最適な菌株（一種類、あるいは多種類の混合体）を特定のカカオ発酵過程に用いる「スターター発酵法」が約三〇年前から研究され、実用面でも数社がスターター発酵法を生産プロジェクトに組み込んでいる。[3,4]

スターター発酵法の原理と応用が確立され、迅速で時間管理のできるカカオの発酵が可能となり、高収量で安定した高品質のカカオ豆の生産が可能となれば、カカオ生産者だけでなく、流通業者やチョコレート製造者にとっても大きなメリットが期待される。これまでの研究において、スターター発酵法に用いられる菌株として、カカオ発酵プロセスを制御し、ペクチン分解、エタノール生産、クエン酸同化、フレーバー生産などの機能を強化するための最高のパフォーマンスを発揮するために、徹底的なスクリーニングが行われている。

最初のスターター発酵の例は、ペクチン分解種による発汗の流動性向上を目的としたもので、パルプの分解に特化した酵母を用いたものである。これにより、空気の流入が増大し、有機酸の生成に利用されるパルプ中の単糖類の量が減少することで、豆の酸度が弱くなるが、カカオ豆の品質に大きな影響を与えないという結果が得られた。[5]一方、スターター発酵に酢酸菌を単独で用いた場合、乳酸発酵を経由することなく、低pHで高い酢酸濃度のカカオ豆が得られたが、自然発酵法よりもカカオ香気が少なかったり、[6]酸味と苦味が強くなったりする結果が報告されている。[7]

ディアス・ムニョスとデヴュイストによる解説によれば、[4]スターター発酵法を試みた微生物として、酵母が二一種類（表8・4）、乳酸菌と酢酸菌は、それぞれ三種類と五種類が確認されている（表8・5）。

表 8.4　スターター発酵法で用いられている酵母

菌　株	菌　株
Brettanomyces clausenii	*Pichia fermentans*
Candida parapsilosis	*Pichia kudriavzevii*
Candida zeylanoides	*Saccharomyces cerevisiae*
Hanseniaspora guilliermondii	*Candida norvegensis*
Kluyveromyces marxianus	*Candida tropicalis*
Pichia kluyveri	*Cyberlindnera fabianii*
Rhodotorula mucilaginosa	*Kluyveromyces fragilis*
Candida famata	*Pichia galeiformis*
Candida sp.	*Pichia membranifaciens*
Cutaneotrichosporon cutaneum	*Torulaspora delbrueckii*
Hanseniaspora uvarum	

表 8.5　スターター発酵法で用いられている乳酸菌と酢酸菌

乳酸菌	酢酸菌
Lactiplantibacillus plantarum	*Acetobacter aceti*
Limosilactobacillus fermentum	*Acetobacter sp.*
Lactobacillus delbrueckii subsp. lactis	*Gluconobacter oxydans*
	Acetobacter pasteurianus
	Gluconobacter frateurii

実際例を示すと、福岡のビーン・トゥ・バーチョコレートショップのウメヤブレイナリーは、インドネシアのバリ島にあるカカオ農園で、清酒酵母、黒種麹、シャンパン酵母、そして乳酸菌を用いたスターター発酵法を実施している。収穫した直後にカカオ豆とパルプをボックスに入れ、通常の手順どおりに嫌気条件から好気条件で発酵を行い、四〜六日後に乾燥に移行させた（図8・11）。バナナの葉は使用せず、ボックスは他の微生物の付着を避けるために新品を用いた。この方法によって、自然発酵法では得られない味の

図 8.11　ボックス法を用いたスターター発酵の例
（白色部分が添加した菌株）

カカオ豆とチョコレートの作成に成功している。

しかしながら、これまでのスターター発酵法の研究においては、発酵後のカカオ豆と最終製品のチョコレートの官能特性が改善するという報告と同時に、望み通りの結果が得られないという報告もある[4]。したがって、スターター発酵法に使用される微生物種の正確なモニタリングを達成し、発酵と乾燥、およびチョコレート製造のそれぞれの段階について、カカオ豆から生成する香味活性化合物を追跡するために、さらなる研究が求められる。

8.5　カカオ発酵の失敗例

筆者の見聞に基づくものではあるが、「カカオ農園における発酵の失敗例」について付言する。

ポストストレージ

これは、カカオポッドを収穫後に放置する場合に生じる問題である。カカオの木からポッドが離れれば、ポッドも豆も分解が始まり、豆の発根・発芽が開始する。図8・12には、フィリピンのあるカカオ農園から筆者が入手したカカオポッドの中から取り出した直後のカカオ豆を示す。ポッドの収穫時期からの経過時間は不明だったが、上段の豆は正常で下段の豆は発根しているので、収穫後に放置されたポッドの中で発根していたことになる。

図 8.12 カカオポッドから取り出した直後のカカオ豆

また図8・13は、ガーナのカカオ農園でポッドを収穫後に放置した場合の内部の変化の様子を示す[8]。収穫直後の白色から、三日後には薄く色が

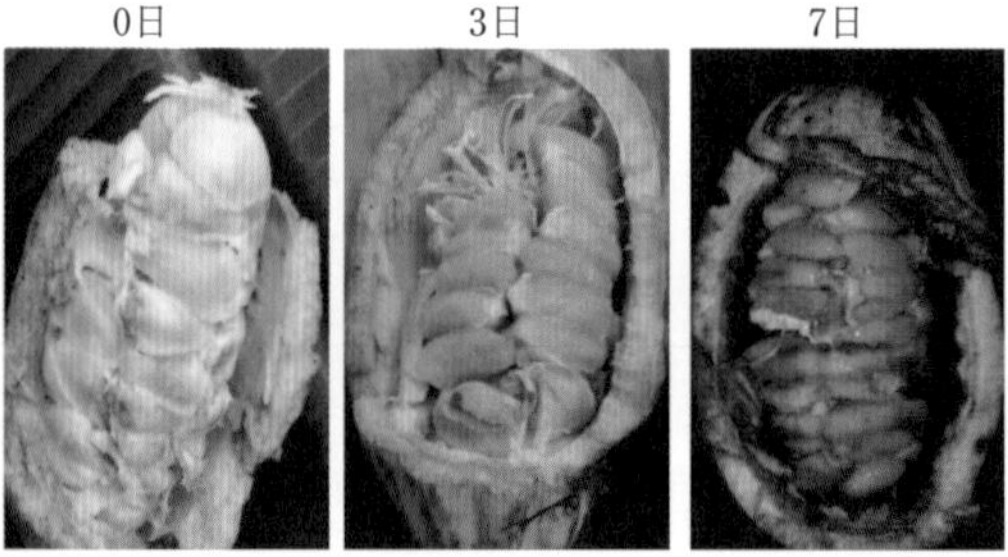

図 8.13 カカオポッドを収穫後に放置した場合の内部の変化

ついて、七日後には褐色化するとともに、次第に豆の形が楕円形から扁平化するが、それは発根・発芽の開始による。もし購入したカカオ豆が、丸い形ではなく扁平になったものがあるとすれば、発根・発芽が始まったものと考えてよい。

発根や発芽が起これば、「カカオ豆の貯蔵成分の損失」という極めて重大なダメージとなるが、苦みが強い品種の場合、一週間程度のポストストレージであればカカオ豆の味が改善することもあるので、その見極めが重要である。

カカオ豆の取り出しから発酵までの措置

これは、カカオ農園における労働慣行や、農園と発酵所が離れて位置する場合に生じる問題で、ポッドから豆を取り出してから発酵を開始するまでの措置に起因する。

発酵場所が農園の中にある場合は大きな問題にはならないが、小規模なカカオ農家が共同で発酵所を利用している場合、農園から集荷所までの運搬時にトラブルが発生する可能性がある。

最も安全なのは、収穫したポッドを集荷所に運んで、一週間以内に豆を取り出して発酵させることである。しかし、大きくて重いカカオポッドを集荷するには、大変な労力を必要とする。図8・14は、ベトナムのメコン地帯で、かつて水田だったところに点在するカカオ農家から、バイクで一日四回、ポッドを集荷するビンさんである。年二回の繁忙期には、バイクの荷台の両側の袋と、荷台の上の袋、さらに腹部の前に抱えた袋にポッドを詰め込んで運んでいた。

その労力を避けるために、農家で豆を取り出し、それを集荷所に集めて発酵するケースがある。そこで問題となるのが、豆の取り出しから発酵を始めるまでの方法と経過時間である。密閉されないまま放置すれば「好気条件」の発酵が起きて、発酵初期に必須な「嫌気条件における酵母や乳酸菌による発酵」が生じないので、品質の悪いカカオ豆ができてしまう。

筆者が見聞したある集荷・発酵所では、農家に対して「豆を取り出して密閉し、一二時間以内に集荷所に持参すべし」と指示しているが、果たしてそれが守られているかは保証できない。本章の冒頭で、「現地に出向いて、農園における発酵の状況を確かめる必要がある」とした理由は、この点にある。

図 8.14　カカオ集荷所にカカオポッドを運ぶビンさん

カカオの発酵過程における様々な微生物の動態に関する知見は、近年急速に進展した。また、発酵中のカカオ豆の内部における香味前駆体の形成に関しても、より詳細な知見が得られている。しかし、カカオパルプとカカオ豆の集合体の全体における発酵中の微生物の動態や、香味前駆体の形成のメカニズムに及ぼす可能性がある多くの要因は、まだ完全には理解されていない。さらに、大規模な農園でスターター発酵法を実用化するには、まだ長い道のりがあるといえよう。

第九章　ミルクと出会って変身

現代の板チョコレートは、カカオマスと粉糖によるダークチョコ、それに粉乳を加えたミルクチョコ、およびココアバターとミルクと粉糖によるホワイトチョコに大別できるであろう。最近になって、カカオポリフェノールの紫色を保持したまま発酵させたカカオ豆を使った、ピンク色のチョコレート（商品名はルビーチョコ）が作られた。

よく知られているように、近代のチョコレートの歴史において、一九世紀の「四大革命」がチョコレートの世界を一気に広げることとなった。

第一は一八二八年のオランダのファン・ハウトゥン（ヴァン・ホーテン）親子による「ココアパウダー」で、カカオ豆からココアバターを絞り出し、カカオを粉末化した。彼らには、もう一つの発明として「カカオのアルカリ化」もある。

第二が、一八四七年のイギリスのジョセフ・フライによる「食べるチョコレートの発明」である。それまでに、融かしたチョコレートリカーを型に押し込んで固めたチョコは製造されていたが、カカオリカーと粉糖にココアバターを追油してチョコレートリカーの粘度を下げ、大量にチョ

表 9.1　19世紀前半までのスイスにおけるチョコレートの発展

年	事　項（場所）
1819	カイエがチョコレート工場をつくる（ヴヴェイ）
1826	スシャール　〃　（セリエール）
	フルキエール　〃　（ジュネーブ）
1831	コラー　〃　（ローザンヌ）
1845	スプルンジ　〃　（チューリッヒ）

コレートを生産できるようにしたことがフライの多大な功績である。

第三が一八七五年のスイスのダニエル・ペーターによる「ミルクチョコレートの発明」で、カカオリカー、粉糖、ココアバターにミルクを添加してまろやかな味にした。

最後がスイスのロドルフ・リンツが一八七九年に発明した「コンチング」で、チョコレートリカーを長時間かき混ぜて滑らかなチョコレートを作った。

この中で、スイスはチョコレートの歴史において極めて重要な位置を占めていて、ジョセフ・フライの発明以前からチョコレートを製造していた（表9・1）。

この中でミルクチョコレートは、ダニエル・ペーター（正式名はジョージ・ダニエル・ペーター）の八年間の努力の末に誕生した。それほど長い時間を必要とした理由は、「ミルク（水分）とカカオリカー（油分）は混ざらない」という簡単な原理である。

一八七五年にペーターがこの難題をどのように克服したのかについて、これまでに様々な説が生まれている。もっとも有力な説は「スイスの小さな町、ヴヴェィに住んでいたペーターが、同じ町に住んでいたア

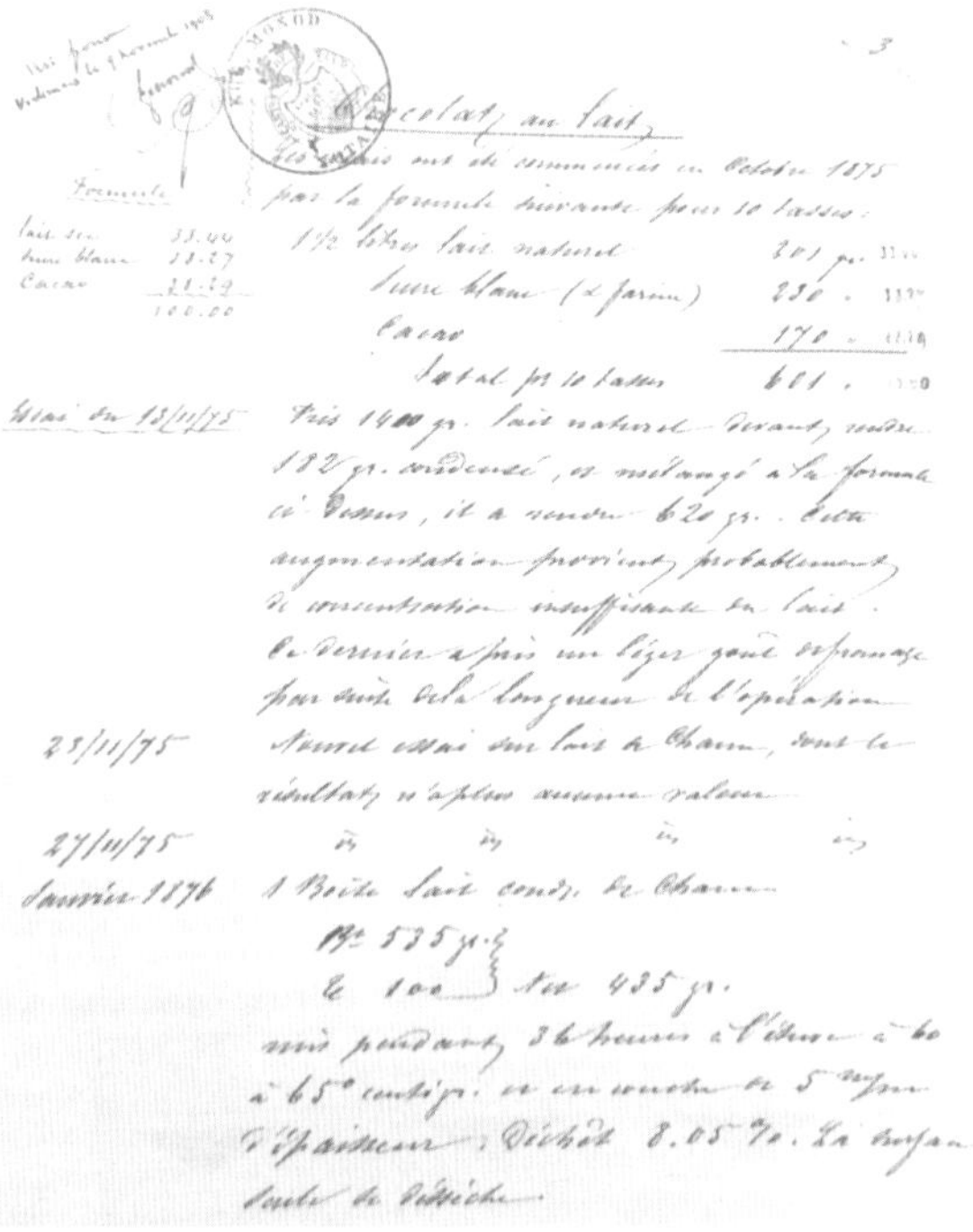

図 9.1　1875 年のダニエル・ペーターの手書きの実験メモ(2)

ンリ・ネスレと共同で、ネスレの粉ミルクを使ってミルクチョコレートを作った」というものである。具体例を挙げると「本当のミルクチョコレートの発明は、二人の男の共同作業とも言うべきものだった。一人はスイス人化学者アンリ・ネスレ（中略）そしてもう一人は…スイス・チョコレート製造業者、ダニエル・ペーターである。彼は、ネスレの粉末を使って新種のチョコレートを作るという素晴らしい手を思いつき、一八七九年に最初のミルク入り板チョコが作られた。（中略）彼らは混合物の水分を蒸発させ、代わりにココアバターを加えて型に流し込めるようにしたのである」[1]。

しかし、二〇〇九年出版された「チョコレート製造に関するバイブル」といわれる本[2]で、一八七五年十一月に初めてミルクチョコレートの作成に成功したペーターの手書きの実験ノートが公開され（図9・1）、上記の説の誤りが判明した。すなわち、

（1）ペーターとネスレは共同作業をしていない
（2）ネスレは粉ミルクを作っていない
（3）ペーターがミルクチョコレートの製造に成功したのは一八七五年
（4）ペーターが用いたのは、カカオマス、砂糖とミルクの混合物の水分を蒸発させる方法ではない

筆者らはペーターの実験ノートを解読し、それを手掛かりにして一八七五年の「世界で初めてのミルクチョコレート」を再現することに成功した。

しかし、ネスレとペーターの間に全く交流がなかったわけではない。日本では江戸から明治へ変わる大激動期に、二人は同じ町の同じ地区に住んでいて、それぞれがスイス特産のミルクを生かした食品づくりに汗を流し、ネスレは乳児用の母乳代替食品、ペーターはミルクチョコレートを、ともに「世界で初めて」製造した。

本章では、最初にネスレの業績を俯瞰したうえで、ペーターがどのようにしてミルクチョコレー

トを製造したのかを考察する。

9.1　ヴヴェィの町

ネスレとペーターが暮らしたヴヴェィ（ヴェヴェィと読む人もいる）は、世界保健機構本部、国連欧州本部、赤十字国際委員会などの名だたる国際機関があるジュネーブ、国際オリンピック委員会本部があるローザンヌ、国際ジャズフェスティバルで有名なモントルーを湖畔に抱くスイス最大の湖、レマン湖に面した美しい町である（図9・2）。レマン湖の南岸とヌーシャテル湖の西側のジュラ山脈でフランスと接するこの地方は、スイスのフランス語圏をなしている。スイスアルプスから想像される急峻な山岳と冷涼な気候とは異なり、比較的低地でレマン湖やヌーシャテル湖を望む穏やかな環境が欧州屈指のリゾート地帯となっている。

ヴヴェィは、世界最大の食品会社にまで成長したネスレ社発祥の地なので、本社ビルをはじめとするネスレ関係の建物が多い。その一つが、創業一五〇年を記念してネスレ旧本社ビルを改装したネスレ食品博物館（アリマンタリウム）で、食品に関わる展示や実演を子供から大人まで楽しむことができる。アリマンタリウムの前のレマン湖に、巨大なフォークが水中に突き刺さったオブジェがあるが、これはネスレ社とヴヴェィの関係の象徴として建てられたと思われる（図9・3）。また隣町のモントルーからは、スイスで最も古いチョコレートブランド：カイエの名を関したチョコ

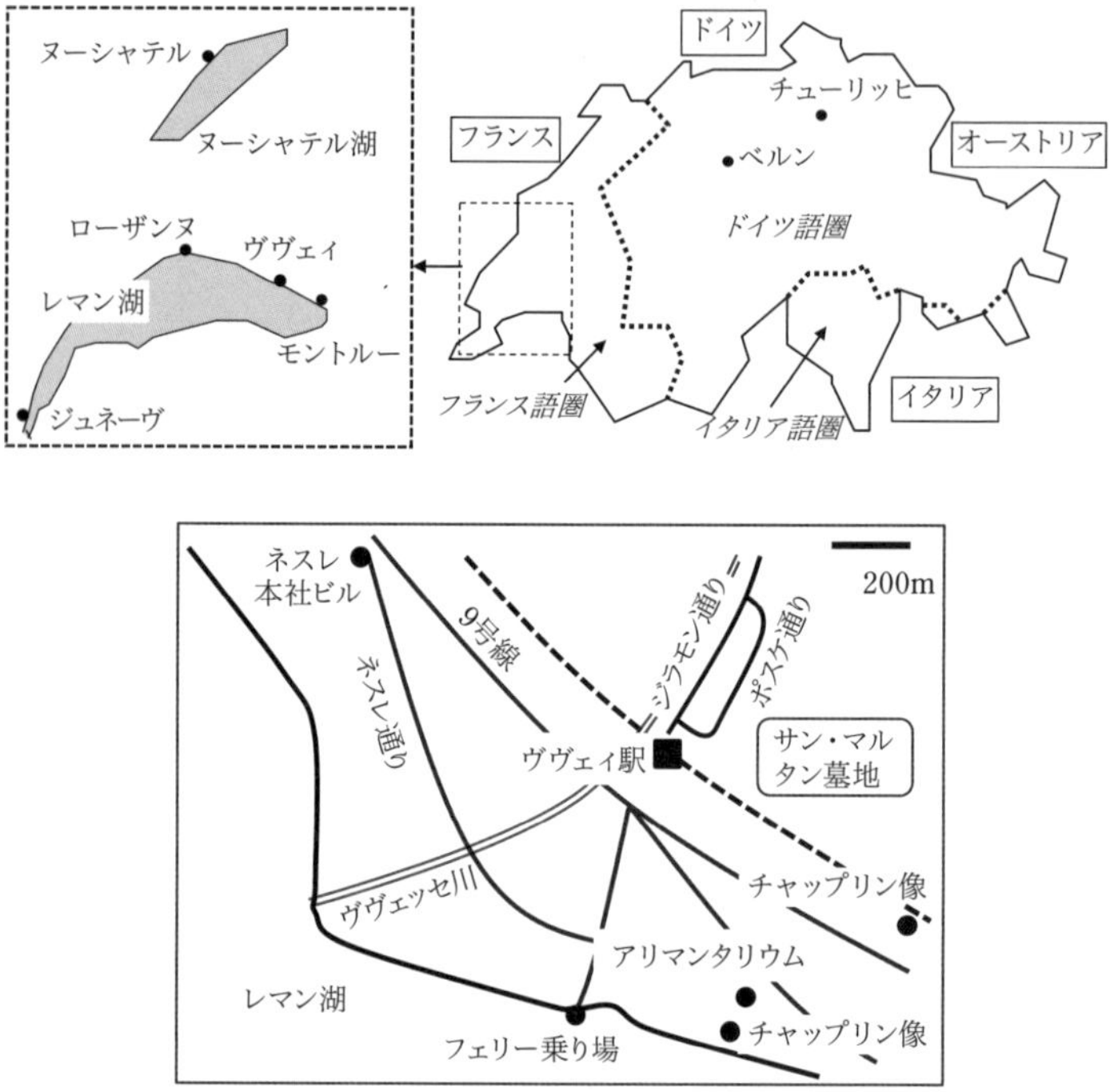

図 9.2　スイス西南部とヴヴェィ中心部

レート博物館「メゾン・カイエ」と、グリュイエール地方名産のチーズ工場を訪問する「チョコレート列車」が観光客の人気を呼んでいる。そのカイエの娘婿がダニエル・ペーターである。

　アリマンタリウムの前の海岸沿いの公園や、ヴヴェィの町のあちこちにチャーリー・チャップリンの銅像があるが（図9・4）、ここにハリウッドの名優の銅像がある理由は以

図 9.4　アリマンタリウムの前のチャップリン像

図 9.3　レマン湖に突き刺さったフォークのオブジェ

下の通りである。

第二次大戦後に激しくなった冷戦のなかで、アメリカ中に吹き荒れた「赤狩り」がハリウッドにも及び、チャップリンの多くの映画が批判されていた。チャップリンは、一九五二年の欧行中にアメリカ司法長官からの事実上の国外追放命令を受けて、ローザンヌのアメリカ領事館に再入国許可証を返還してスイスに亡命した。それから一九七七年に八八歳で死去するまで、チャップリンはヴヴェィ近郊で暮らし、彼と彼の家族もヴヴェィに眠っている。ただし、「赤狩り」の不名誉は一九七二年のチャップリンへのアカデミー名誉賞授賞で解消されている。

一九世紀後半のヴヴェィは、町というより小さな村であった（図9・5）。その当時の名残が現在のヴヴェィ駅周辺の旧市街に見られ

図 9.5　1860 年代のヴヴェィの遠景[4]

るが、ネスレとペーターは、駅裏の狭いボスケ地区に住み、そこに小さな工場を建てていた。ネスレはペーターより二二歳年上だが、ほぼ同時期にこんな狭い地区に住んでいたので顔見知りでないはずがない。加えて、ともにスイス特産のミルクを使った幼児用乳製品やミルクチョコづくりに精を出していたので、「両者が知恵を出し合って協力した」と推論するのは極めて自然と言えよう。

私的になるが、筆者も巷間に流れるそのような説を信じていたが[3]、筆者がかつてネスレ研究センターで技術指導をしていた時に、センターの人々が「アンリ・ネスレはミルクチョコづくりに一切かかわっていない」と断言するのを耳にしていたので、上記の説への疑問が長い間解けないままであった。しかし、図9・1のペーターの自筆ノートを見て、長年の疑問を氷解させるチャンスとばかりに、ノートの読解とペーターの実験の再現に取り組んだ次第である。

9.2 アンリ・ネスレと母乳代替食品

表9・2に、アンリ・ネスレの生涯をまとめる。[4] 彼はフランクフルトに生まれたドイツ人で、幼名はハインリッヒ・ネストレ。祖父が一七五五年にフランクフルトに移住してからネストレ（ドイツ語で「小さな巣」の意）の姓を名乗るようになった。ネストレ一家は勤勉を旨とするプロテスタントで、祖父も父もガラス職人で、母もガラス職人の家に生まれたので、ハインリッヒは彼らから職人気質を受け継いだとされている。

フランクフルトからヴヴェィへ

ハインリッヒは一四人兄弟姉妹（七人男、七人女）の十一番目だったが、半数が幼くして亡くなり、彼が生まれる前にすでに五人が亡くなっていた。

ハインリッヒは初等教育を終えると二〇歳まで四年間、フランクフルトの薬局で見習い修行をしたが、その間に植物学と化学の知識を身につけた。その後の数年間の詳しい記録は不明だが、諸国で薬学を学んだ後にヴヴェィに移住し、一八三四年にはドイツの大化学者リービッヒに学んだマルク・ニコリエの薬局の助手をしている。それを機に、姓も名もフランス風に変えたが、ハインリッ

表9.2　アンリ・ネスレの生涯

年	事　項
1814	ドイツ・フランクフルトに誕生
1834/39	スイスに移住
1839-1843	ヴヴェイで薬局の助手
1843-1861	商取引とさまざまな発明
1861-1867	母乳代替食品の発明
1867-1875	母乳代替食品の製造と販売
1875	会社の売却
1890	逝去

ヒはアンリ（対応する英語名がヘンリー、イタリア語がエンリコ、スペイン語がエンリケ）に、ネストレはネスレとなった。

ここで問題となるのは、なぜ彼がスイス、しかもドイツ語圏ではなくフランス語圏に移住したのか、である。政治的亡命、あるいは経済的理由による移住、そして個人的な理由という三つの可能性があるが、「政治的な亡命」の可能性が高い(4)。

当時のドイツは統一国家ではなく、三五の君主国とフランクフルトを含む四つの自由都市から構成されたドイツ連邦で、それぞれが独立国家として権限を保持しながら連邦に加盟していた。フランクフルトに連邦議会を置いたが、その議長は現在のオーストリアのハプスブルグ帝国が務め、その主導権が認められた。ハプスブルグ帝国の宰相メッテルニヒは、ヨーロッパの勢力均衡のため、フランス革命やナポレオンの影響を受けたヨーロッパ各地の民族主義や自由主義の運動を厳しく弾圧していた。とりわけメッテルニヒにとって、ドイツ統一はオーストリアへの大きな脅威であった。

しかし一八三〇年のフランスの七月革命で、ナポレオン敗北後に復活した絶対王政が倒され、立憲王政が成立したことの影響がドイツにも及び、一八三三年にはフランクフルトで暴動が起きた。しかしそれは弾圧され、反乱者たちは厳しく処罰され、逮捕を逃れた人々はフランスやスイスへ逃亡した。ハインリッヒや兄弟・友人は反乱側に立っていたが、たまたま国外旅行をしていたので、母国への帰国を捨て、兄はフランスのリヨンへ、ハインリッヒはスイスに移住した。なぜハイン

Messieurs	Latin	Botanique	Chimie	Sujets	Chimie
Koenig	très bien N 3	assez bien, 1	très bien N 3	admis.	arsenic
Freypel	bien N 2	bien, 2	bien . 2	.	Ammoniac
Triagi	bien , 2	assez bien, 1	bien , 2	.	Le fer
Lierat	assez bien , 1	assez bien, 1	assez bien , 1	non	Charbon
Hauser	très bien , 3	bien, 2	très bien , 3	admis	Cuivre
Schmincke	bien , 2	bien, 2	très bien , 3	admis	Savon
Oberti	assez bien , 1	assez bien, 1	assez bien, 1	non	antimoine
Obermuller	bien . 2	bien, 2	très bien , 3	admis	acide acétique
de Werra	très bien , 3	assez bien, 1	très bien, 3	.	mercure
Dambale	assez bien , 1	médiocre , 0	bien, 2	non	acide sulfurique
Nestlé	très bien , 3	assez bien, 1	bien, 2	admis	soufre
Walet	bien , 2	assez bien, 1	très bien, 3	.	Chlore
Brunner	très bien , 3	très bien, 3	très bien, 3	.	Iode

図 9.6　薬剤師試験の成績表（上から 11 番目がアンリ・ネスレ）[4]

リッヒが、スイスのドイツ語圏ではなくフランス語圏に移住したのかは不明である。

ヴヴェィでの初期の事業

ネスレは、一八三九年にローザンヌで薬剤師試験に合格した。図9・6にその結果を示すが、ラテン語が最高点の3、植物学が1、化学が2となっている。その後四年間ニコリエの薬局の助手をしていたネスレは、裕福な叔母の資金援助も受けて一八四三年に独立してボスケ通り一七番地にある店を購入して、ミネラルウオーター、レモネード、化学肥料、ガス灯用の燃料ガスなどの販売と製造を行った。

燃料ガスはタンクに圧縮ガスを詰めてガス灯につなげる方式だが、一八六〇年ごろにガス灯への燃料の供給システムがタンク方式からパイプ方式に変わったことで、燃料ガスからの撤退を迫られた。また、それまで協力してきた経営のパートナーも離反した。つまり、ビジネス内容と経営の両面で、新規事業を探す必要に迫られたのである。そこで新しく挑んだのが、当時爆発的に増えた鉄道敷設に必要な敷石用のセメントづくりと、乳児用の母乳代替食品である。

一八六六年にフランソア・モネラと共同でセメント製造の会社を設立したが、翌年には経営面での意見対立と、ネスレが母乳代替食品に傾注したので、二人は別れた。

一九世紀中ごろのヨーロッパでは、生後一年以内の乳児死亡率は一五〜二五％で、ドイツでは三〇％に達するところもあった。それには出生の背景、親の職業と収入、住居環境、地域全体の衛生システムなど複雑な要因があるが、乳児の栄養不足は極めて大きな要因であった。富裕層は母乳で育てられるが、貧困層、とりわけ産業革命で多くの母親が工場で働くようになってからは、母乳で育てられない家庭が続出した。母乳に替えて動物のミルクも与えられるが、乳児には消化・吸収しにくいし、衛生面でも長期保管できる条件はなかった。すなわち、母乳に変わる乳児用の食品の開発が求められていたのである。

一八四七年には、リービッヒが牛肉から栄養成分を抽出する「ミートスープ」を提案し、一八六二年にゲオルグ・クリスチャン・ギベルトがそれを製品化して世に送り出した。さらにリービッヒは、一八六五年に母乳の分析をもとに乳児用スープを考案した。

またスイス人のジュリアス・マギーは、豆を主体にした野菜スープを製品化した。マギー社はその後ネスレ社に買収され、マギー・スープは現在ネスレ社の有力ブランドとなっている。

その中にあってネスレは、ローザンヌ・アカデミー（後のローザンヌ大学）講師のジャン・バル

図 9.7　アンリ・ネスレと妻クレメンティン(4)

タサル・シュネルツァーと共同で、牛乳を使って乳児に消化されやすく栄養豊富な母乳代替食品の開発を始めた。

母乳代替食品：farine lactée

ネスレはそれまで食品に関する知識も経験も全くなかったが、彼を突き動かしたのは「栄養状態を改善することで高い乳児死亡率を下げたい」という願いであった。さらに彼に影響を与えたのが、一八六〇年に結婚したドイツ生まれの妻、クレメンティンである（図9・7）。二人の間に子供はなかったが、クレメンティンは孤児の救済などの慈善事業をしていた医師の娘で、当時の多くの子供を持つ女性が置かれている困苦を深く理解し、夫の事業を支えた。

ネスレが注目したのは、当時世界から高い評価を得ていたスイスのミルクである。彼はシュネルツァーと共同で、一八三五年のイギリスのニュートンによる濃縮ミルクの特許やリービッヒの研究などを参考にして、数年がかりで新しい母乳代替食品の製造に取り組んだ。彼らのオリジナリティは、最高品質のスイスのミルクに砂糖を加えて混合し、蜂蜜程度の粘度になるまで水分を飛ばし、そこに焼成した小麦粉ラスクを粉末化して加え、ミネラルも加えて乾燥させ、さらに摩砕して篩（ふるい）にかけたことである。最終製品が完成したのは、一八六七年の秋であった。

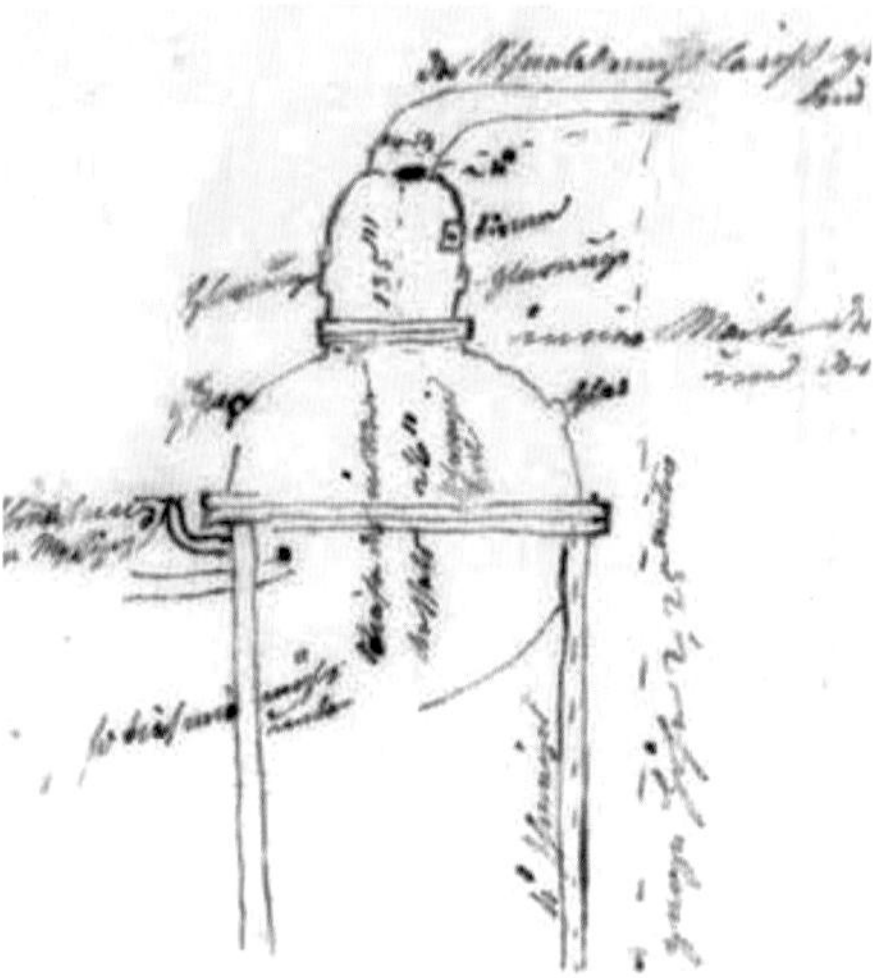

図 9.8 アンリ・ネスレの手書きの真空濃縮装置のデザインの一部[4]

最初に製品を試食させたのは、その年の初めに生まれたシュネルツァーの子供で、効果はてきめんであった。その結果は近隣の人々に伝わり、多くの母親が彼らの店に殺到し、その評判は翌年にはヴヴェィの地元新聞に掲載された。その後に、ネスレの製品がスイス全体からヨーロッパ、さらにアメリカに浸透するのに長い時間はかからなかった。大きくビジネスが展開するうちに製造装置の大型化も必要となり、一八七〇年には自らボイラー付きの真空乾燥機を設計している（図9・8）。

図 9.9　初期の母乳代替食品製品（左）とフランスでの宣伝ポスター（右）(4)

図9・9に初期の缶入りの製品と、フランスでの宣伝ポスターを示す。缶にはドイツ語でKindermehl（乳児用小麦粉）とあり、フランス語のポスターにはfarine lactée（ミルク入り小麦粉）とある。

ここで見たように、一八六七年にネスレが製造に成功した乳製品は、現在われわれが日常的に入手できる形の脱脂粉乳、あるいは全粉乳ではなく、「ミルク入り穀粉」と理解するべきである。実際にPfiffnerの本の英語版でも、粉ミルクを意味するmilk powder、あるいはpowdered milkではなくinfant cereal（乳児用穀物）となっている。(4) また、フランス語でも、Lait en poudre＝粉ミルクは使われていない。すなわち、アンリ・ネスレの製品を「粉ミルク」と訳するのは誤解を生むであろう。筆者は、「粉ミルク」としたことが、次節で述べるダニエル・ペーターのミルクチョコレートの開発の経緯の中で、ネスレの関与を誤解させるもとになったと考えている。

いずれにしても、ネスレがスイスのミルクを使って母乳代替食品の開発に成功したことは、新しくチョコレートのビジネスを始めようとしていた隣人ペーターに決定的な影響を与えた。

9.3 ダニエル・ペーターとミルクチョコレート

表9・3にダニエル・ペーターの生涯を記すが、彼の孫のフランソワ・オーギュスト・ペーターへのインタビュー記事をもとに、ミルクチョコレート誕生への歩みを紹介する。(5)

表9.3 ダニエル・ペーターの生涯

年	事 項
1836	誕生（スイス・ムードン）
1852	食料品店（ロウソク販売も兼ねる）勤務
1856	ヴヴェイでロウソク業を開業
1863	ファニー（カイエの長女）と結婚
1867-1875	ミルクチョコレートの開発と製造
1878	パリ万博で銀賞受賞
1887	GALA PETER 発売
1896	ミルクチョコ会社設立
1919	逝去

ロウソク作りからチョコレートへ

ヴヴェイの北にあるムードンで生まれたペーターは、近所でクレマン夫人が経営する食料品店に勤めたが、その店ではロウソクも扱っていた。一八五六年には兄、ジュリアンと一緒にヴヴェイでロウソク店を開業するが、その場所はボスケ通り一九番地で、ネスレの家のすぐ隣であった。ペーターは、ランプの発明を見てロウソクに見切りをつけてチョコレートに転身することにした。それにはスイスで最初にチョコレート工場を始めたカイエの娘である妻、ファニーの存在も大きかった。

ペーターはクレマン夫人にカイエ一家を紹介され、長女のファニーと知り合い一八六三年に結婚していた。そこで義兄のオーグストに「チョコレート事業に加わりたい」と申し出たが、断られてしまった。ペーターは確固たる信念を持った若者で、たとえカイエ一家と競争することになっても独自でチョコレート事業を始めると決心し、妻もそれを応援した。また、勉強のためにリヨンのチョコレート工場で働き、カカオの成分なども調べた。

表9・1にあるように、当時、すでにスイスではカイエ、スシャール、コラー、その他がチョコレート事業を展開していたので、ペーターは新しくこの分野に参入するには、それまでにないまったく新しいものを作らなければ、成功はおぼつかないと思っていた。そのうちに隣人のネスレと知り合いになり、彼がミルクを使った母乳代替食品の製造に熱中するのを見て、ミルクチョコレートの構想が芽生えていたが、一八六七年のネスレの成功を見てそれを実行することにした。

一八六九年に兄ジュリアンが亡くなり、ペーターは妻と助手の3人で日に夜をついでミルクチョコレートづくりをしていた。すでに述べたように、カカオ豆には半分ほど油（ココアバター）があり、高温で融かしたココアバターは水とは混ざらない。さらにミルク中に約八八％も含まれている水分を、融かしたココアバターと分離しない程度まで蒸発させなければならなかった。一八六六年に設立されたアングロ・スイス煉乳会社の作る砂糖入り練乳を使ってみたが、うまくいかなかった。

当時、すでにココアバターの搾油と牛乳の真空濃縮装置があったが、資金もなく孤軍奮闘していたダニエルにはそのような高価な機械は買えず、「乾燥小屋」とよばれた部屋でひたすら水分を飛ばしていた。隣人のネスレは、一八七〇年ごろにはボイラー付きの真空濃縮器を使っていたのに、ペーターは平べったいトレイに牛乳を広げて、重量を計りながら、六〇℃以上で長時間温めて水分を飛ばすだけだった。幾度も失敗し、「成功した」と思って販売した製品は酸敗臭がしてすべて返却されたこともあった。おそらく乾燥温度を上げすぎて、油脂の酸化などが起きたためであろう。

しかし一八七五年の秋に、ついに図9・1のノートにあるようにミルクチョコレートが完成し、彼への投資も増えて真空濃縮装置も購入し、大量生産ができるようになった。

ダニエル・ペーターの成功は、世界中のチョコレートの味と香りを大きく変えるきっかけを作った。一八七八年にパリ万博にミルクチョコレートを出品して銀賞を受賞し、一八八七年にはペーターは「世界で初めての成功したチョコレート」と銘打ってGALA PETERのブランドで売り出した（図9・10）。GALAとはギリシャ語で「乳」という意味で、乳糖を加水分解してできるガラクトースやギャラクシー（銀河、英語のmilky way）に生きている。二〇一七年、スイスでミルクチョコレート誕生一五〇年（正確には、ダニエル・ペーターの工場開設一五〇周年）を記念する地元の週刊紙が特集を組んでいる（図9・11）。

最後になるが、ペーターが一八九六年に設立した会社は、紆余曲折を経て一九二九年にネスレ社に買収され、現在、ペーターに関するすべての資料はネスレ社が管理している。

では、ミルクチョコレートづくりの困難がどこにあるのか、そしてペーターがどのようにそれを克服したのかを見てみよう。

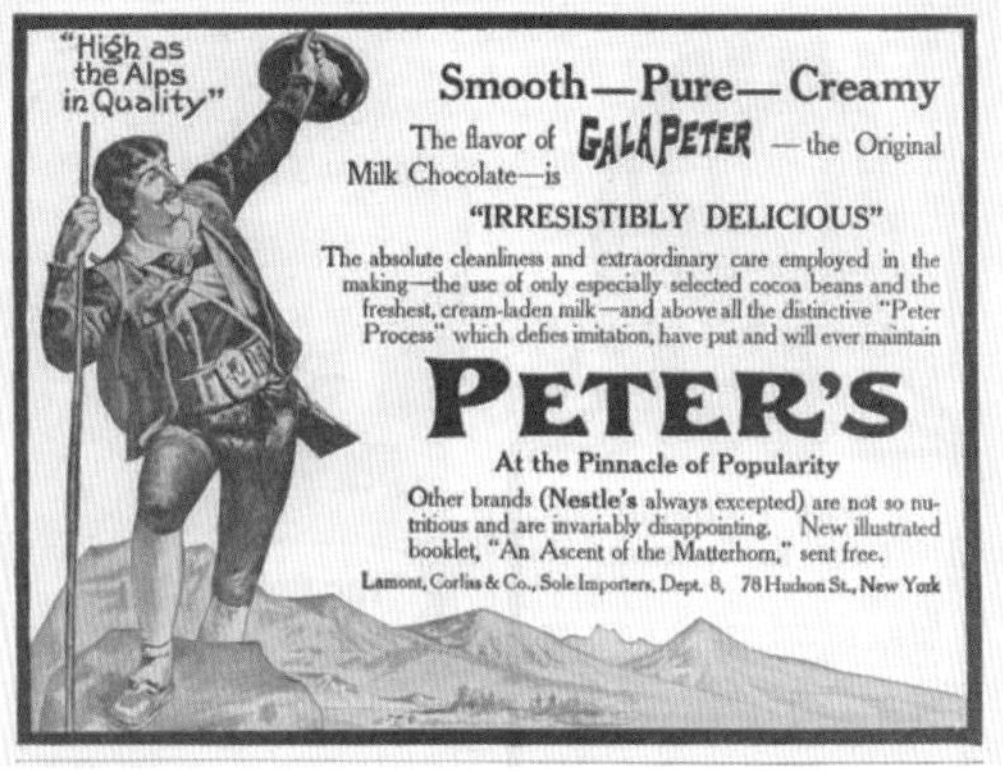

図 9.10　ダニエル・ペーターのミルクチョコレート「GALA PETER」の広告

図 9.11　週刊紙 Le Regional の記事（2017.1.25-2.1）

チョコレートと水分含量

当時はミルクの入らないダークチョコレートしかなかったが、甘口を好むスイス人にはあまり好かれていなかった。一説には、妻ファニーから「もっとおいしいチョコを作って」と懇願されたという。それまでにミルク入りカカオ飲料も製造販売されていたので、ダニエルはチョコレートの舌触りと味をやさしい風味に改良するためにミルクチョコレートに挑戦した。しかし、それには多くの困難を伴ったが、その原因はすでに述べたように「ココアバター（油分）とミルク（水分）は混ざらない」という簡単な原理である。

アンリ・ネスレの母乳代替食品は、水になじみ易い小麦粉や砂糖と牛乳の混合物なので、水分を蒸発させて濃縮すれば主要な成分が分離することなく粉末化できるが、チョコレートの場合はまったく事情が異なる。

図9・12に示すように、ミルクチョコレートは、連続相のココアバターの結晶の中に粉乳、カカオや砂糖の小さな粒子が分散した構造となっていて、水分は微量に含まれるだけである。チョコレートとして固める前の融解した状態ではココアバターは液体油になっているが、他の粒子は固体のままにしておかねばならない。

四〇℃で融かしたミルクチョコレートに水分を添加して、回転する板を使って一定の回転速度でチョコレートをかき混ぜるために必要な力（トルク）を測ると、図9・13のようになる[3]。水分濃度

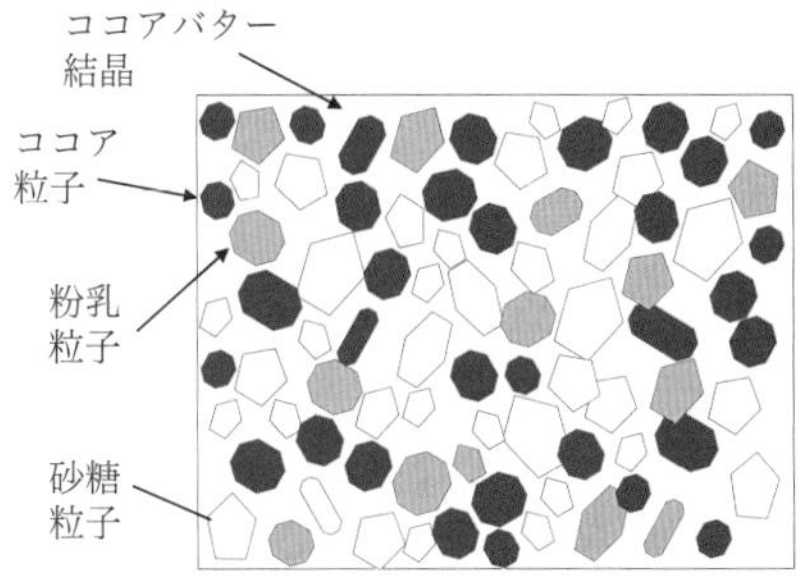

図 9.12　ミルクチョコレートの内部構造

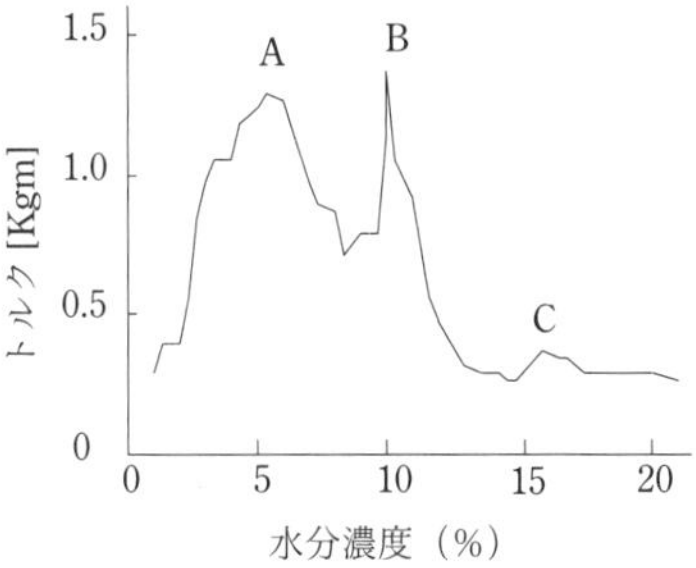

図 9.13　チョコレート中の水分濃度とトルク(3)

が約六％（A）以下では、水分濃度の増加とともに急激に粘度は増加するが、Aを超えると低下する。しかし、約一〇％まで再び増加し（B）、それ以上の水分濃度で急激に低下して、約一六％（C）で少し増加したあとは一定である。

水分濃度がA以下の場合、チョコレートは小さな水滴が油に散らばった状態、すなわち油中水型エマルションになり、AとBの濃度範囲で水分と油分が分離し、Cの濃度以上で小さな油滴が水に散らばった水中油型エマルションになる。工業的にミルクチョコレートを作る場合は、水分を限界まで飛ばした粉乳を使って、固める前の融かした状態（チョコレートリカー）から図9・12のような分散状態を実現させている。

現代のミルクチョコレートの製法としては、事前にミルクを乾燥して得た粉乳とカカオマスと砂糖を磨砕して得られるチョコレートリカーを結晶化する方法と、水分を含む濃縮乳にカカオマスや砂糖を加えた混合物を撹拌した濃厚な液体を乾燥させて作る方法（クラム法）がある。[6] クラム法を用いれば、夏場に余った乳をクラムにすることで、冬に不足する乳を補うだけでなく、カカオマス中の抗酸化成分により乾燥乳の酸化が防げるし、クラム製造段階の加熱工程でメイラード反応が生じてキャラメルっぽい味が付加できる。

では、ペーターはどの方法で初めてミルクチョコレートを製造したのであろうか。二つの可能性があり、第一が乾燥させた粉乳とカカオリカーと砂糖を磨砕し、融かして固める方法で、第二はクラム法である。

ダニエル・ペーターのレシピ

表9・4に、図9・1のダニエルの自筆の実験ノートの和訳を示す（一部の読解できない部分は略）。以上を整理すると、ペーターは練乳ではなく普通の牛乳を濃縮して粉ミルクを作っている。そのための装置は不明であるが、乾燥条件として書かれているのが「六〇〜六五℃で三六時間」である。具体的には、一・五Lを二〇一g、あるいは一・四Lを一八二gまで濃縮したので、牛乳中の固体成分を一二％とすれば、水分含量はそれぞれ一五％と八％である。これをもとに、レシピ通りのカカオと砂糖を加えたミルクチョコレートの中の水分量を計算すると五％と二％になる。驚くべきことに、いずれも図9・13のA以下の水分量になっている。

筆者は、広島大学・食品物理学研究室の実験装置を使い、学生諸君と共同して、図9・1のペー

表 9.4　図 9.1 のダニエルの自筆の実験ノートの和訳

事項・日時など	レシピなど
ミルクチョコレート 試行は 1875 年 10 月に開始。	下記のレシピはコップ 10 杯分 1.5 L の牛乳 201 per 33, 3.44 白砂糖（粉の）230" 38.27 ココア 170" 28.29 10 杯分で　トータル 601 100.00
試行　1875 年 11 月 13 日	1400 g の牛乳を 182 g に煮詰め、上記の割合で混ぜる。結果 620 g になる。重量が増えたのはおそらく、牛乳の煮詰め方が足りないと思われる。これ以後の試作中、この液体はチーズの味を帯びてくる
1875 年 11 月 23 日	Charmel の乳を使って試作、結果は価値なし
1875 年 11 月 27 日	
1876 年 1 月	Charmel のコンデンスミルク 1 缶 総量 535 g　Net　435 g 36 時間 60 ～ 65℃で湯煎。Conchage　5 mm の厚さ 8.05%がくず、表面が乾く

ターの実験を再現した。六五℃にセットした恒温水槽に直結したガラスジャケットに市販の牛乳を入れ、撹拌させながら牛乳を乾燥させた。ガラスジャケットの容量のせいでペーターより少ない量の牛乳を使ったことと、連続的に機械的な撹拌をしたので、ペーターと同じ量まで乾燥させるための時間は短くなったが、乾燥時間が一三時間と三〇時間の結果を図 9・14 に示す。前者には水分が残ってしっとりしているが、後者は〝カリカリ〟の状態である。

ペーターのレシピでチョコレートリカーを作り、シードテンパリングで型に入れて冷やしてミルクチョコレートを作ると、後者は見事に成型した固形のミルクチョコとなり、前者は固める前に油分と水分に分離した。すなわち、ペーターのノート通りに作った粉ミル

65℃、13 時間の乾燥　　65℃、30 時間の乾燥

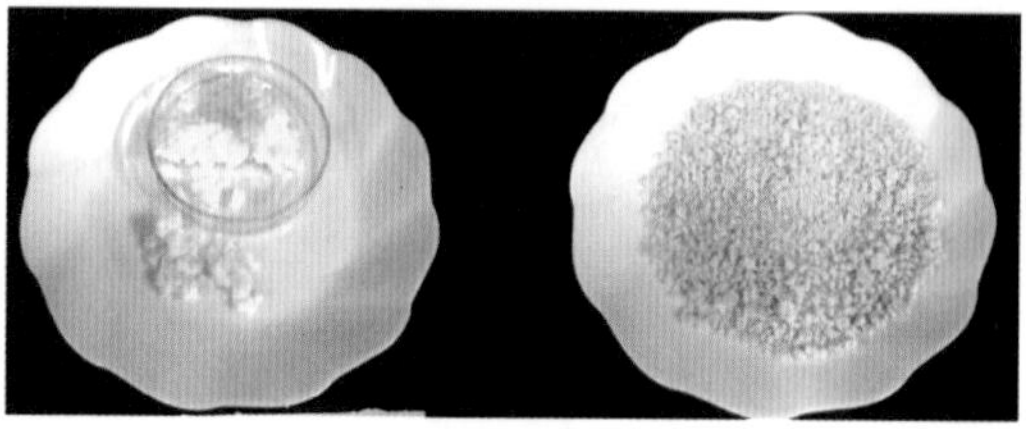

図 9.14　ダニエル・ペーターの実験ノートを再現して作成した粉ミルク

クで、板状のミルクチョコレートができたわけである。なお、「ペーターも試みて失敗したのではないか」と想像して、八〇℃で長時間ミルクを乾燥させると、六五℃と同じカリカリの粉ミルクができたがわずかに酸味があり、それでミルクチョコレートを作ると、カカオの酸味と重なってとても食べられるものではなかった。

本章では、一八七五年のダニエル・ペーターによるミルクチョコレートの発明と、その前後にそれに関与した人々の姿に光を当てた。最も強調したかったことは、ペーターがほぼ独力で多くの困難に挑戦したということである。

もし、巷間にあるように、先行するアンリ・ネスレの母乳代替食品の技術と、彼の協力の上にミルクチョコレート製造の成功があったとするならば、ペーターの研究を正しく評価したことにならない。ネスレ自身も、亡命に近い形でやってきた異国の地で、故郷から呼び寄せた妻と共に多大の努力を注いで、極めてオリジナルな製品を作り上げて世界をあっと言わせたのだが、それに負けず劣らぬ事業をペーターはほぼ単独で成功させたのである。ヴヴェィのボ

図 9.15　ヴヴェィのダニエル・ペーターがミルクチョコレートを作った家

スケ通り一九番地にあるペーターが住んでいた家の入口には、フランス語で「一八七五年にダニエル・ペーターがここでミルクチョコレートを世界で初めて製造した」とある（図9・15）。

最後に付言する。

ダニエル・ペーターの実験ノートが記載された本[2]の著者のステファン・T・ベケット氏は、長い間ネスレ社のチョコレート部門の研究開発をリードされてきた。ベケット氏は二〇二〇年に逝去されたが、ペーターの実験ノートを公開した理由についての筆者の質問に、以下の回答を寄せていただいた（二〇一八年十一月二六日）。

「第一の理由は、私はそれまで、ペーターのレシピを再現したという話を聞いたことがなかったが、ネスレ文書館でそれを見せられたときに、『チョコレートの歴史で最も重要な記録だ』と理解したことである。第二の理由は、二〇世紀初頭にミルクチョ

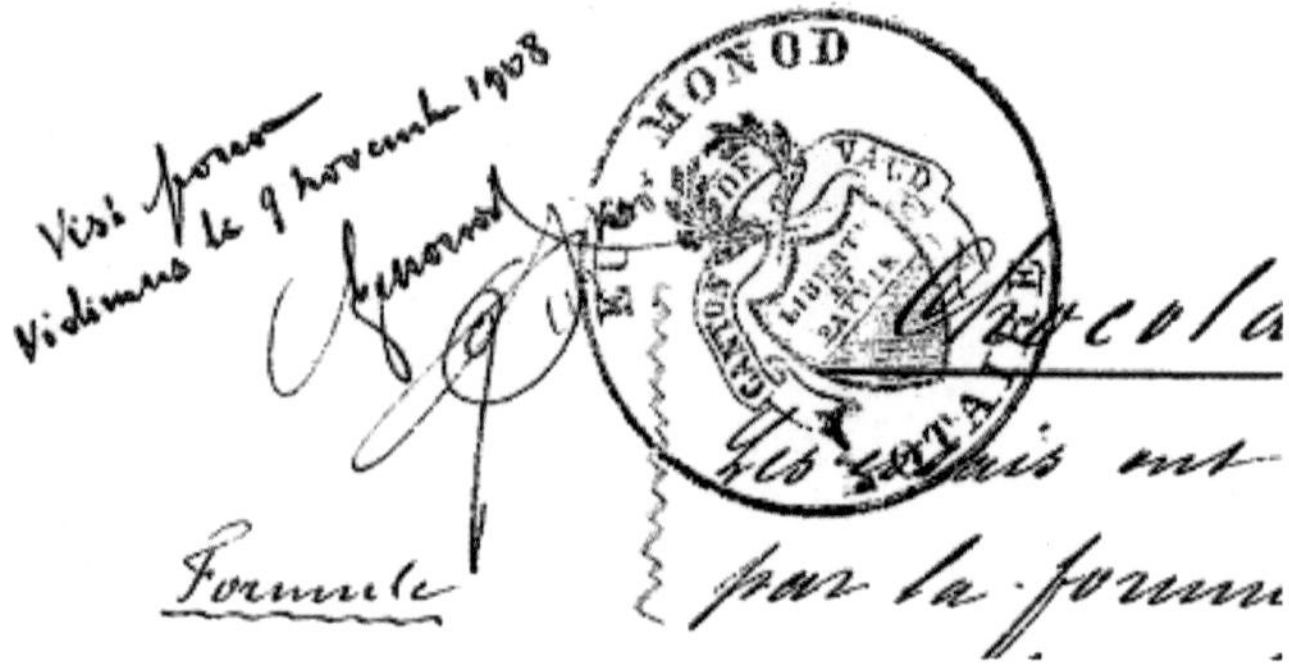

図 9.16　ダニエル・ペーターによるミルクチョコレートの発明を証明する弁護士のサインなど

コレートの発明者に関する争いが起きたことである。そこでダニエル・ペーターは、彼の実験ノートを弁護士に示した。ノートの上部にあるスタンプとその左横のサイン（一九〇八年十一月九日付け）が、ペーターが発明者であることを証明している」。

図9・1の左上部にある弁護士の署名とスタンプ、およびformule（公式）の署名を図9・16に示す。

一九〇八年にはダニエル・ペーターは七二歳。この年齢で、自らの発明の認知のために闘ったことに、筆者は深い感動を禁じ得ない。

第十章　カカオのローストと磨砕の秘訣

熱帯のカカオ農園で育ったカカオポッドから取り出されたカカオ豆は、発酵と乾燥を経て袋詰めされ、海路あるいは空路で工場に運ばれてチョコレートになる。工場では、まず異物を取り除いたあとで、個別のチョコレート・ココア製品の特性に適した産地別・品種別のカカオ豆を選択して、ロースト、ウィノーイング（皮むき）、磨砕、コンチングとその後のテンパリングなどの工程が行われる。すでにこれまでの文献で、[1,2,3]これらの工程についての説明がなされているが、本章ではローストに関する最新の総説[4]をもとに詳しく説明したうえで、磨砕については、現場で生じるリアルな問題などに限って説明する。

10.1　カカオ豆のローストとは？

ローストは、熱エネルギーによって引き起こされる化学反応によってカカオ豆の化学組成を大きく変化させ、チョコレート独特の香りと風味を生み出すために必要不可欠な工程である。ロースト前のカカオ豆には収斂味（渋み）や苦味、酸味があるが、ローストを経て初めて、カカオにチョコレート独特の香りと風味が生まれ、収斂味や酸味は低減する。

ロースト温度は、通常は一一〇〜一六〇℃であるが、これはナッツやコーヒーよりも低い[注)]。カカオのローストは、カカオ豆そのもの（全豆）、豆から皮を取り除いて取り出したニブ、ニブを粉砕してココアバターで液化したカカオマスのいずれかで行われる。およそのロースト時間は、全豆やニブでは三〇〜六〇分、カカオマスでは数分である。

カカオ豆のローストが引き起こす物理化学的変化や化学反応によって、極めて多種類の物質群が生まれるが、その種類と濃度がチョコレートの香りと風味に決定的な効果を及ぼす。それを大きくまとめると、以下になる。

（1）熱エネルギーはカカオ豆中で非酵素的な褐変化学反応を誘起し、チョコレートの風味と香りに関係する揮発性および非揮発性の化合物を生成する。

（2）望ましくない揮発性化合物（酢酸やアルコールなど）が蒸発し、水分含有量が約一％まで減少する。水分の減少は、微生物の活性を最小限に抑えて保存安定性を向上させるとともに、食感やレオロジー特性など、チョコレート製品の特性を変化させる。

注：日本語でカカオのローストを「焙煎」とする場合がある。コーヒーの場合はそれが該当するが、カカオのロースト温度の範囲では「焙煎」より「焙炒」が妥当と思われる。しかし、ここでは混乱を避けるためにローストとする。

（3）室温からロースト温度までの加熱によって、まず三二℃前後でカカオ豆中のココアバターは融解して豆の中で液状になり、一〇〇℃以上に加熱すると水分が除去され、発酵過程で生成したアルコールや酢酸などの低分子化合物が揮発し、非酵素的褐変反応が生じる。

（4）非酵素的褐変反応では、メイラード反応、ストレッカー分解、脂質酸化、ポリフェノール分解などが生じる。メイラード反応は還元糖とアミノ酸の縮合から始まり、その後ストレッカー分解などの異なる経路を経て、ピラジンなどの芳香族物質、チョコレートに似た心地よい香りを持つアルデヒド、エステル、ケトン、ダークメラノイジンなどを生成する。非酵素的褐変反応は、ロースト色に変化させるメラノイジンや、味や香りを与える芳香族などの褐色化合物を生成する役割を担っている。

10.2　ローストの技術

カカオのロースト技術の重要なポイントは、豆を均一に加熱して全体として均質な結果を得ることと、過度のローストや焦げを発生させないことである。ロースト時のカカオ豆の温度変化には、加熱・昇温、一定のロースト温度の維持、そして焦げや過度のローストを回避するための冷却の三つのゾーンがある（図10・1）。エネルギー効率を高めながら均質なローストの結果を得るためにさまざまなロースト装置（ロースター）が開発されたが、最も一般的な装置は、加熱・昇温とロース

表 10.1 カカオのロースト法と原理

ロースト法	処理能力（kg/h）	加熱法
シロッコ[注)]	10 ～ 480	熱風の対流（豆を撹拌）
回転ドラム	0.1 ～ 3000	ドラムの壁からの伝熱と対流
赤外線	0.4 ～ 46	熱放射
連続	1 ～ 4000	熱風の対流

注：熱風を吹き付けること

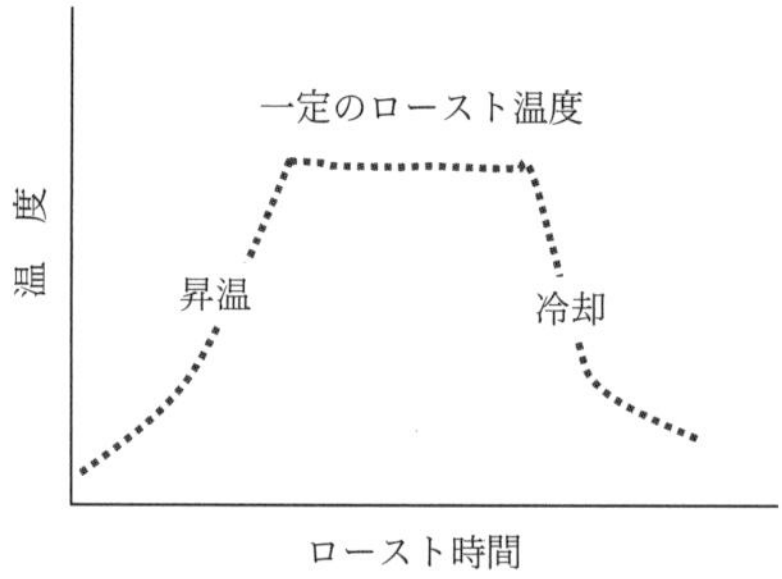

図 10.1 ロースト中のカカオ豆の温度の時間変化（文献 4 を改変）

ト温度の維持のために熱風の対流、熱伝導、および熱放射を用いるものである（表10・1）。

チョコレート製品の大規模生産で大量のカカオ豆を処理するためには、大容量で高性能のロースターを必要とするが、高級チョコレートに特化した小規模な会社では、小型のロースターが使用されている。いずれの場合も、原料のカカオ豆の種類や求める製品の特性に応じて、ロースト時間、温度、風量、蒸気噴射、冷却時間などの条件が調整され、現場の作業者が長年の経験に基づいてロースターを操作している。

10.3 ローストの化学

では、カカオのローストによって、どのようにチョコレートの香りや風味、および食感が発現するのであろうか？

揮発性物質群とチョコレートの官能的な性質

ロースト工程で生成された物質群と、チョコレートの官能的な性質との関連性については、多数の報告がある（例えば文献1）。本稿では、最新の総説をもとに表10・2にまとめる。[4]

ピラジン類は、ココアパウダーの香りの四〇％以上を占めており、ココアの風味の指標として使用できるため、ココアに存在する揮発性化合物群の中でも特に注目されている。これらのピラジン類は、クリオロ種の高級カカオ豆でより多く、より高濃度で確認されている。

カカオの香りには約一〇〇種類のピラジン類が確認されているが、2,3,5,6-テトラメチルピラジン（TMP）はカカオ豆のピラジン類の約九〇％を占める。さらに、ロースト豆やチョコレートの基本的な香りはTMPと2,3,5-トリメチルピラジン（TrMP）に起因し、TMPが最も優勢と考えられている。

ピラジン類に加えて、高級カカオの香りはアルデヒドとケトンによって特徴づけられる。とりわけ3-メチルブタナール、2-メチルブタナール、2-メチルプロパナールは強いチョコレートの香味を示し、2-ヘプタノン、2-ペンタノン、2-ノナノン、アセトフェノンなどのケトン群は、カカオの風味と品質にとってさらに重要な効果をもたらす。

以上に加えて、約六〇〇種類以上と言われる揮発性化合物の総合的なハーモニーによって、チョコ

表 10.2-1 ローストしたカカオ豆中の揮発性物質と官能的な特性

物質群	官能的な特性	揮発性物質
ピラジン類	ココア味、コーヒー味、モカ味	2,3,5,6-テトラメチルピラジン（TMP）
	ココア味、土っぽさ、イモ味	2,3,5-トリメチルピラジン（TrMP）
	ナッティ、チョコレート味	3,5-ジエチル-2-メチルピラジン
	ピーナツバター、ナッティ	2-エチルピラジン
	ココア味、ローストナッツ、	2,6-ジメチルピラジン、2,5-ジメチルピラジン
	キャラメル、ココア味	2,3-ジメチルピラジン
	ナッティ、シリアル風	2,3-ジエチルピラジン
	ナッティ	2-エチル-6-メチルピラジン，2-エチル-5-メチルピラジン，3-エチル-2,5-ジメチルピラジン，2-エチル-3,5-ジメチルピラジン
	キャンディ、甘味	2,3,5-トリメチル-6-エチルピラジン
アルデヒド類	甘いチョコレート味	3-メチルブタナール，2-メチルブタナール，2-メチルプロパナール，5-メチル-2-フェニル-2-ヘキサナール，4-メチル-2-フェニル-2-ペンタナール，2-フェニル-2-ブテナール，ヴァニリン
	ハーブ様	n-ヘキサナール
	油っぽさ、ワキシー感	ノナナール
	苦味、フルーティ	ベンズアルデヒド
	フルーティ、フローラル	2-フェニルプロパナール，2-フェニル　アセトアルデヒド
ケトン類	フローラル	アセトフェノン
	甘味、土っぽさ	2-ノナノン
	フローラル、ハーブ様	2-ヒドロキシ　アセトフェノン
	フルーティ、フローラル	2-ペンタノン，2-ヘプタノン

表 10.2-2　ローストしたカカオ豆中の揮発性物質と官能的な特性

物質群	官能的な特性	揮発性物質
アルコール類	フルーティ、ハーブ様	2-ヘプタノール，1-ヘキサノール，2-ヘキサノール 2-メチル-1-ブタノール
	フローラル	1-フェニルエチルエタノール，2-フェニルエタノール，ベンジルアルコール，リナロール，2,3-ブタンジオール
	野菜味	trans-3-ヘキセン-1-オール，2-ペンタノール
	甘いチョコレート味	1,3-ブタンジオール，1-プロパノール
エステル類	フルーティ	オクタン酸エチル、フェニル酢酸エチル、酢酸エチル、酢酸イソブチル、酢酸 2-フェニルエチル、酢酸イソアミル、酪酸エチル、乳酸エチル、2-メチルブタン酸エチル、バレレート、ヘキサン酸エチル、デカン酸エチル、ラウリン酸エチル、サリチル酸メチル
	フローラル	酢酸ベンジル、酢酸メチルフェニル、酢酸エチルフェニル、コハク酸ジエチル、安息香酸イソアミル
	甘いチョコレート味	メチルシンナメート、エチルシンナメート
フラン類 フラノン類 ピラン類 ピロン類 ピロール類	フローラル	リナロールオキシド、トランスリナロールオキシド、2- フルフリルプロピオネート
	甘いチョコレート味	5-メチル-2-フルフラール、2-アセチルフラン、2-アセチルピロール
	フルーティ、ハーブ様、ナッティ	5-（1-ヒドロヒエチル）-2-フラノン、フラネオール
	ナッティ	3-ヒドロキシ-2-メチル-4-ピロン、ピロール-2-カルボキシアルデヒド、ピロール、1-パントラクトン、2-アセチル-5-メチルフラン、2-フルフラール
酸類	フローラル、フルーティ	2-メチルプロピオン酸、3-フェニルプロピオン酸、桂皮酸
アミン類	ナッティ、フローラル	ベンゾニトリル、（2-フェニルエチル）ホルムアミド

表 10.3 カカオのロースト中の物理化学的変化に及ぼすロースト条件の効果

物理化学的変化	ロースト条件	カカオの品種	効 果
揮発性物質の生成	熱風・過熱水蒸気：150℃～250℃（15分）	フォラステロ	速度の上昇＜15分(150℃) 速度の上昇＜10分(200℃)
ピラジン類の生成	赤外線加熱：100℃～200℃（15分）	クリオロ	含量の増加（150℃） 含量の減少（100℃，200℃）
5-ヒドロキシメチルフルフラールの生成	熱風：125℃（74分）～145℃（40分）	クリオロ	含量の減少（温度上昇）（0.1–0.8 g /kg）
アクリルアミドの生成	熱風：110℃～160℃（15分～40分）	フォラステロ	含量の減少（150℃以上） 含量の増加（150℃以下）
メチルキサンチン類の減少	伝熱：180℃（10分）	フォラステロ	テオブロミン含量の減少（28-70%） カフェイン含量の減少（約60%）
ポリフェノールの分解	対流オーブン：100℃～190℃（10～40分）	トリニタリオ	昇温と時間経過で減少：9.17％減少（100℃）～39.9%減少（190℃）
生体アミン類の生成	熱風：110℃～150℃（25～85分）	トリニタリオ	昇温で生成速度の上昇
メラノイジン類の生成	熱風:125℃（74分）～145℃（40分）	クリオロ	昇温で速度が上昇
褐変	熱風:125℃（74分）～145℃（40分）	クリオロ	昇温で速度が上昇
表面積、比内部体積、平均孔径	赤外線加熱：100℃～200℃へ（15分）	クリオロ	融解油脂が加熱後に孔内壁で固化し、微孔構造に影響する

コレートの香りと風味が生まれる。すなわち、カカオ豆の発酵や異なる品種や産地のカカオ豆の選択とブレンドに加えて、ローストの操作によって生じる多種類の揮発性化合物の濃度の微妙な変動が、様々なチョコレート製品を特徴づける固有の官能的な特性を生み出すことになる。

表10・3には、カカオの品種ごとに異なるロースト中の物理化学的変化に及ぼす、ロースト条件の効果の例を示す。

ロースト中の主な化学変化

ロースト工程中で生じる支配的な化学反応は、メイラード反応、ストレッカー分解、脂質の酸化、ポリフェノール分解、生体アミンの生成である。

〈メイラード反応とストレッカー分解〉

複雑なメイラード反応はいくつかの段階と経路からなり、揮発性化合物と高分子量ポリマーを生成する（図10・2）。メイラード反応は、アミノ基と還元糖が縮合してシッフ塩基と水を生成することから始まる。その後、中間体、芳香族、そしてメラノイジンとしての褐色ポリマーの生成につながるカスケード反応が続く。このプロセスは、pHや温度、基質の種類、濃度に依存し、加熱はメイラード反応の速度を速め、表10・2に示すカカオの芳香族化合物の生成を増加させる。

メイラード反応の重要な経路はストレッカー分解で，最初にストレッカーアルデヒドが生成さ

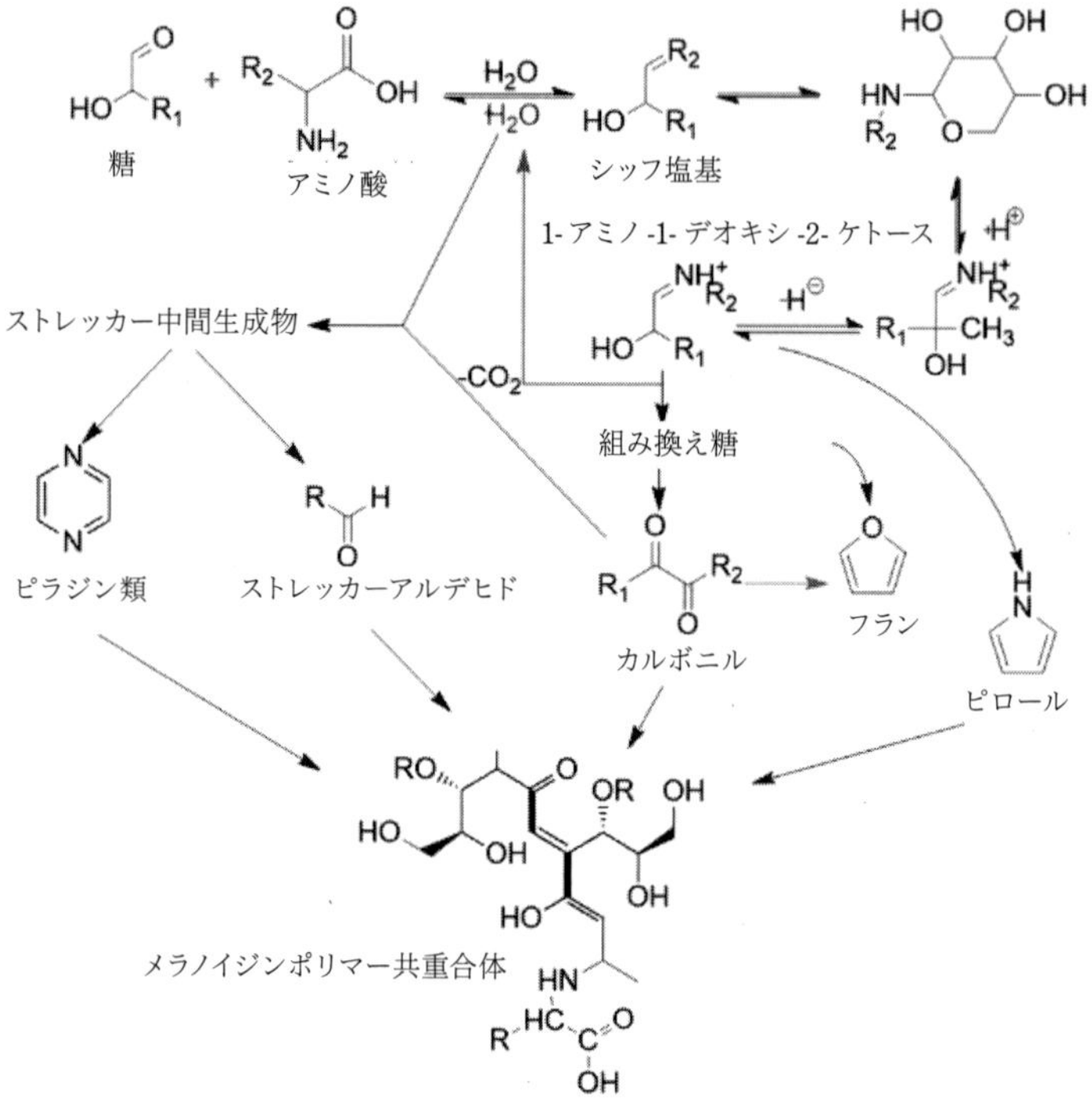

図 10.2　カカオのロースト中のメイラード反応とストレッカー分解

（文献 4 を改変）

れ，その後，縮合，酸化，脱水反応を経て，ピラジンや，ピロール，ピリジン，イミダゾール，チアゾール，オキサゾール，炭化水素，ケトン，エステル，アミン，イオウ化合物などのカカオの風味と香りに不可欠な芳香族複素環化合物につながる。ピラジンは還元糖、アミノ酸、ペプチドから生成し、ペプチドの寄与が大きく、塩基が触媒となる。また、ピラジン類は水分

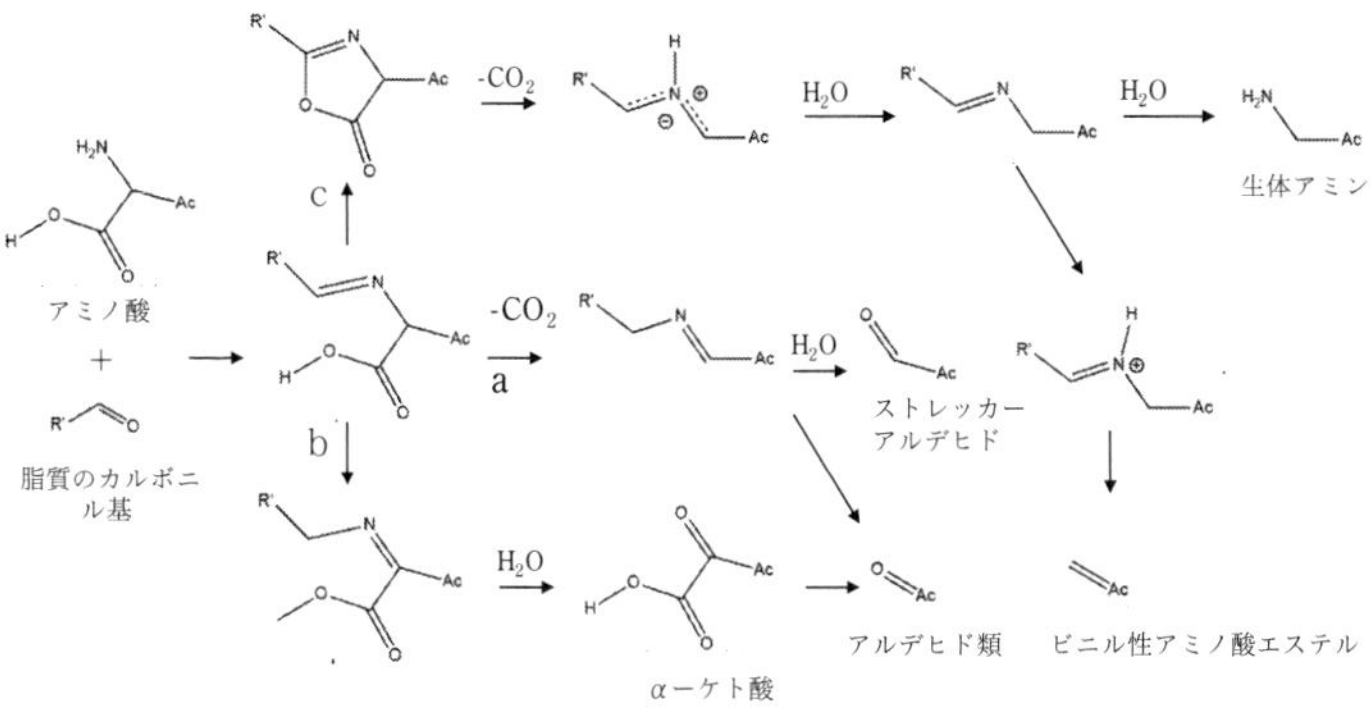

図 10.3　カカオのロースト中の脂質の酸化反応

（文献 4 を改変）

活性が低いほど有利であり、ポリフェノールはピラジンの生成を抑えることができる。

〈脂質の酸化〉

カカオ豆は脂質含有量が高いので、脂質は酸素と反応して反応性の高い脂質カルボニルを生成する。これがアミノ基と反応してメイラード経路と同様のカスケード反応を生じ、図10・3のような揮発性化合物を生成する。経路aはストレッカーアルデヒドの前駆体である新しいイミンを生成し、経路bはα-ケト酸を生成し、経路cは生体アミンとストレッカーアルデヒドを生成することにつながる。さらに、脂質カルボニルはアミノ酸を脱炭酸および脱アミノ化する能力があるため、様々な研究により、脂質カルボニルは脂肪分の多い食品におけるアクリルアミド形成の代替化合物とされている。

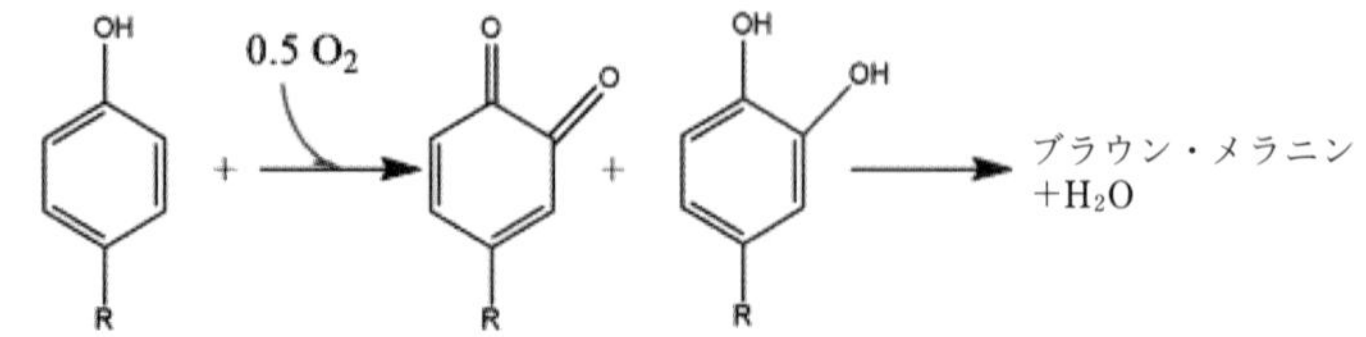

図 10.4　カカオのロースト中のポリフェノールの分解

（文献 4 を改変）

〈ポリフェノールの分解〉

ポリフェノールは熱に弱いため、ローストによって熱分解が起こり、ポリフェノールの最終濃度が低下する。ポリフェノールの熱劣化は、エピメリゼーション反応と酸化・自動酸化反応によって起こる。通常、エピマー化反応は（－）-エピカテキンから（－）-カテキンへ、（＋）-カテキンから（＋）-エピカテキンへ起こる。図 10・4 は、酸化的環境下での加熱によるカカオのポリフェノール分解の一般的なメカニズムを示している。

ポリフェノールは抗酸化活性を持つため、ローストしたカカオでは、抗酸化力を持ちながらチョコレートの味に影響を与えないポリフェノール含有量のバランスを取る必要がある。

〈生体アミン類の生成〉

生体アミンは，味や香りのない不揮発性の化合物である。ココアやチョコレートに含まれる主な生体アミンは、2-フェニルエチルアミン、チラミン、トリプタミン、セロトニン、ドーパミン、ヒスタミンである。これらの生体アミンは、メイラード反応の生成物に類似したいくつかの揮発性物質（ストレッカーアルデヒド）と同様に、空気などの酸化性雰囲気での加熱中の脂質酸化反応に関連している（図10・3）。

ローストで注意すること

大規模工場では、使用するカカオ豆の特徴を事前に厳密に調査したうえで、それまでの経験をもとにロースターの操作条件を調整する。一方、職人的な小規模の製造現場では、カカオ豆の特性に関する事前の分析ができにくいのと、小型のロースターを使用するので、ロースト条件が変動しやすい。

いずれの場合でも、しばしば発生する「ローストの失敗」を以下に例示する。

〈オーバーロースト〉

一六〇℃以上での高温でのローストや、長過ぎるロースト時間の場合、「オーバーロースト」となり、非常に苦く焼けた味となり、コーヒー様の呈味となる。これは「焙炒（炒める）」ではなく、「焙煎（焦がす）」操作によるものであるが、往々にして、それを「カカオの苦み」と取り違えることがあるので注意を要する。

〈サイズの違いによる焦げ臭の発生〉

全豆のローストの場合でもニブローストの場合でも、豆やニブのサイズは不均一になる。もしロースト条件が平均サイズに設定された場合、小サイズのものはオーバーローストとなり、「焦げ」が発生する。一方、大サイズのものの中心部は十分にローストされずに、チョコレートの香りと風味が減少する（図10・5）。

これを避けるためには、篩（ふるい）などを用いて異なるサイズの豆やニブをそろえた上で、それぞれを異なる条件でローストすることが望ましい。

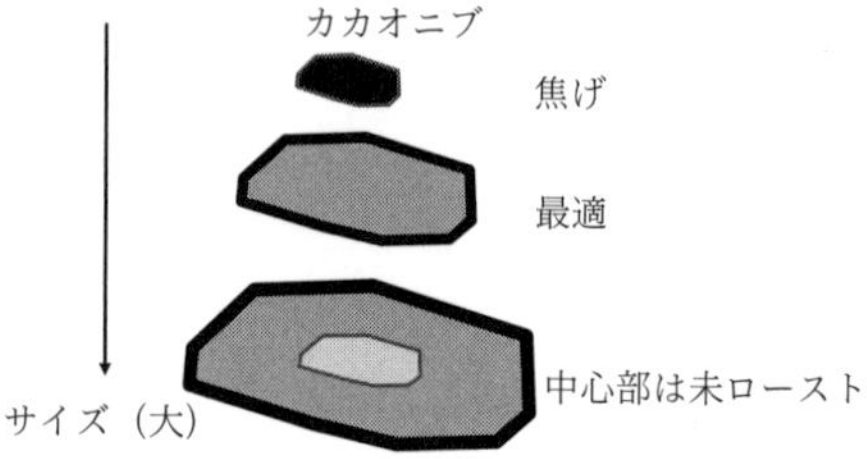

図 10.5 カカオ豆やニブのサイズによるローストの影響

（文献 3 を改変）

〈ココアバターのロス〉

ココアバターの分解に加えて、ロースト中に融解したココアバターがカカオの皮に浸透して起こる「ココアバターのロス」も無視できない。ただし、ローストしないとカカオ豆の膨化が起こらず、ウィノーイングが難しくなる。それを避けるためには、第一段階で軽くローストをして豆を膨化させた後にウィノーイングして、残ったカカオニブに2回目のローストを行う方法が有効である。

ローストのまとめ

ロースト工程は、従来の熱風対流やオーブンを用いたバルクスケールでの解明が行われてきたが、小規模なロースト工程の解明は不十分であったために、加熱時に存在するすべての現象についての説明がまだなされていないのが現状である。さらに、加熱速度、粒子径、反応器の雰囲気（酸素と不活性ガスなど）などの影響や、加熱時に放出される気体成分中の化学物質の分析などの課題が残っている。

10.4　カカオの磨砕

ローストして皮むきを終えたカカオニブは、磨砕（粉砕ともいう）の工程で微細化され、摩擦熱で昇温したニブの中から液体状のココアバターが放出されて液体のカカオマスができる。最終的にチョコレートにするには砂糖や粉乳を入れて磨砕するので、本稿ではそれらすべてを含んだ「チョコレートリカーの磨砕」について考察する。

磨砕の目的は、①滑らかなチョコレートの口どけを発現するために、固体粒子の砂糖を約二〇µm以下、それ以外のカカオ粒子などを数µm以下に微細化することと、②カカオニブから可能な限り多くのココアバターを放出して、チョコレートの製造段階と摂食後の口中での流動性をよくすること

a. メタテとマノ（メキシコ国立人類学博物館）、b と c. 石臼式、
d. リファイナー（b–d はオランダのウィースプ博物館のミニチュアモデル）

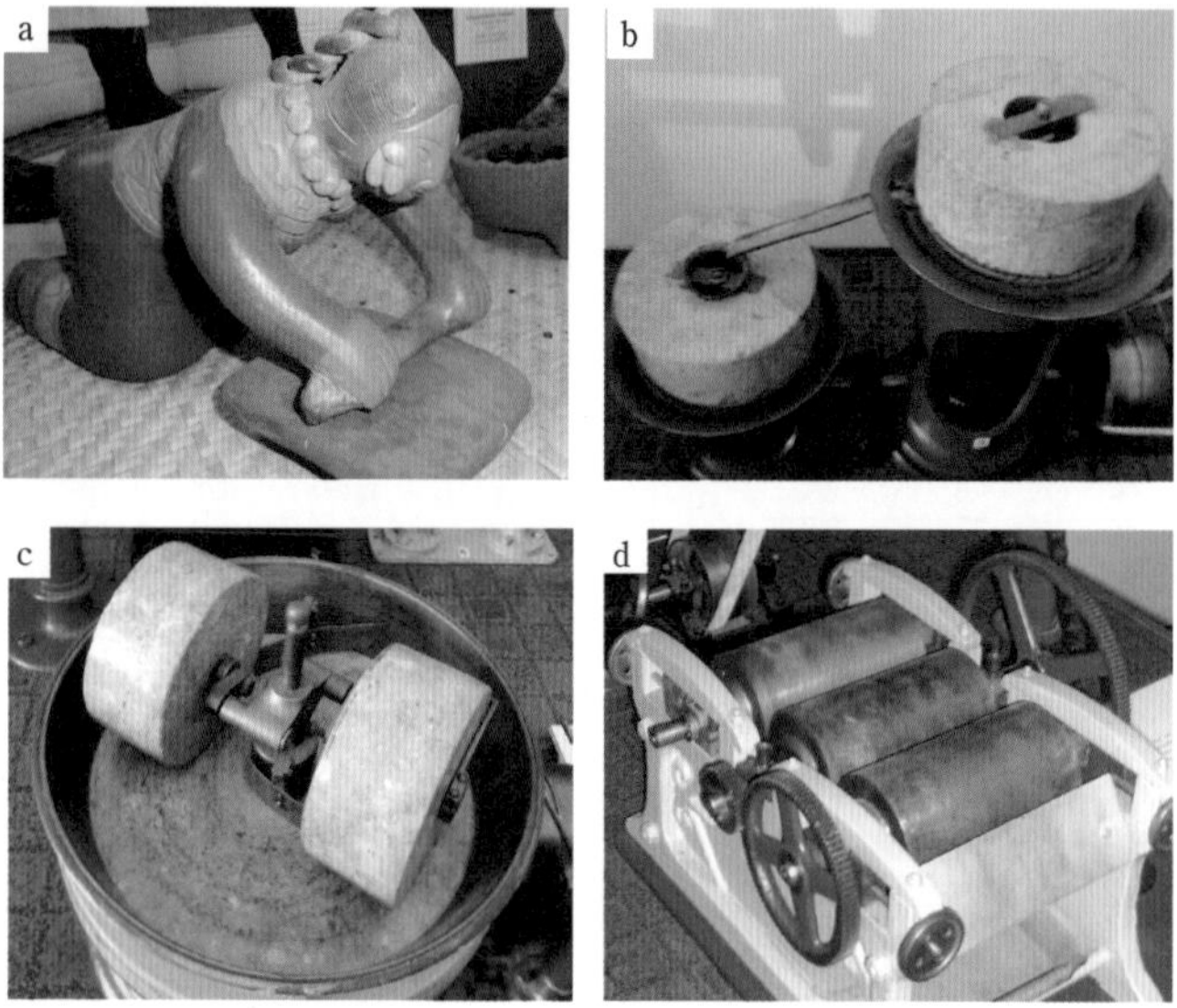

図 10.6　さまざまなカカオ磨砕機

である。

歴史的には、古代からカカオの原産地ではメタテとマノという石器でカカオニブを磨砕して、飲料にしていた（図10・6 a）。この方法は、一六世紀にカカオがヨーロッパに渡ってからも長く使われていた。しかし、産業革命で蒸気機関による動力が発明されてから、磨砕の方法が一変した。

図10・6 b–c に一九世紀に登場したカカオの磨砕機を示すが、中国や日本にある「石臼」のように、鉛直軸の周りの石の回転で磨砕するもの（b）、鉛直軸に取り付けられた回転棒の周りの石の回転で磨砕するもの（c）、三個

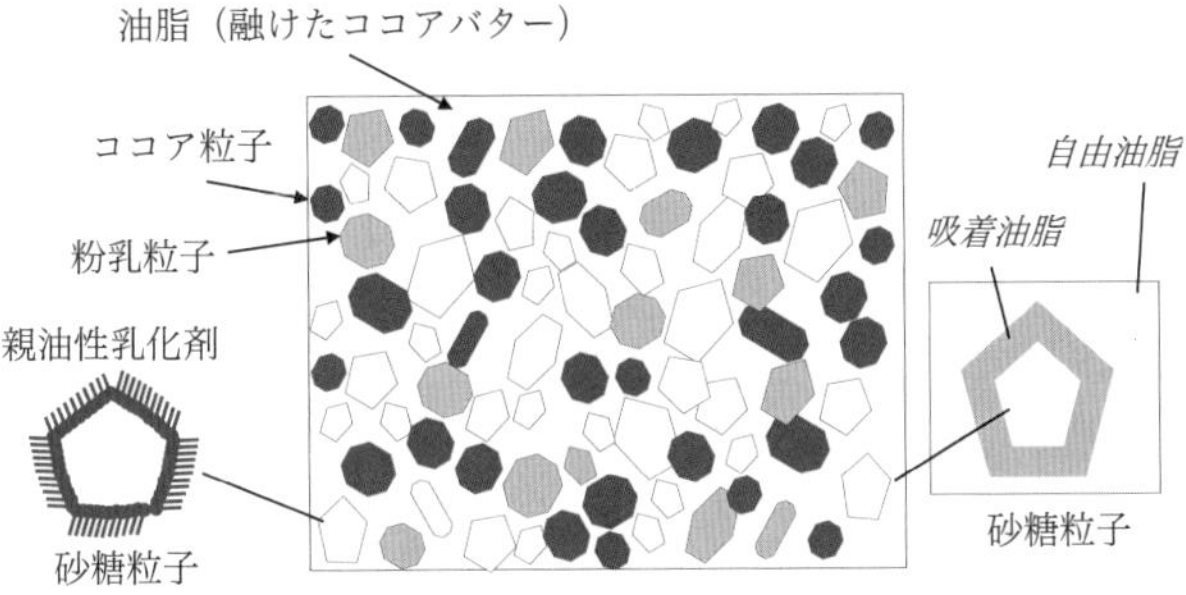

図 10.7　チョコレートリカーのミクロ構造モデル

の金属製のロールに挟まれて磨砕するもの（d）である。いずれも二〇世紀になっても実際に使用され、特に図10・6dの装置は大量生産の工場で五段のロールを使って磨砕している。この他にはディスクミルやボールミルが工場で使用されており、いわゆるビーン・トゥ・バー　チョコレートの店では、図10・6cのタイプの磨砕機が広く使用されている。

チョコレートリカーの構造

実際の現場では、チョコレートの磨砕の工程で様々な問題が発生するが、それを考える上で、チョコレートリカーのミクロ構造を理解しておく必要がある。

図10・7には、典型的な配合のミルクチョコレートの液体のミクロ構造のモデル図を示す。仮に、カカオニブ五〇％（油分五〇％）、砂糖三五％、粉乳一五％の配合とすれば、チョコレートリカー中の油分は二五％で、それ以外の砂糖粒子、粉乳粒子、カカオ由来の粒子（セルロース、でん粉、タンパク質など）が七五％となる。この状態はいわば「満員電車」並みの混雑

で、「ヒトが固体粒子」で、「空気が液油」である。

このようなチョコレートリカーの流動性を支配するのは、粒子間の空隙を埋める液油であるが、親水性の砂糖や粉乳の粒子と油の間の界面には、流動性を欠いた油の膜が吸着している（吸着油脂）。チョコレートリカーの流動性を支配するのは自由油脂の量であるが、以下に述べる様々な理由によってその量が減少すると、チョコレートリカーの流動性が損なわれる。

磨砕段階で生じる問題点と解決法

〈過度の磨砕〉

磨砕によって粒子サイズが低減すればするほど、粒子の表面積が増えるために吸着油脂も増え、自由油脂の量が減って流動性が低下する。したがって、甘さを増すために砂糖の量を増やした上で、なめらかさを出そうとして過度な磨砕を行うと、チョコレートリカーの粘度が増大する。とりわけ、ミルクチョコレートではそれが起こりやすい。

図10・8に、磨砕によるチョコレートリカーの見かけ粘度の変化を示す。摩砕の初期には、ニブからココアバターが放出されて粘度が下がるが、過度の摩砕によって、固体粒子の表面に

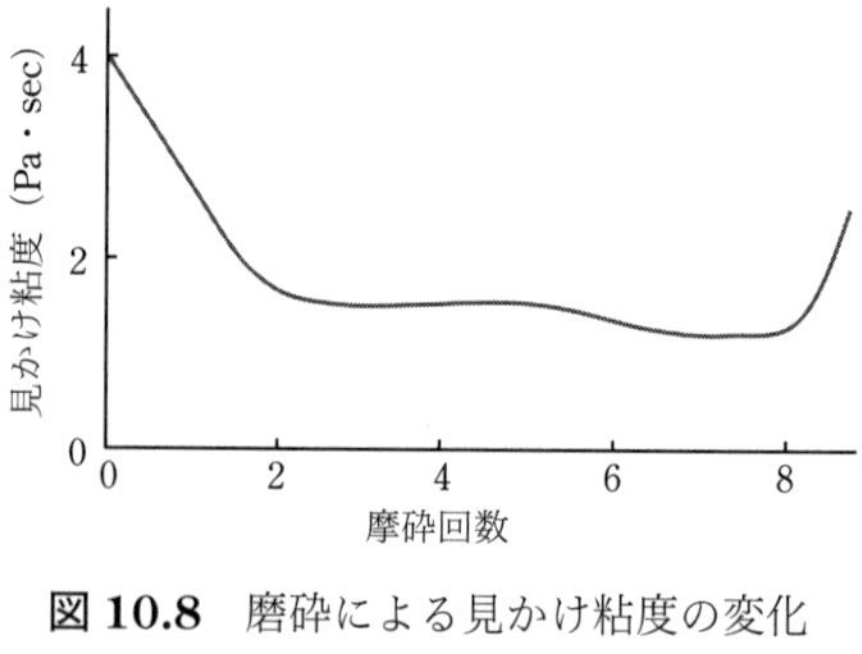

図 10.8 磨砕による見かけ粘度の変化

（文献 3 を改変）

ココアバターが吸着して増粘するのである。

一般に、粒状感がなく、滑らかさを発現するために必要な砂糖粒子の最大サイズは約二〇μmと確認されているので、それ以上の磨砕は、粘度上昇を起こす前の段階で止めることが望ましい。

〈産地によるココアバター含量のばらつき〉

カカオ豆中のココアバターの含量は、産地や品種によってばらつきがある

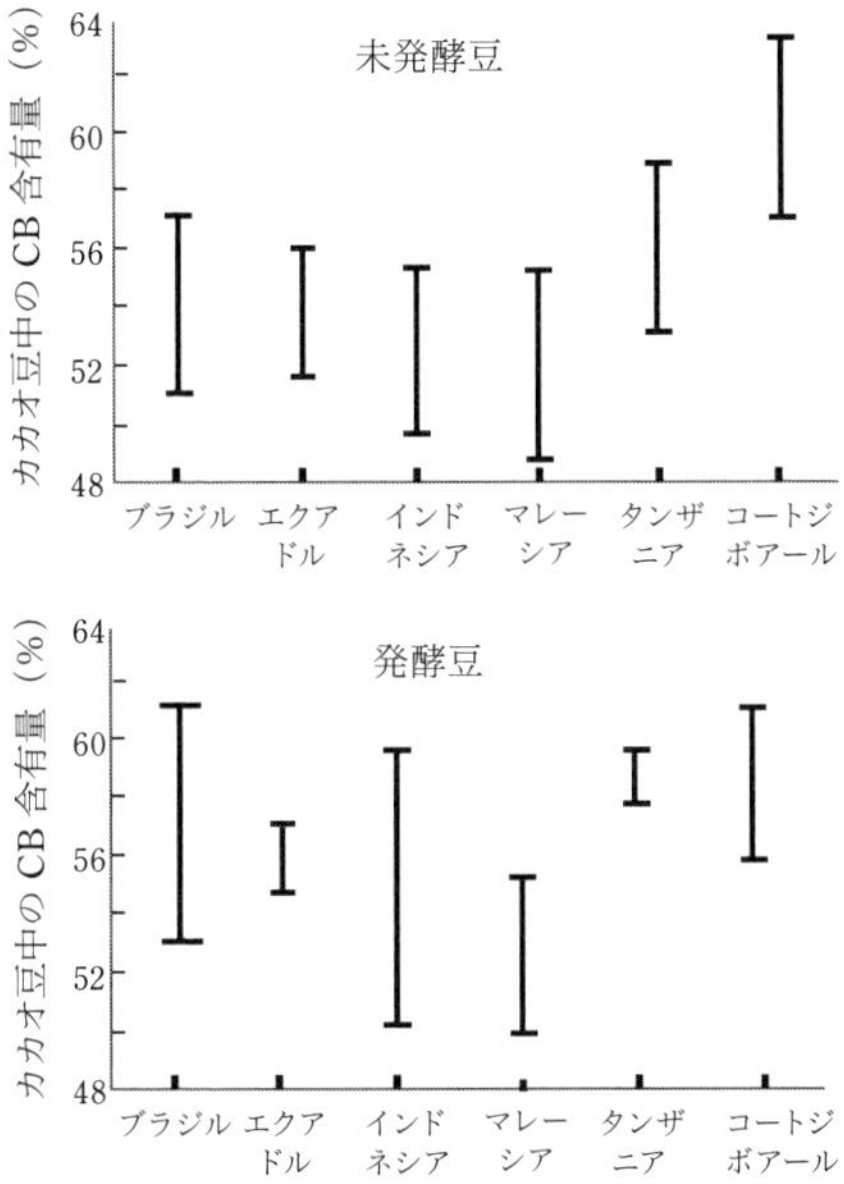

図 10.9　産地別のココアバターの含有量

（文献 5 を改変）

図10・9には6つの産地で収穫されたカカオ豆中のココアバターの含量を、ソックスレー抽出法によって、発酵前と発酵後で比較した結果である[5]。これによれば、①ココアバターの含量は、産地によって最大で四九%～六三%の範囲でばらついている、②アフリカ産のカカオ豆は、南米産やアジア産よりわずかに含量が高いことが判明し

た。ココアバターの含量のばらつきは、カカオの品種、環境条件、収穫時期や収穫後の条件などが複雑に関係している。とりわけ、カカオポッドが熟す最後の一〇日間に、ココアバターの含量が四〜二〇％増加すると推定されている。したがって、同じ産地でも数％以上のばらつきが生じることになる。

実際的な問題としては、カカオ豆中のココアバターの含量が数％減少するだけで、チョコレートリカーの流動性は大きく低下する。それだけでなく、食した際に、口中で融けたチョコレートの粘度も高くなるので食感を損なう。

これは、「ハイカカオ」で砂糖含量が少ないチョコレートでは大きな問題にはならない。しかし、たとえば三五％以上の砂糖含量のチョコレートリカーを長時間磨砕すれば、粘度が急激に上昇して、テンパリングや型入れに重大な障害が発生する。たとえばテンパリングマシン内でチョコレートリカーが流れなくなったり、モールドに流しこみにくくなったり、タッピングで空気抜きができにくくなったりするし、口どけも悪くなる。

〈磨砕による流動性の低下への対策〉

図10・7に示したように、流動性の低下の最大の要因は砂糖粒子へのココアバター液体の吸着による自由油脂の減少である。それを回避する方策としては、ココアバターの追油と親油性乳化剤の添加が最も有効である。

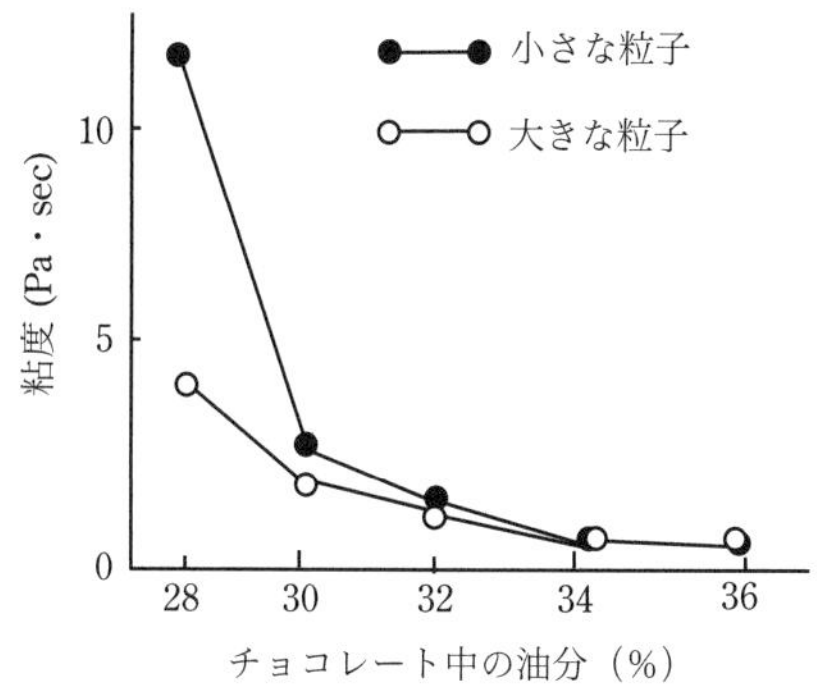

図 10.10　ココアバターの追油の効果
（文献 3 を改変）

図10・10に、サイズの異なる固体粒子を含むチョコレートリカーにココアバターを追油した結果を示す。低濃度の添加（〜二%）で劇的な効果が現れるが、サイズの小さな粒子を含む場合の方がその効果が著しい。ちなみに、チョコレートの大量生産を可能にした一八四七年のジョセフ・フライの発明のポイントが、ココアバターの追油である。

なお、チョコレートに使うカカオ豆以外に、別途購入したココアバターを追油する場合は、その表示が求められる。それを避けるには、自前でカカオ豆から搾油したココアバターを追油すればよく、カカオ豆やカカオマスからココアバターを搾油する小型の装置も市販されている。

親油性の乳化剤の添加は、図10・7に示したように、砂糖の粒子の表面に乳化剤が吸着して単分子膜を形成し、乳化剤の親水基が砂糖の表面に結合し、脂肪酸基がココアバターの液体に露出して、砂糖とココアバターの間の摩擦を減じて粘度を低下させる。図10・11には、砂糖三五%を含むダークチョコレートを磨砕して、三五℃で親油性乳化剤（大豆レシチン）を添加した場合の、流動性の上昇を示す。

図 10.11　チョコレートリカーへの乳化剤添加効果

本章では、チョコレート工場などで、カカオ豆からチョコレートを作成する最初の工程であるローストと磨砕について考察した。ローストは、第八章で考察したカカオ豆の発酵で生じた前駆体が最終的にチョコレートの香りと風味に変化する決定的な工程であるが、まだ未解決の問題がある。また、磨砕については、産地により変動するココアバターの含量にどのように対応するかが問われている。いずれも今後の研究と、製造現場での経験の蓄積が求められる。

最後に、「カカオ豆に付着するカビなどの除去のために、ローストの前にカカオ豆の水洗が必須ではないか」という意見があるので、カカオ豆の洗浄について付言する。

筆者らは広島大学食品微生物研究室と共同で、ベトナム，ハイチ，タンザニア，コロンビア，フィリピンを産地とするカカオ豆を用いて、ロースト前後に豆に付着する一般生菌数と芽胞数を調べ、水洗の効果も検討した。[6] その結果、カカオ豆の皮を剥くことによって，カカオニブ中の一般生菌数と芽胞数は低下したことから，多くの細菌がカカオ豆の皮の部分に付着していると結論された。その一方で、水洗による顕著な効果は認められず、逆に、水洗によってカカオニブ中の生菌数が増えている例も確認できた。この結果は、水洗だけでは豆に付着する細菌の低減は期待できず、むしろ皮の細菌が豆の内部に浸透することを示している。

第十一章　テンパリングのサイエンスとリアル

ローストと磨砕を終えたチョコレートリカーは、「コンチング」の工程を経て「テンパリング↓型入れ・冷却↓型抜き・包装・熟成」に移行し、チョコレート製品として出荷される。コンチングから熟成までの工程は文献[1]に詳しく解説されているので、本章ではテンパリング工程を考察する。

チョコレートのテンパリングとは、温めて融かしたチョコレートリカーをモールド（型）に入れて固める時に、単純に冷やすのではなく、冷却↓昇温↓再冷却という温度調整をしたり、ある温度まで冷やして「種結晶」という「魔法の粉」を加えたりしながら、モールドに流しこんで固める作業を言う。その作業の核心は、液体状のチョコレートの中のココアバターの結晶を最適な状態に固めることである。チョコレートリカーを単純に冷やしたり、正確にテンパリングしないままに冷やすと、ココアバターの結晶が「最適な状態」にならない。

「ココアバター結晶の最適な状態」とは、以下にまとめられる。

・数μm以下の微細な粒子として結晶化する

・チョコレートの表面に艶を生み、保存中でも表面の艶を保つ

・収縮率の大きい結晶状態になることで、型からチョコレートを剥離できる
・チョコレートの内部で稠密な結晶ネットワークを作り、砂糖や粉ミルクの粒子を包み込む
・室温ではパリッと割れるように固いが、口中に入れたときに速やかに融ける

テンパリングの語源は英語の tempering（焼き戻し）で、「調温」ともいう。インターネットなどでは「家庭で確実にできるテンパリング法」などが公開されており、少し経験を積めば誰でもテンパリングができる。しかし、チョコレート製造のリアルな現場では、さまざまな要因によってテンパリングの不具合が発生することが多い。その結果として、製造したチョコレートの劣化を引き起こし、ひどい場合にはカビが生えたような外観となり、チョコレートの味も悪くなる。そのため、いかなる条件でも最適なテンパリングができるように、チョコレートの製造工程では細心の注意が払われている。

本章では、分子レベルでココアバターの結晶の特徴を理解したうえで、テンパリングのメカニズムを解き明かし、現場で起きているリアルな問題の解決法を整理する。ただし、テンパリングの本質を理解するためには、「結晶多形現象」についての最小限の専門的知識が不可欠である。本書によって「チョコレートを極める」ために、しばらく「結晶多形の世界」をのぞいていただきたい。

11.1　ココアバターの結晶多形

チョコレートにテンパリングが不可欠な原因が、「ココアバター結晶の多形現象」である。

多形現象とは、同じ物質でありながら異なる構造が生じる現象である。油脂に限らず、遺伝子やタンパク質などの生体物質にも現れるし、結晶だけでなく分子レベルでも多形現象が生じる。結晶多形現象の身近な例は、炭素におけるダイヤモンド（宝石）と黒鉛（鉛筆の芯）、炭酸カルシウムにおけるカルサイト（貝殻）とアラゴナイト（真珠）がある。いずれも結晶を構成する物質は同じであるが、異なる多形での物理的性質は全く異なっている。

ココアバターの結晶多形は、それを構成している油脂分子（トリアシルグリセロールという）の形によって特徴づけられる。トリアシルグリセロールでは一個のグリセロール基に三本の脂肪酸が結合しているが、ココアバターの中の八〇～九〇％のトリアシルグリセロールは、POP（二本のパルミチン酸：Pと一本のオレイン酸：O）、POS（パルミチン酸、ステアリン酸：S、オレイン酸）、およびSOS（二本のステアリン酸と一本のオレイン酸）の三種類に限られ、それがココアバターの結晶多形現象を支配している。パルミチン酸とステアリン酸は、それぞれ炭素数が一六個と一八個の飽和脂肪酸で、オレイン酸は一つのシス型二重結合をもつ炭素数一八の不飽和脂肪酸である。

図11・1(a)には、チョコレートの破断面の電子顕微鏡像に現れた砂糖粒子と、その周りを取り囲むココアバターの微細な結晶を示す。長方形状の砂糖粒子は幅が約一〇μm、長さが約二〇μmで

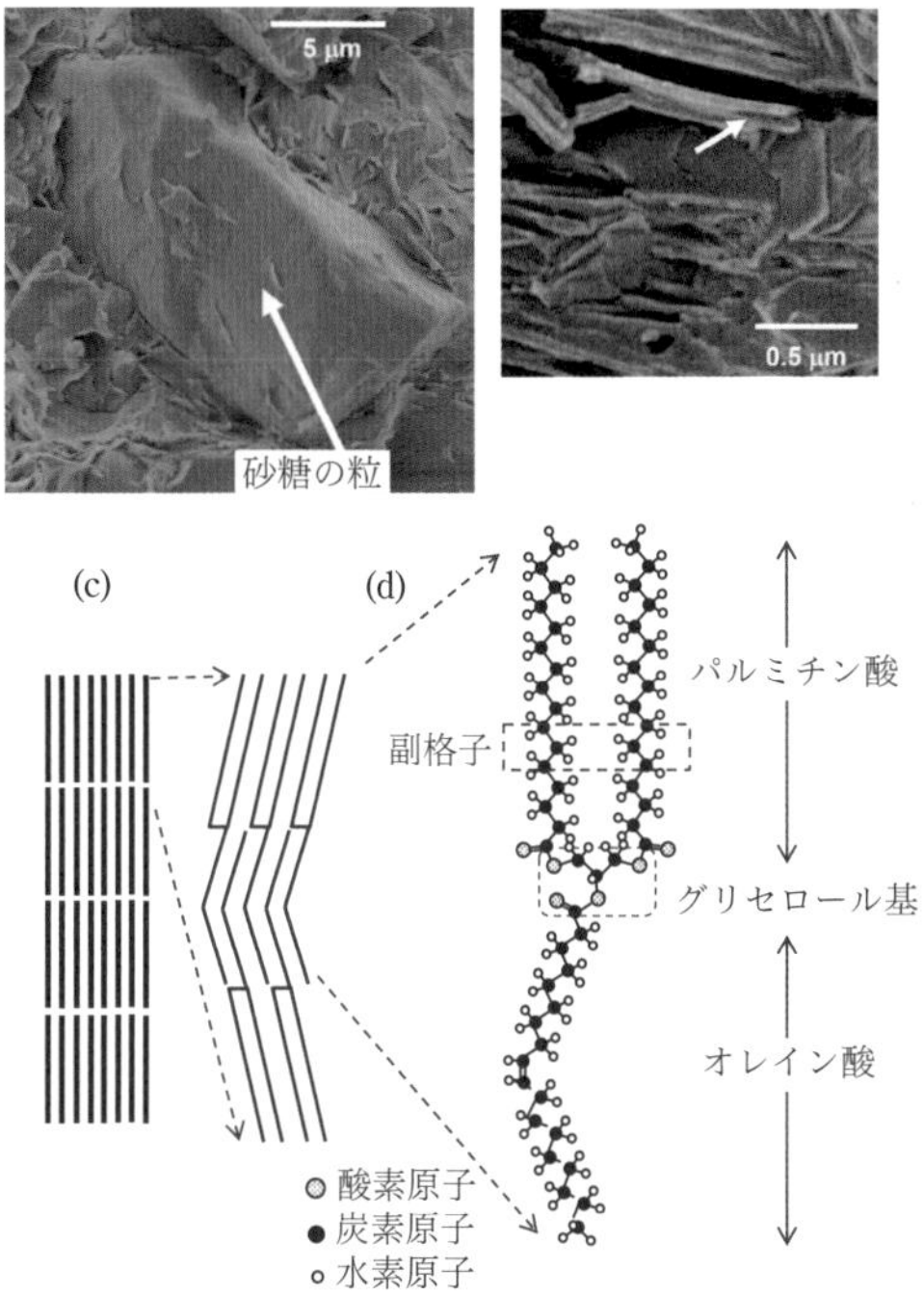

図 11.1　(a)(b) はチョコレートの破断面の電子顕微鏡像
(c)(d) はココアバターの主要な油脂成分：POP の分子構造モデル

あるが、それを取り囲んでいる貝殻のような形のココアバター結晶の大きさは数μm以下である。高倍率で観察すると（図11・1b）、ココアバター結晶（矢印）は厚さ約〇・二μmの薄片である。この薄片は、太い直線で示す細長いトリアシルグリセロール分子が、長軸と垂直の方向に束ねあった層状構造の結晶となっている（図11・1c）。

ココアバター中の三

種類のトリアシルグリセロールを代表してPOP分子を描くと（図11・1d）、中央のグリセロール基の三個の炭素原子に、二本のパルミチン酸と一本のオレイン酸が結合した形となっている。飽和脂肪酸であるパルミチン酸は、炭化水素（CH_2）が鎖状に結合した炭化水素鎖が直線的な形となっているのに対して、不飽和脂肪酸のオレイン酸の炭化水素鎖は、中央の二重結合の位置で折れ曲がった形になっている。POSやSOSも、パルミチン酸の代わりに一部、あるいは全部がステアリン酸に置き換わった以外は、基本的にPOPと同じ形となっている。

副格子と鎖長構造

炭化水素鎖を長軸方向から見ると、CH_2–CH_2が作る平面が細長くのびた「短冊」となっているが、それを横に並べて充填する様式を「副格子」という。POPに代表される油脂の結晶では、図11・1(c)に示す層状構造のそれぞれの層の中での分子の配列（鎖長構造）と、炭化水素鎖がつくる副格子の相違によって、さまざまな結晶多形が生じてくる。

図11・2(a)には、代表的な四種の副格子を示す。六方晶は、CH_2–CH_2が平面とならずに回転した状態にある炭化水素鎖を、横方向に束ねあった構造である。丸い棒をぎっしりと束ねると正三角形を基本とする六角形ができるが、それと同様の充填様式である。一方、他の三つの副格子では、CH_2–CH_2は回転しないので平面となっている。斜方晶垂直では、長方形の四つの角のCH_2–CH_2平面は同じ向きに配列しているが、中央に位置するCH_2–CH_2平面は角にあるCH_2–CH_2平面の向きか

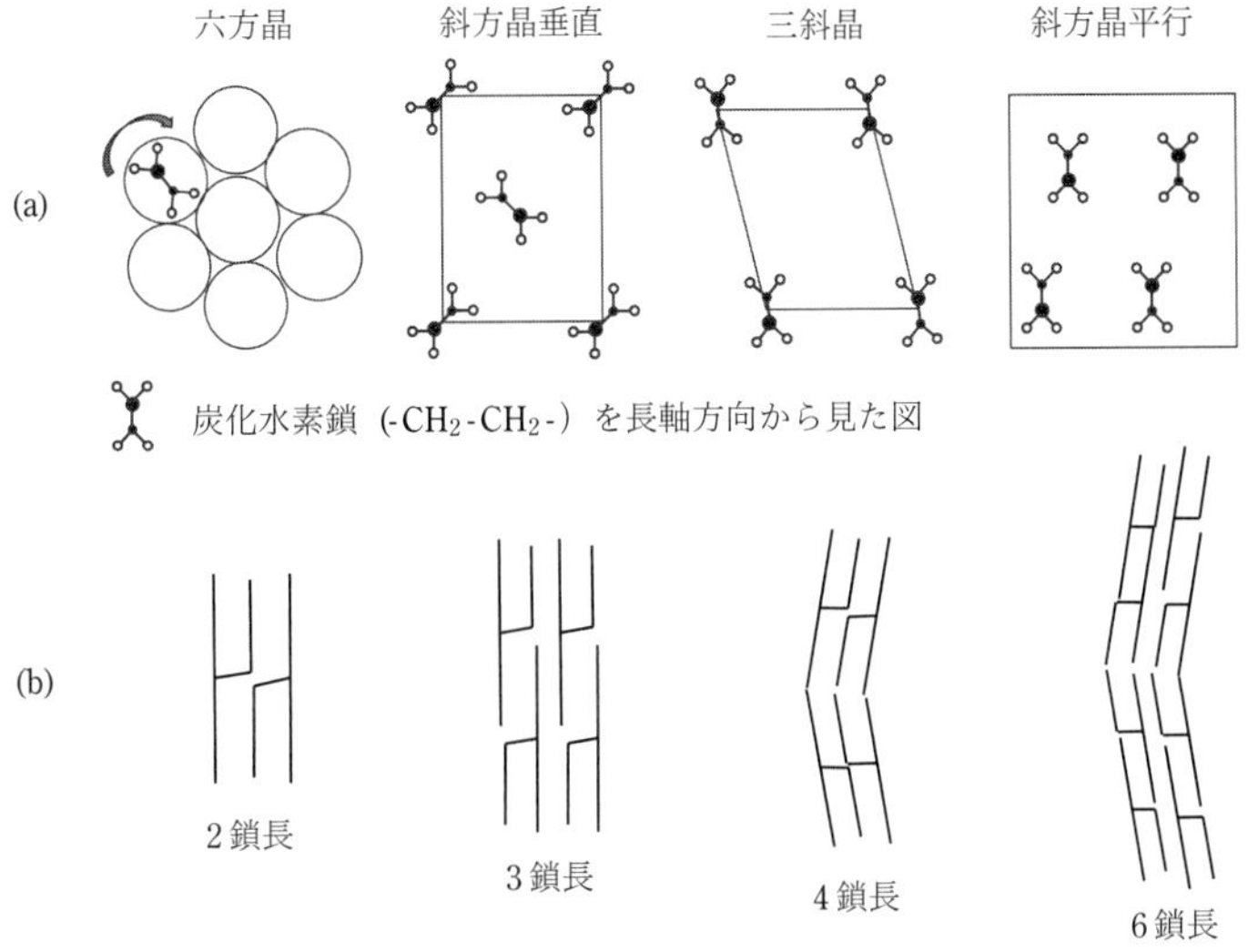

図 11.2　油脂の結晶多形の構造を特徴づける
(a) 副格子構造と (b) 鎖長構造

ら約九〇度傾いている。一方、三斜晶と斜方晶平行では、全てのCH_2-CH_2平面は互いに平行であるが、三斜晶では菱形に配列し、斜方晶平行では長方形に配列している。

油脂の結晶多形の一般的な命名法として、六方晶の副格子がα多形、斜方晶垂直がβ'多形、三斜晶がβ多形となっている。POPを含むほとんどの油脂結晶で三種類の多形が確認されているが、斜方晶平行はオレイン酸のα多形などで確認されている[2]。

図11・2(b)には、代表的な四種の鎖長構造を示す。二鎖長構造では、基本となる一枚の層の中に一個のグリセロール基と二本の脂肪酸が配列しているが、三鎖長構造では二個のグリセロール基と三

本の脂肪酸が配列している。両者の違いは、油脂を構成する脂肪酸の形の違いに起因する。すなわち、三本の脂肪酸の構造が類似していれば二鎖長構造になるが、著しく異なれば三鎖長構造となる。例えば図11・1のPOPの場合は、オレイン酸とパルミチン酸の分子形状が異なって同じ層の中で充填できにくいので、パルミチン酸とオレイン酸が別々に配列して三鎖長構造となる。四鎖長構造は、二鎖長構造が上下に積み重なり、六鎖長構造は、三鎖長構造が上下に積み重なって形成する。図11・2に示した四種の鎖長構造は、実際にさまざまな油脂の結晶中に確認されている。[2]

ココアバターの六つの結晶多形

ではココアバターには何種類の結晶多形があり、それがチョコレートのテンパリングとどのように関係しているのであろうか？

一九六六年にアメリカのウィルとラットンが、それまで混乱していたココアバターの結晶多形の種類と名称を整理して「Ⅰ型からⅥ型」と命名したが、それ以来、世界中の研究者がそれに従っている（表11・1）。彼らの功績は、六つの結晶多形に固有の融点があることを確認したうえで、X線回折という方法を用いてその同定法を決めたことである。また、筆者らは一九八九年に、それぞれの結晶多形が従来の油脂の結晶多形の分類法、すなわちα、β'、βとどのように対応しているかを明らかにし、とりわけⅤ型とⅥ型がPOPとSOSのβ_2とβ_1に対応していることを示した。[4]

表11・1に示したココアバターの結晶多形の性質を整理すると、以下になる。

表 11.1　西アフリカ産のカカオ豆中のココアバターの結晶多形の性質[3]

名　称	I 型	II 型	III 型	IV 型	V 型	VI 型
多形の分類	sub-α	α	β'₂	β'₁	β₂	β₁
鎖長構造	2 鎖長	2 鎖長	2 鎖長	2 鎖長	3 鎖長	3 鎖長
融点（℃）	17	23	25	27	33	36
密　度	低い	低い	中間	中間	高い	高い

（1）副格子による分類では、I・II型はα、III・IV型はβ'、V・VI型はβになる

（2）鎖長構造はI型からIV型までは二鎖長で、V・VI型は三鎖長である

（3）結晶の密度と融点は、I型からVI型になるにしたがって上昇する

（4）六つの多形の構造的な安定性を定義すれば、I～V型までは準安定多形、VI型が最安定多形で、I型からVI型まで変化することによって、より安定な多形となる

これらの性質から、V型だけがチョコレートにとっての最適な結晶多形となる。なぜならば、I型からIV型までは指で触るだけで融解するし、VI型の融点は口中の舌の温度より二℃～三℃高く（体温は喉の奥の温度）、食した時の口どけが悪いのに対して、V型の融点が口中温度に最も近い。さらに密度が高いので、融かしたチョコレートをモールドに入れて固めたときに、結晶化後の収縮が大きいので、モールドから簡単にはがれる。それに加えて、融かしたチョコレートを固めたときに収縮度が大きいので、チョコレートに艶が生まれることも重要である。

それでは「液体チョコレートを冷やして、ダイレクトにV型で固めれば

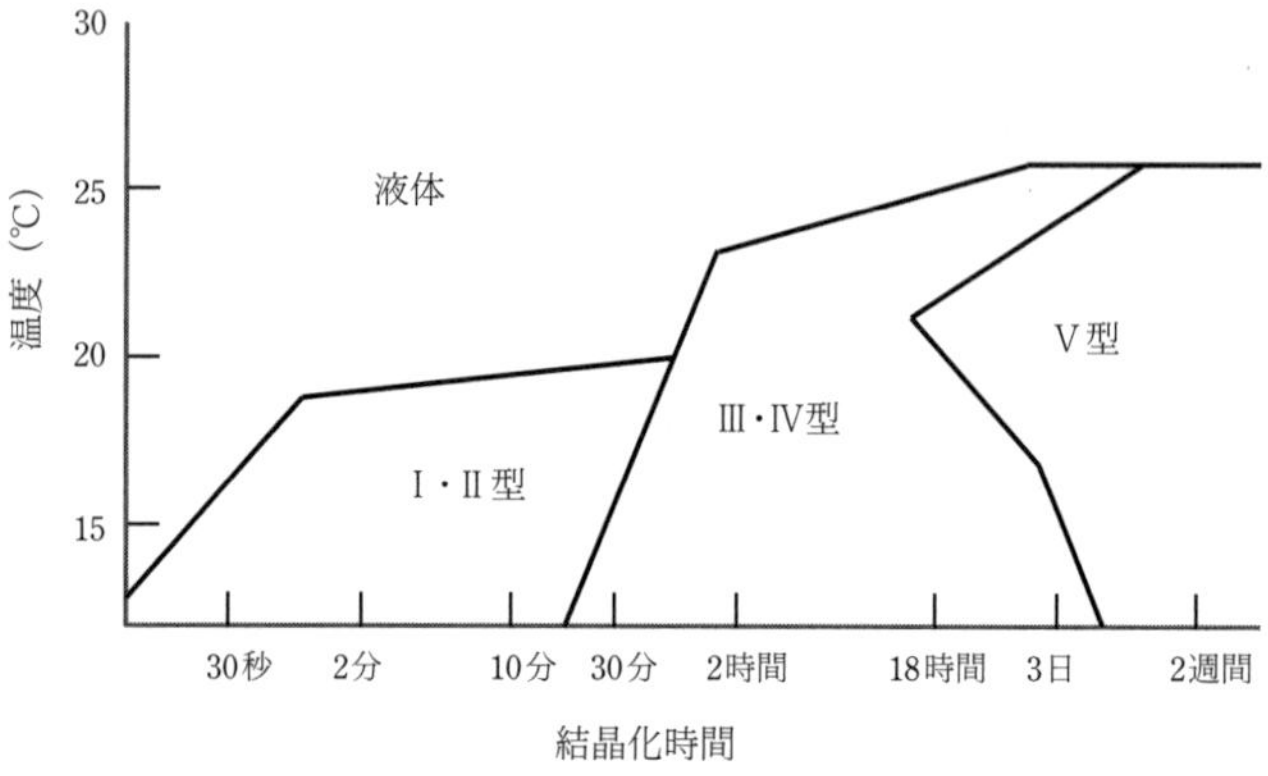

図 11.3　ココアバターの結晶化への温度・時間の効果（文献7を改変）

うまくいくではないか」となるが、そこに「結晶化の速さ」と「結晶の多形構造の変化」いう難問が立ちはだかる。

ココアバターの結晶化の速さ

融点以上に熱して液体状態にしたココアバターを冷やして固める時に、冷やす速さと冷やすときの温度の関係を調べると、結晶化する速さが六つの多形で著しく異なることが知られている。

図11・3には、オランダのファンモルセンらが、様々な温度に異なる速さでココアバターの液体を冷やして固めたときに、最初に現れる結晶多形を詳しく調べた結果を示す。[5] 彼らは撹拌しないで静止した状態で測定したが、図11・3の結果は以下のように整理できる。

（1）低い温度に急速に冷やすとI・II型で固まる（具体的には、約二〇℃以下に約三〇分以内で冷やす場合）

（2）Ⅲ・Ⅳ型に固まるのは約三〇分以上かけて冷やす場合で、ゆっくり冷やすほど固まる温度が約二七℃まで上昇する

（3）Ⅴ型で固めるには一八時間以上かけて冷やす必要があるが、たとえそのように冷やしても、出来上がったⅤ型は粗大な結晶の塊になる

（4）Ⅵ型に固めることはできない

結論として、「単純に冷やす方法では、実用に適する条件で、ココアバターを微細なⅤ型の結晶として固めることは不可能」となる。このことから、単純に冷やす方法ではなく、後述のテンパリング法が考案された。

ココアバターの多形構造の変化

Ⅵ型以外のココアバターの五つの結晶多形は、より融点の高い結晶多形に変化する（多形転移）。その理由は、Ⅰ型〜Ⅴ型までは、ココアバター中のトリアシルグリセロール分子が最も安定な状態で充填されていないからである。その関係を、液体状態を含めて表すと図11・4になる。

液体を冷やせば、冷やし方によって六つの多形が別々に固まり、いったん固まった多形が他の多形に転移しない間に温めればそれぞれが融けるので、六つの多形と液体の間は⇔で結ばれる（可逆）。しかし、異なる多形の間の転移は、Ⅰ型〜Ⅵ型までは一つの方向にしか転移しない（非可逆）。そこで問題となるのが、転移に要する時間である。

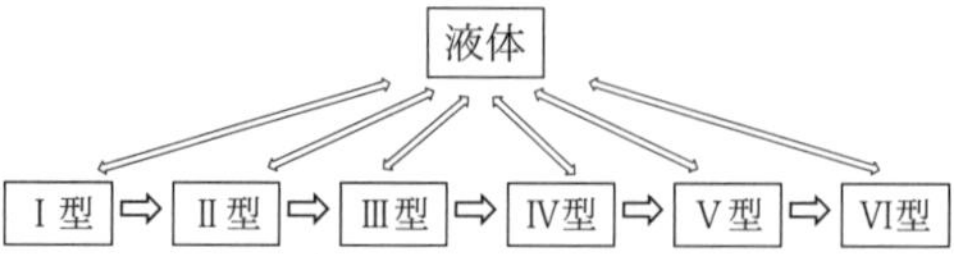

図 11.4　ココアバターの結晶多形の転移

一般的な傾向として、転移に要する時間は多形の融点が高くなるほど長くなるが、保存する温度によって著しく変わる。便宜的に二〇℃において、それぞれの多形の間の転移が始まる時間の目安を示すと、以下のようになる。

Ⅰ型⇓Ⅱ型⇓Ⅲ型：数分
Ⅲ型⇓Ⅳ型：数時間
Ⅳ型⇓Ⅴ型：数日
Ⅴ型⇓Ⅵ型：数カ月　以上

以上の多形転移は、転移の前後の多形が共存する状態を含めて連続的に生じる。その場合、

（1）それぞれの結晶粒子の内部でトリアシルグリセロールの分子の副格子と鎖長構造が変化する転移と、

（2）転移する前の多形の結晶に加えて、より安定な多形の結晶が新しく発生して、前者が溶解して後者が成長する転移がある。

（1）の転移を「固相転移」といい、ココアバターの場合は比較的低温で発生する。一方で（2）の転移は、保存温度が上昇して、ココアバター中の融点の低いトリアシルグリセロールが液体になった状態で起こり、液体が「溶液」の役割を果たすので「溶液媒介転移」という。

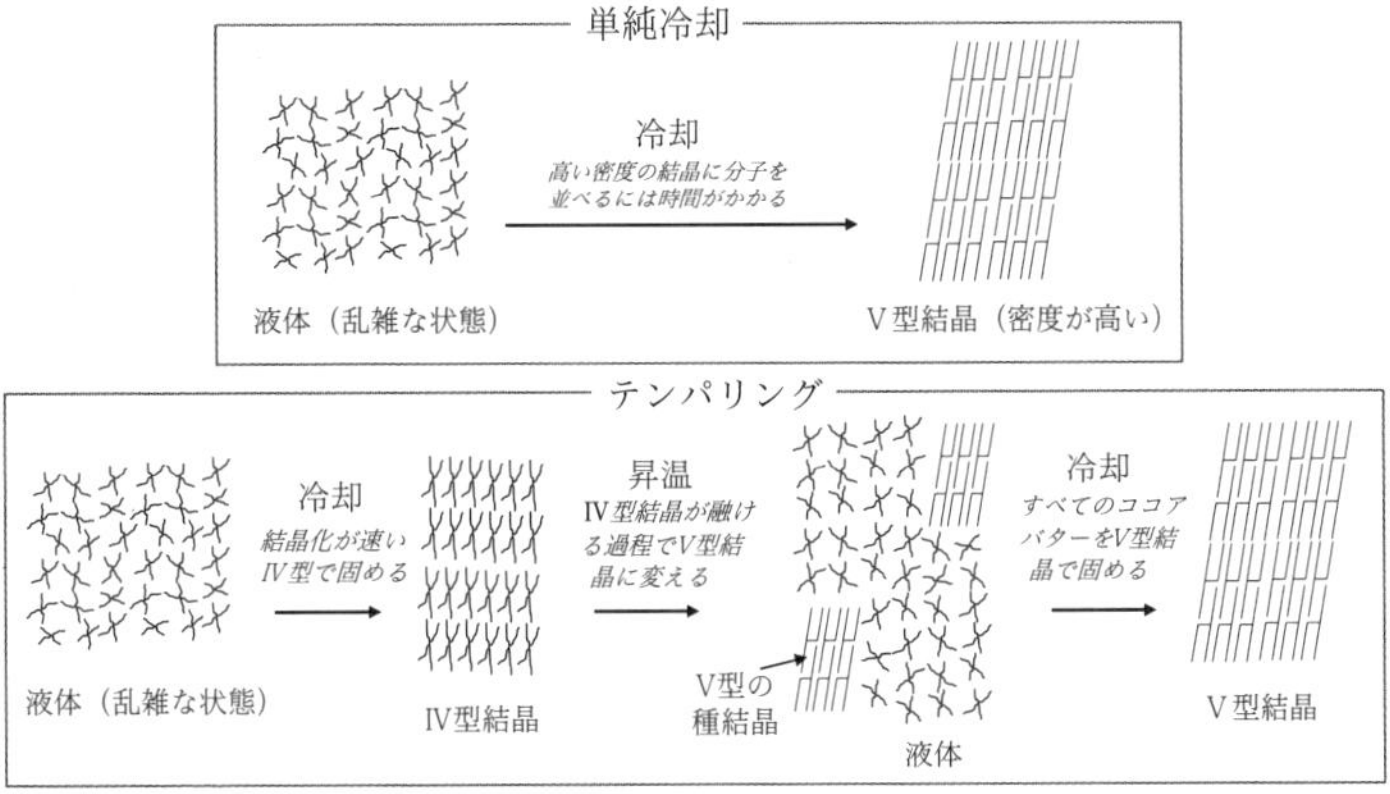

図 11.5　テンパリングのメカニズム

溶液媒介転移が発生すると、より安定な多形の結晶が大きく成長するので、それがチョコレートで生じると、粗大な結晶として成長する。そのために表面の艶がなくなり、極端な場合はカビが生えたような外観を呈する。これがいわゆる「チョコレートのファットブルーム（花が咲くという意味）」であるが、これについては次章で詳しく考察する。

11.2　チョコレートのテンパリング

図11・5はテンパリングの必要性と、具体的なテンパリング過程におけるココアバターの結晶多形の変化を模式的に示す。

単純な冷却法では、撹拌などの結晶化の刺激を加えたとしても、ココアバターの油脂成分が乱雑な状態にある液体から、脂肪酸やグリセロール基が三斜晶副格子と三鎖長構造になるように充填して、高い密度の状態になったV型に結晶化させるのは極めて難しい。そのためには長い時間を必要とするし、たとえ結晶化したとしても、微細な結晶粒にならずに、ゆっくりした結晶化によって大きなサイズの結晶の塊になってしまう。

一方、テンパリングでは、チョコレートを速やかにココアバターのⅣ型の融点以下まで冷やして、固まりやすいⅣ型の結晶を作っておいて、その後にⅣ型とV型の融点の間まで上昇させると、Ⅳ型結晶が融けると同時にV型結晶に変化する。それが「種」となるようにココアバターの液体中に分散させておけば、その後の冷却でココアバター全体がV型になって固まる。

Ⅳ型の結晶化が比較的速い理由については、Ⅳ型が二鎖長構造で、液体中のトリアシルグリセロールの集合状態と類似していることが考えられる。そのために細かいⅣ型結晶ができるので、それを昇温してV型に変えた時も細かい結晶のままなので、最終的に微細なV型結晶が成長する。

図11・6にはチョコレート工場などで、テンパリング装置を使って行われているテンパリング工程と、その後の型入れ、冷却、熟成の工程におけるチョコレートの温度とココアバターの結晶量を模式化して示す。テンパリング装置の内部では、チョコレートリカーが撹拌されながら、精密に温度制御された経路を通過してからモールドに流しこまれる。制御される温度は、後述するようにカカオ豆の産地などによって調整されるが、最初にⅣ型の融点より一～二℃低い温度まで冷却してⅣ型結晶を作り、一定量の結晶が成長したら、Ⅳ型の融点以上でV型の融点より一～二℃低い温度まで昇温させ、そこでⅣ型からV型に変えた後で型入れする。その後はクーリングトンネルで、急冷

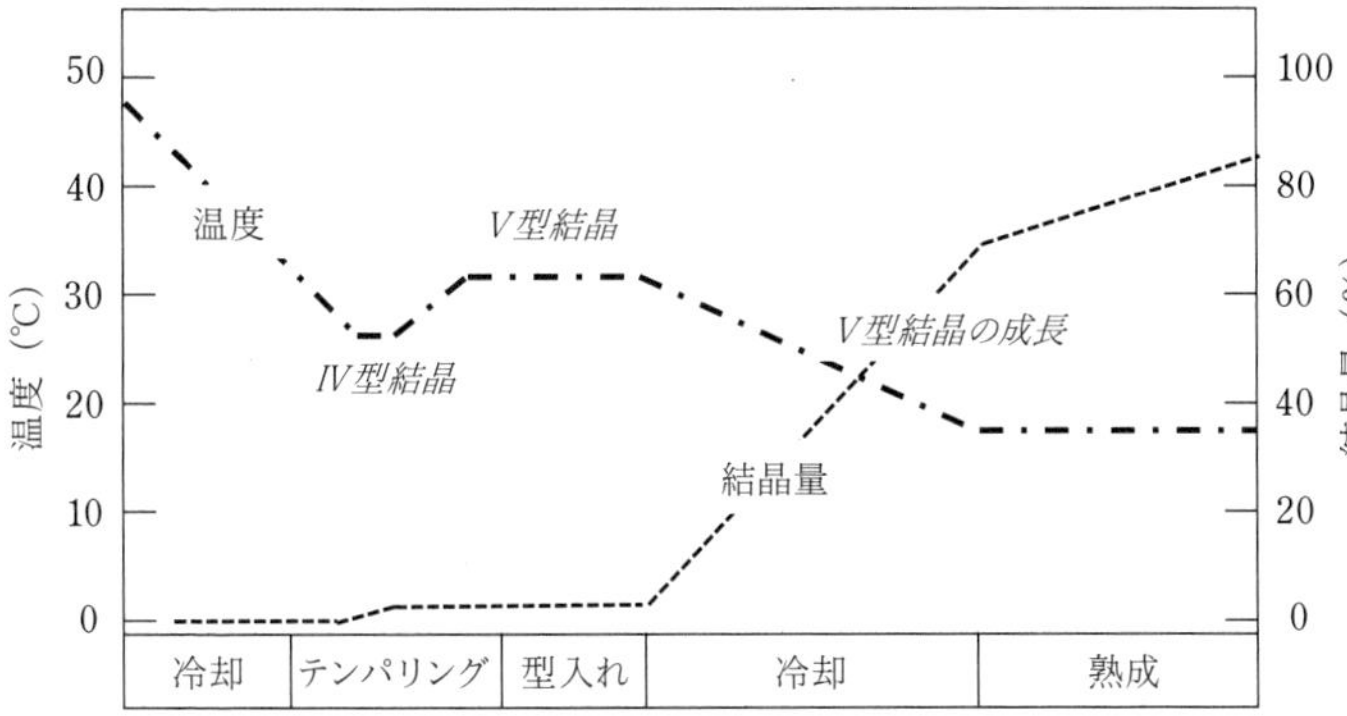

図 11.6　チョコレート工場のテンパリング→型入れ→冷却→熟成工程におけるココアバターの結晶化プロセス

によるIV型結晶の発生と、結晶化熱の発生による温度上昇を防ぎながら、ココアバターの全体をV型だけで結晶化させるために、温度制御した風を吹き付けながらゆっくりと冷却する。それと同時にモールドを機械的に細かく振動して、空気抜きを行う。さらに、型抜きしたチョコレートを包装した後でも、倉庫において一定期間熟成する。

図11・6のテンパリング工程における「最適なテンパリング」とは、ココアバター全体に対して約二％のV型の種結晶を作ることであり、それ以上でもそれ以下でも不適である。すなわち、種結晶が多すぎると「オーバーテンパリング」となって、チョコレート生地の粘度上昇が著しくなり、型入れや空気抜きが困難となる。さらに、冷却過程における結晶化熱の発生でチョコレートの温度が上がり、種結晶が融解してテンパリング効果が消滅する場合もある。一方、種結晶が少なすぎれば、クーリングトンネル内でIV型の融点以

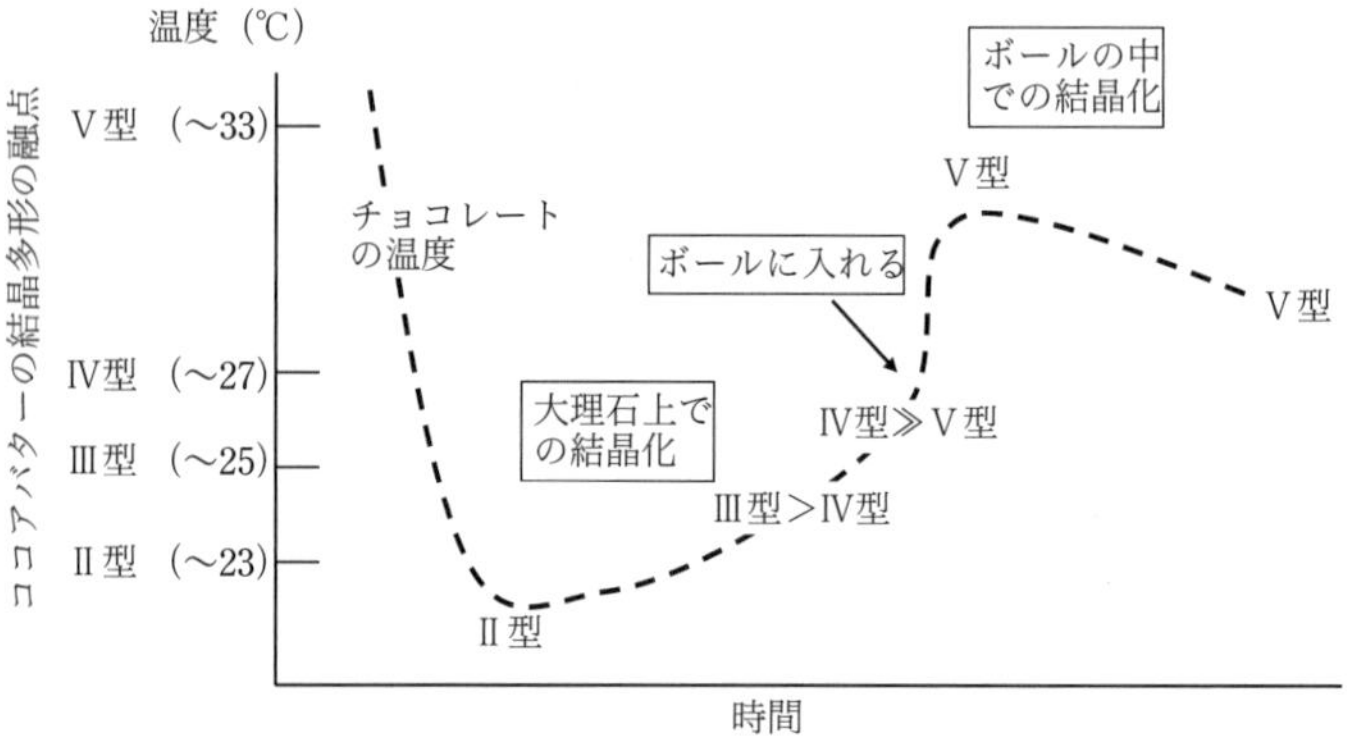

図 11.7　20℃の大理石の上でのハンドテンパリングの仕組み

下に冷えたときに、固まりきっていないココアバターの液体の中でIV型が結晶化して、その後にブルームが発生する（アンダーテンパリング）。

ここに示したように、テンパリング直後のチョコレート中のココアバターは、約九八％がまだ固まりきっていない液体である。それがその後の冷却でゆっくりとV型として成長するが、この段階で温度調整を誤るとテンパリングが失敗する。そのような事態は大きな工場ではほとんど起きないが、手作りのチョコレート工房ではしばしば発生する。

最後の熟成段階でも、ココアバターの結晶化はゆっくりと進行し、二〇℃におけるココアバター中の結晶量は最終的には八〇〜九〇％になっている（カカオ豆の産地によって変動）。残りは、融点の低い油脂成分である。

職人的なチョコレート工房では、しばしば大理石上での手作業のテンパリング（ハンドテンパリング）が行われているが、その原理は図11・6と同じである。図11・7

には、室温を二〇℃に設定した部屋に置かれた大理石の上でのハンドテンパリングにおける、チョコレートの温度変化を示す。この場合、あらかじめ温めた金属ボール中に約四〇℃のチョコレートを用意しておき、その中の約七〇％を大理石へ落として撹拌しながら、Ⅳ型のココアバターの結晶化の様子を粘度の上昇によって確認する。ある程度の結晶化を感知したら、再び金属ボールに戻してかき混ぜてから型入れ↓冷却を行う。

そこで起きている結晶化プロセスは、以下に整理される。

(1) 大理石に落とされたチョコレート中のココアバターは、二〇℃の大理石に接した部分からⅡ型で固まる

(2) Ⅱ型の結晶化熱によってチョコレート内部の温度が上昇し、それにつれてココアバターの結晶多形がⅡ↓Ⅲ↓Ⅳに変化する

(3) Ⅳ型の融点（約二七℃）になる直前に、チョコレート全体を掬い取って金属ボールに戻すが、中にあった温かいチョコレートと混ざり合って温度が約三一℃になる

(4) 最後の過程で、大理石上で生じたⅣ型結晶がⅤ型結晶に変わる

(5) 室温の設定によってココアバターの固まり方が変化する。たとえば二三℃であれば、最初にできるココアバターの結晶はⅡ型ではなくⅢ型になるが、その後の操作でⅣ型に変わる。

ハンドテンパリングでは、大理石上で生じるココアバターの結晶が多かったり少なかったりすると、「オーバーテンパリング」や「アンダーテンパリング」になるので、最適な結晶量の生成を

チョコレートの粘度上昇によって正確につかむ必要があり、そのために熟練が必要となる。

11.3 テンパリングで生じるリアルな問題点

これまでに整理したチョコレートのテンパリングの説明は、いわば「理論」であり、実際にはさまざまな要因でテンパリングに失敗するので、以下に具体的な例を挙げて考察する。

産地によるココアバターの融点の変動

カカオの生産地域の平均気温によって、ココアバター中のトリアシルグリセロールの脂肪酸組成が変動する。そのために結晶多形の融点や結晶化の速さが変動するので、テンパリング条件の温度設定を変えなければならない。

一般的には、生産地の緯度が低いほど、ココアバターの融点は上昇する。ただし、生産地の高度によっても変動するので、一概に緯度だけでは即断できない。実験装置を用いて、カカオ豆から搾り出したココアバターの融点を測ることが最も確実であるが、その場合、ココアバターの結晶多形を同定して融点を測る必要がある。

表11・2に、四つの生産地のカカオ豆中のココアバターの脂肪酸組成を示す。四種の脂肪酸で最も融点が高いのがステアリン酸で、オレイン酸やリノール酸は融点が低い。表11・2では、マレー

表 11.2　カカオ豆の産地によるココアバターの脂肪酸組成（%）の変動

脂肪酸	パルミチン酸	ステアリン酸	オレイン酸	リノール酸
融点（℃）	60	69	16	−5
コートジボアール	25.6	36.5	34.1	2.8
マレーシア	26.1	37.3	33.3	2.4
エクアドル	27.1	35.4	33.7	2.6
ブラジル	24.9	32.9	37.6	3.7

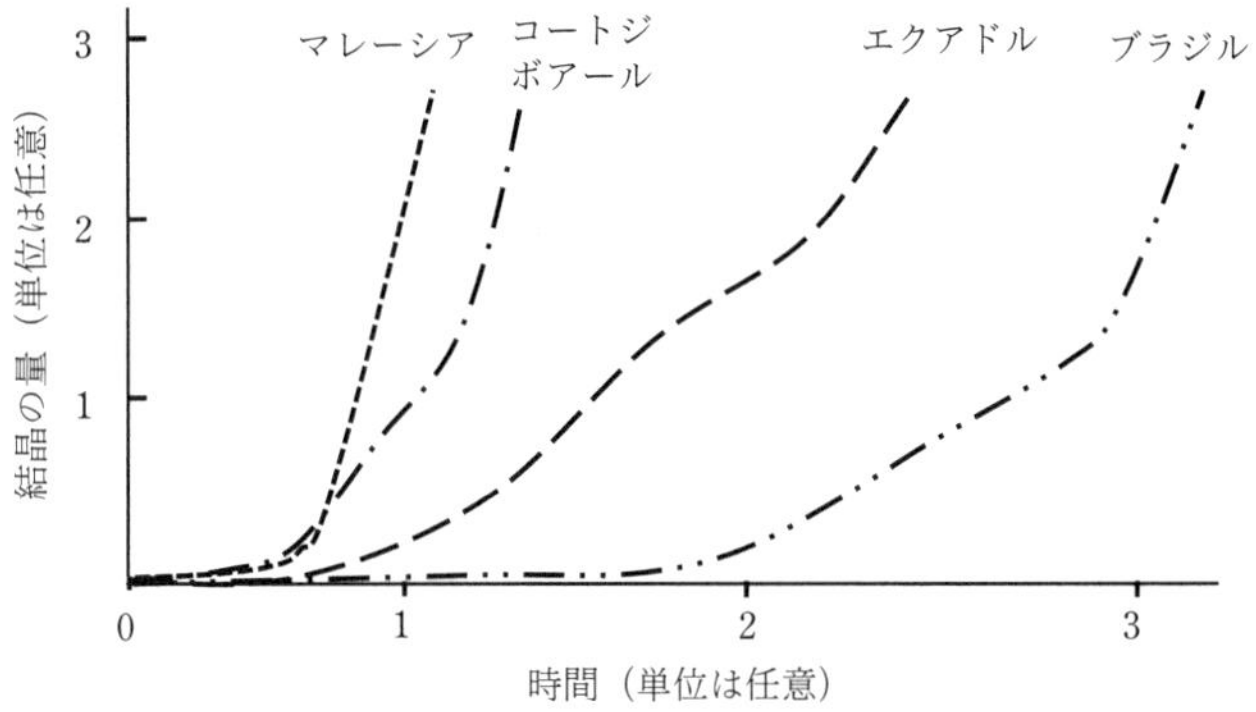

図 11.8　異なる産地のカカオ豆中のココアバターの結晶化挙動
（文献 6 を改変）

シア産はブラジル産よりステアリン酸が多く、オレイン酸やリノール酸が少ない。その結果、ココアバターの融点はマレーシア産がブラジル産より約二℃高くなる。したがって、テンパリング温度の設定も約二℃の調整が必要となるが、他の産地の場合も、融点の変動に合わせた調整をしなければならない。

　この結果として、それぞれの産地のココアバターの結晶化の速さが著しく異なってくる。図11・8には、表11・2で示した四つの産地のカカオ豆中のココアバターを、撹拌な

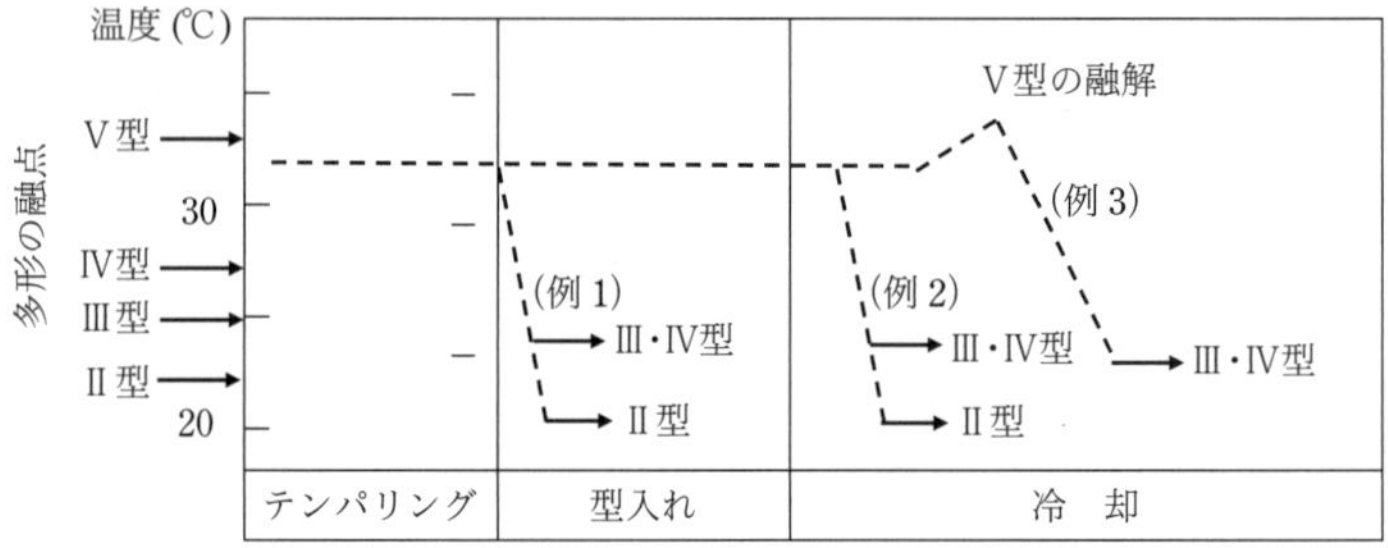

図 11.9 チョコレートの冷却時の注意点

して二六・五℃の一定温度で結晶化する様子を示す。[6] マレーシア産が最も速く結晶化するが、同じ結晶量に達するまでの時間をマレーシア産と比較すると、エクアドル産は約二倍、ブラジル産は約三倍、遅くなっている。このような情報は、たとえば図11・6のテンパリング工程の最初の冷却でIV型結晶を作る場合の、冷却温度と保持時間の調整にとって重要となる。

テンパリング後の冷却操作

チョコレートのテンパリングが成功したとしても、その後の冷却操作でしばしばトラブルが発生するが、図11・9にその実例を示す。

例1は型入れの時点で起こるトラブルで、特に冬季に部屋の温度が二〇℃以下まで冷えている場合に起こりやすい。モールドが薄くて、さらに熱を伝えやすい材質の場合は、モールドに入れた後でもチョコレートリカーは冷えすぎずに、全体としてココアバターはV型で固まる。しかし、熱を伝えにくい材質で厚めのモールドを使って型入れする場合、テンパリングを終えたチョコレートが低温に保持された部分に接すると、固まっていないココアバターがⅡ型やⅢ・Ⅳ型で結晶化する。そのまま冷蔵庫で保管すると、Ⅳ型に結晶化した状態となり、その後に室温で保管する間にⅣ型→Ⅴ型の転移が生じて、数日以内にブルームが発生する。細かいことではあるが、モールドに入れたチョコレートリカーをヘラでかき取って平たんにする場合、ヘラの温度が冷えていると、かき取った部分だけに筋状のブルームが発生することがある。

これらのトラブルを防ぐためには、型入れ時のモールドの温度を、二七℃と三三℃の間に保持しておかなければならない。

例2は、チョコレートを入れたモールドを急速に冷却する場合である。普通に行われている「冷蔵庫によるチョコレートの結晶化」は、ココアバターの結晶化熱による昇温と、冷蔵庫による冷却効果の兼ね合いで決まる「徐冷状態」で起こるために、テンパリングで発生したⅤ型の種結晶に誘導された「Ⅴ型の結晶化」が実現する。しかし、冷蔵庫の冷却能力が大きすぎたり、冷凍庫で冷やしたりすると、チョコレーリカーが急速に冷えすぎて、まだ固まりきっていないココアバターの液体からⅢ型やⅣ型の結晶多形が発生し、例1の場合と同様に、室温に保管されると数日以内にブルームが生じる。これを防ぐには、たとえば冷蔵庫の温度を約一〇℃に設定するとか、冷気を直接チョコレートに接触させないなどの工夫が有効である。

例3は、ココアバターの結晶化熱によって、テンパリング効果が消滅する場合である。これは、ココアバターの結晶化熱を放散させない場合に生じる。具体例としては、冷蔵庫内でモールドを重ねたり、熱を逃がしにくい台の上に直接モールドを置いたりする場合で発生する。放散されない結晶化熱は、容易にチョコレートの温度を上昇させて、V型の種結晶を融かしてしまう。時間がたって結晶化熱の発生が終われば、冷却によって融けた部分のココアバターがⅢ・Ⅳ型結晶として固まり、例1、2と同様のブルームを引き起こす。この問題の解決法は自明であろう。

11.4　シードテンパリング法

これまで、「冷却―昇温―再冷却」という温度変化によってココアバターのV型結晶を作成するテンパリング法を取り上げたが、冷却を一定温度で停止して、ココアバターをダイレクトにV型結晶として固める「シードテンパリング法」も有効である（図11・10）。

シードテンパリングの特徴と利点を以下に整理する。

（1）チョコレートを冷却する途中で、一定温度に保ちながら種結晶を添加した後に、速やかに型入れする

（2）種結晶は、その分子構造がココアバターのV型と類似したうえで、その融点がココアバターのV型と同

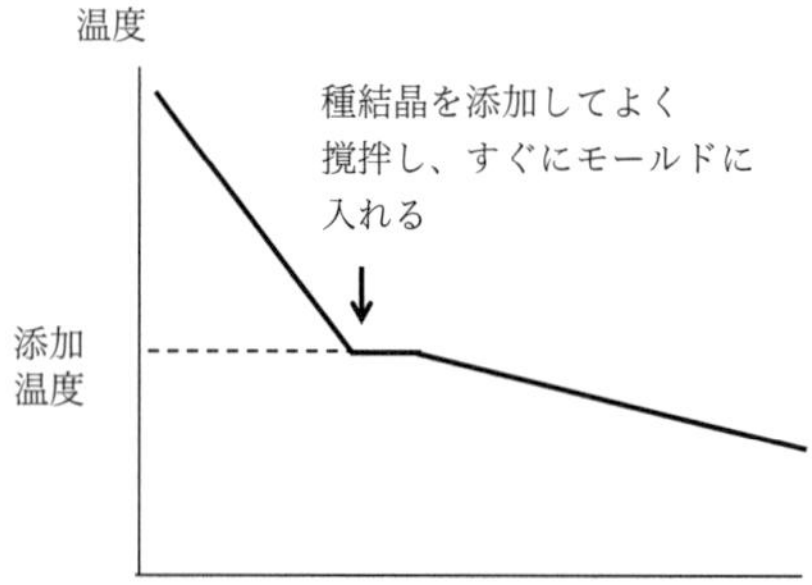
温度
種結晶を添加してよく
撹拌し、すぐにモールドに
入れる
添加
温度
時間

図 11.10　シードテンパリング法

表 11.3　シードテンパリングに用いる種結晶の種類

種結晶の種類	結晶多形	添加温度[注2)]
ココアパウダー[注1)]	V型、あるいはVI型	30 ～ 32℃
粉砕したカカオニブ[注1)]	V型、あるいはVI型	30 ～ 32℃
正常なチョコレート	V型	30 ～ 32℃
ココアバター結晶	V型	30 ～ 32℃
SOS 結晶	β_2 あるいはβ_1	30 ～ 32℃
BOB 結晶	β_2	30℃以上

注 1：ココアパウダーやカカオニブは、室温で長期間保存して、そこに含まれるココアバターの結晶がV型やVI型になっている必要がある

注 2：カカオ豆の産地によるココアバターの融点の変動に合わせる（表 11.2）

じか、それ以上でなければならない

（3）添加する量は、図11・6に示す温度テンパリング法で確認されたように、チョコレート中のココアバターに対して約二％となるように調整する

（4）添加後に種結晶の粉末をチョコレート中に均一に分散させるために撹拌するが、種結晶の粉が塊とならないように注意する

（5）添加する温度と種結晶の量が一定であれば、図11・6や図11・7の温度テンパリングで生じる「ブレ」を回避することができる

（6）種結晶の種類によって添加温度と添加量を調整する（表11・3）

表11・3の中で、ココアバターのVI型やSOSのβ_1は、融点が高いので、平均気温が高い地域で生産流通する「耐熱性チョコレート」の製造のために用いられるが、それを添加してもココアバターはVI型ではなく、V型で固まる。しかし、VI型の種結晶が、長期保存中にV型→VI型の転移に伴うブ

ルームを誘発する可能性があるので注意を要する。

表11・3の中のBOBは、POPやSOSと同じ形の高融点のトリアシルグリセロールで、Bは炭素数が二二個の飽和脂肪酸であるベヘン酸である。BOBのβ_2結晶は、ココアバターのV型と同じ副格子と鎖長構造となっているが、融点が約五〇℃なので、他の種結晶より熱安定性がはるかに高いという利点がある。

BOBのβ_2結晶を用いたシードテンパリング法は、一九八九年に当時の明治製菓（株）の蜂屋巌氏と古谷野哲夫氏と筆者の共同論文として、世界で初めて発表された[7]。しかしこの発見の基礎には、それ以前に筆者が不二製油（株）の森弘之氏らと共同で、ココアバター中の主要油脂や類似した油脂に関する基礎的な研究によって、「BOBとPOPやSOSは同じ結晶多形構造となっている」と解明した研究があった[8]。

ベヘン酸は、わずかではあるが、菜種油などの植物油の中に存在する。しかし、植物油から微量のベヘン酸を抽出してシードテンパリング法として広く利用することは難しい。そこで実用においては、炭素数二二の不飽和脂肪酸であるエルシン酸を含む植物油を用いて、エルシン酸をベヘン酸に変えてから抽出し、オレイン酸と組み合わせてBOBを作成し、それをβ_2型に結晶化して種結晶を作成している。

BOBのシードテンパリング法の特徴は、以下にまとめられる。
（1） 融点が高いので、融けたココアバターに加えても溶解しない（ただし添加する温度によって添加するBOB種結晶の量は変動する)。

(2)　$β_2$型の結晶多形はココアバターのV型と同じ結晶構造であるため、チョコレートリカー中で$β_2$型の種結晶を残存させた状態で単純に冷却すると、ココアバターは選択的にV型で結晶化する。

(3)　添加量を増やせば、チョコレートの温度を高温(例えば40℃)まで上昇させても、その後の冷却でココアバターはV型で固まる。このような性質は他の種結晶では実現できないので、シードテンパリングを作業する温度範囲を広げることができる。

(4)　チョコレートがココアバターのV型の融点以上に暴露されても、BOB結晶は融けないのでテンパリング効果は消失しない。したがって、その後に冷やされればV型に復元するので、「耐熱性チョコレート」に利用できる。

(5)　チョコレートの粘度は温度上昇によって著しく低下するので、BOBシードテンパリング法によってチョコレートの粘度を下げることができる。これを利用すれば、たとえば、細かい空孔のあるクッキーの中にチョコレートをしみこませる製品などに利用できる。

BOBシードテンパリング法について、古谷野哲夫氏と筆者が翻訳して出版した本の原著者のベケット氏は、日本語版の序文の中で、次のように述べている[1]。

「私にとって最も有益なものは、ブルーム耐性チョコレートの製造に関するものです。いったん融解し再固化した後でも、艶のある、いわゆる熱帯向けチョコレートの製造(条件の悪い流通過程でも生じる）は、昔からの大きな研究課題です。いくつかの解決法により形状の保持を実現するものはありますが、ココアバターと同じ構造を持ちながら融点の高いＢＯＢと呼ばれる油脂を用いることで、融解してもブルームを生じない方法が、私の知るただ一つの技術です」。

第十二章　もうブルームは起こさない

チョコレート製品の外観、とりわけ表面の艶は消費者にとって極めて魅力的である。一般に、艶が問題となる商品の場合、艶がよければよい品質で、逆に艶が悪ければ品質が劣ると思われてしまう。実際に、品質の劣化と艶の消失には密接な関係があり、それはチョコレートにも当てはまる。そこで本章では、チョコレートの艶の重要性と、それに大きな影響を与える「ブルーム現象」を整理したい。

12.1　チョコレートの艶をよくするには？

艶とは、光沢度の感覚的表現である。物質の表面からの反射光の強さが光沢度で、艶によって商品の表面を特徴づける性質を判断し、同時に商品そのものの評価が行われる。図12・1(a)に示すように、艶を増すためには、物質表面に入射した光の吸収や、屈折・散乱を抑えて反射光を強くする必要がある。

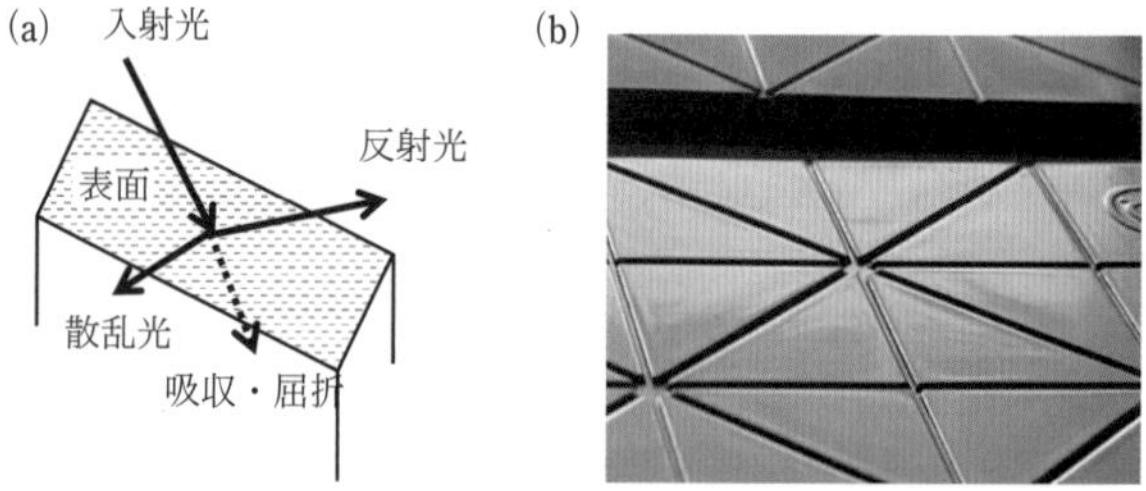

図12.1 (a) 表面からの光の吸収・屈折・散乱・反射、(b) 艶のあるダークチョコレート表面（岡山の@ alfer 提供）

チョコレートの場合、それを構成する成分、すなわちチョコレート油脂や、砂糖、粉乳などが決まっていれば、屈折や吸収による入射光の散逸の程度は自動的に決まるので、反射光を強くするためには表面からの散乱を抑えるしかない。そして、チョコレートの表面の凹凸が激しいほど光の散乱が大きく、艶が悪くなる。

図10・7に示すチョコレートの内部構造をもとに、チョコレート表面の凹凸を左右する要因を取り上げる。

固体粒子を微細化する

粉乳や砂糖などの固体粒子のサイズは一〇〜二〇μmが最適で、磨砕とコンチングによってそのサイズまで微細化する。一方、固体粒子を包含するココアバターなどのチョコレート油脂の結晶粒子のサイズは〇・一〜三μmが最適で、テンパリングと冷却によってそのようなサイズレベルで結晶化されている。

固体粒子を表面に露出させない

一〇～二〇μmの大きさの固体粒子がチョコレートの表面にそのまま露出していれば、その凹凸による光の散乱によって表面の艶が失われる。したがって、チョコレートをモールドに流しこんだり、クッキーなどの上に上掛けしたりした後で冷却する過程で、チョコレートを機械的に振動させ（タッピング）、それによって生じる液状化現象を利用して、固まりきっていない油脂によって固体粒子を覆ったうえで、油脂結晶を微細化して固めなければならない。

油脂の結晶化による収縮度を上げる

油脂が液体から固化するときに体積が収縮するが、その収縮度が大きいほど表面構造が密となって艶が増す。固化による収縮の度合いは、チョコレート油脂の種類によって異なる。ダークチョコレートは、乳脂を含むミルクチョコレートより収縮度が高く、さらにココアバターの結晶多形によって密度が異なるので収縮度も異なる。特にⅣ型（β'多形）はⅤ型（β多形）より収縮度が低いので、型離れしにくいだけでなく艶も出にくい。

型（モールド）表面を平滑にする

チョコレート液体をモールドに流しこんで固める場合、モールドの表面構造がチョコレートの表面構造に反映するので、モールドの材質や成形法によりチョコレートの艶も変化する。金型を用いたポリカーボネート製のモールドの場合、金型表面の凹凸は二〇㎛まで測定が可能であり、それで成形したモールドの表面の凹凸はそれ以下と見積もられる。一方、それ以上の平坦なモールドの成形は手作業で行うが、その場合の凹凸の測定は難しい。図12・1(b)に示したダークチョコレートは、手作業で作成したアクリル製のモールドを使用しているが、作製者によると、モールド表面の凹凸は二㎛レベルとのことである。

モールドの洗浄時における、表面の機械的摩耗も危険である。「柔らかいから大丈夫」と思ってモールド表面の汚れを布で除去すると、布の繊維の接触により数㎛の凹凸が生じるので、超音波洗浄などの非接触な洗浄が必要である。また、表面に付着した油脂を除去しようとして洗剤を用いる場合、洗剤成分が薄膜となってモールドの表面に付着していると、その部分のチョコレートの表面が乱れて艶が失われる。

ブルームを防止する

最後に重要な問題が、製造直後に艶があっても、保存中に艶が消失し、極端な場合は斑点状の模様が発生する「ブルーム現象」である。ブルームにはチョコレート表面に砂糖の結晶が析出する「シュガーブルーム」と、チョコレート油脂の結晶粒子が粗大化する「ファットブルーム」がある。

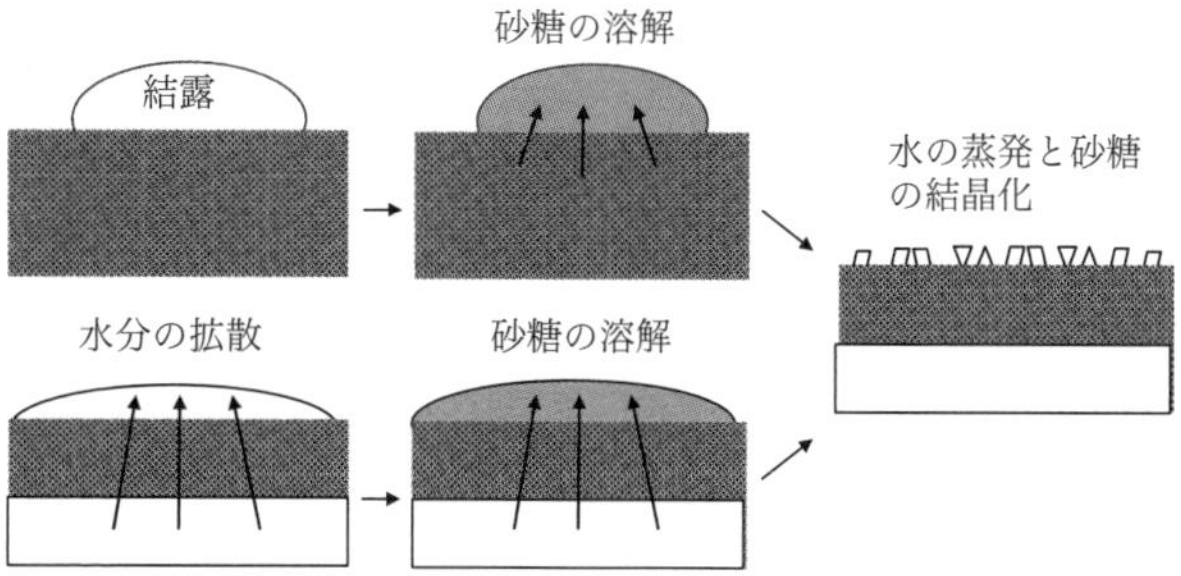

図 12.2　シュガーブルームの発生原因

12.2　シュガーブルームの発生

これはチョコレートの表面に何らかの原因によって水分が付着し、その中にチョコレート中の砂糖が融けだした後で、水分が蒸発して砂糖の結晶が残存して生じるブルームである（図12・2）。表面への水分の付着には、結露と水分移行がある。

結露は、湿度が高い環境下に低温のチョコレートが露出した場合に生じる。具体的には、日本の夏季に冷蔵庫で冷却・固化したチョコレートを直接空気に露出した場合に発生しやすい。また、表面に水分が結露したモールドを使用した場合にも生じる。

また、乾燥しきっていないドライフルーツなどにチョコレートをトッピングしたり、水分を含むフィリングを用いたりした場合でも発生する。その原因は、水分がチョコレートに移行して砂糖を溶かし出し、砂糖を含んだ水分がチョコレート表面に移動するためである。

結露以外の原因の除去法は自明であるが、結露に関しては、環境の相対湿度に応じて、環境とチョコレートの温度差を縮小しな

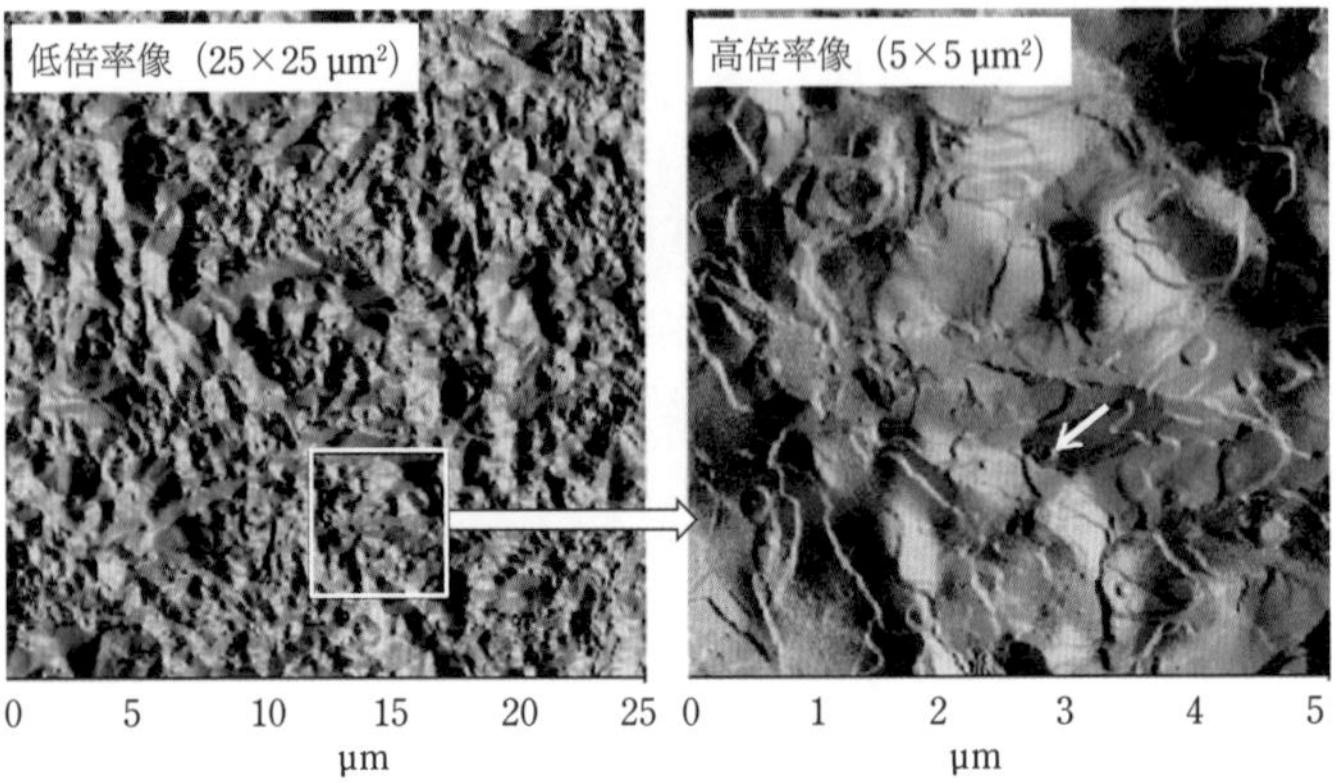

図 12.3　ミルクチョコレート表面の原子間力顕微鏡像（文献１を改変）

ければならない。具体的には環境温度が二三℃の場合の温度差は、相対湿度が七〇％で約六℃、八〇％で約三℃である。リアルな問題としては、高湿度環境下で冷蔵庫からチョコレートを取り出す場合、冷蔵庫内でボックスなどを用いてチョコレートを封じてから、外気に取り出して約三〇分放置し、ボックス内外の温度差を少なくしてから取り出すなどの工夫が有効である。

12.3　ファットブルームの発生

そもそも、艶のある正常なチョコレート表面において、油脂結晶が作る凹凸はどれくらいなのであろうか？

ソンワイとルソーは、原子間力顕微鏡（AFM）を用いて、艶のある場合と艶が損失したミルクチョコレートの表面を詳細に観察した。[1] 図12・3には、正常

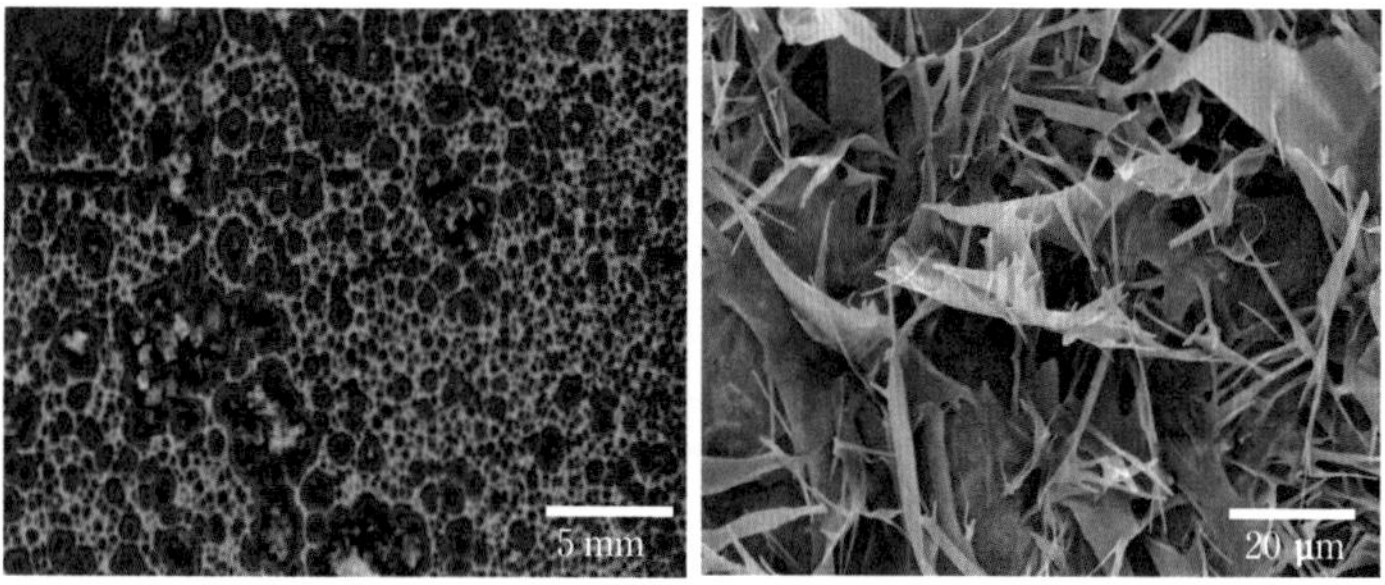

図 12.4　ファットブルームを起こしたチョコレート表面
（森永製菓（株）の金田泰佳氏提供）

にテンパリングして固めたミルクチョコレートを型抜きした直後に観察した、艶のある表面のAFM像である。低倍率像ではかなりの凹凸があるように見えるが、その中の白枠部分を拡大した高倍率像で実測すると、表面の凹凸は〇・二〜〇・七㎛である。高倍率像で現れる島状の像は、ココアバターの結晶成長で生じたステップ構造である。また、高倍率像において、ココアバターの結晶成長パターンとは異なる固体粒子が確認できたが（矢印）、そのサイズは〇・一〜〇・五㎛であった。ルソーらは、二五℃で長期間保管して、ファットブルームによる艶の消失や白濁化した表面を観察した結果、六週間後には凹凸は二・五㎛となり一年後には凹凸が五㎛に増加した。以上の結果から、「艶のあるチョコレート表面の凹凸のレベルは一㎛以下」と結論できる。

これに対して、ファットブルームを起こしたチョコレートの表面は著しく荒れている。図12・4にはファットブルームによる斑点状のパターンと、それを高分解能の走査型電子顕微鏡で観察した結果を示す（両者は同じ試料ではない）。ファットブルームによって油脂結晶のサイズが数十μm以上に成長しているが、それだけでなく、内部にも空隙が生じてボソボソしており、融ける温度も上昇するので、口どけが悪くなる。

ファットブルームが発生する要因は、（1）チョコレート油脂の組成、（2）チョコレートの製造工程、そして（3）チョコレートの保存条件の3つに大別される。[2]

チョコレート油脂の組成

これは、ココアバター代用脂を用いるコンパウンドチョコレートで主として問題となるブルームである。たとえば、ラウリン系の油脂の代用脂（いわゆるCBS）をココアパウダーや砂糖などと配合して作成する場合、チョコレートの風味を向上させるためにココアパウダーの配合を多くすると、ココアパウダー中のココアバターとCBSが別々に結晶化して、それぞれの結晶の性質が変化するためファットブルームが発生する。ココアバター代用脂を用いないミルクチョコレートにおいても、粉乳を多くすればその中の乳脂とココアバターが分離して結晶化して、ファットブルームが発生する。これを防ぐには、ココアバターとそれ以外のチョコレート油脂が、分離して固まらない配合条件を設定する必要がある。

厳密に言えば「チョコレート油脂の組成」ではないが、周りを板チョコで覆い（シェル）、内部に液体油脂を多量に含む柔らかい詰め物を包含するフィリング入りチョコレートにおいては、長期

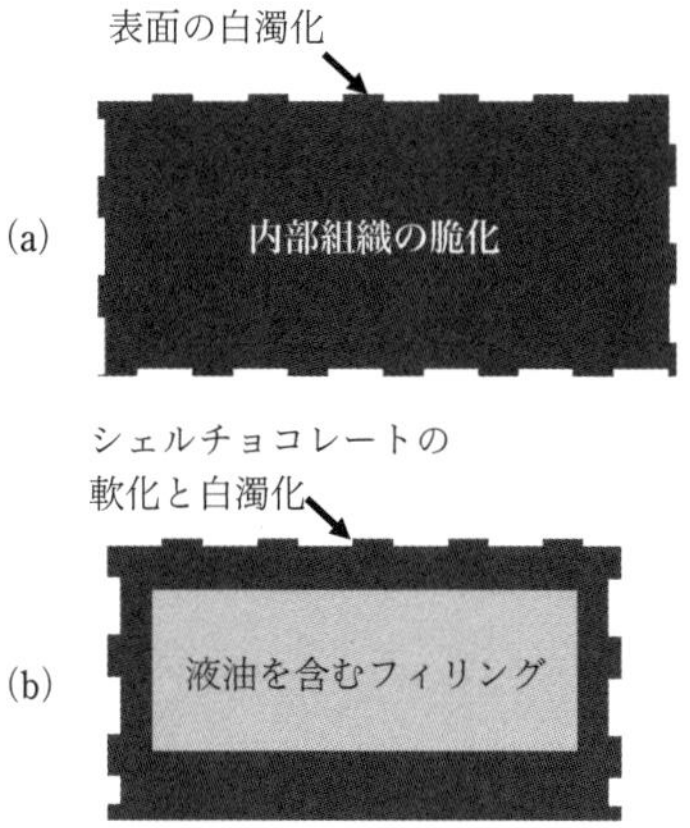

図 12.5　(a) 板チョコレートと (b) フィリング入りチョコレート

保管中にフィリングの液体油脂が外側の板チョコに移動してファットブルームが発生する（油脂移行型のファットブルーム）（図12・5）。これは通常の板チョコレートで発生するファットブルームよりも、低温で短時間に発生する。油脂移行は、フィリングからシェルへの液体油の移動と、シェルからフィリングへのココアバターの移動の双方向で起こり、両者の割合が平衡に達するまで進行する。その結果、シェル中のココアバター結晶が液油の増加により軟化して、V型からVI型へ変化してファットブルームを起こす（第十一章で述べた「溶液媒介転移」）と同時に、フィリングにもココアバターが移動するので硬くなり、食感が損なわれる。

油脂移行の駆動力はシェルとフィリングの液油の濃度差で、油脂移行の速さは駆動力の大きさ、保存温度や温度変動、液油の粘度、液油とシェルの接触面積、シェル中の油脂結晶のネットワークの緻密さ、シェル中の空気孔、砂糖、ココア、粉乳の固体微粒子の大きさなどによって変わってくる。

油脂移行に伴うファットブルームの発生の防止は、極めて難しい。フィリング中の液油成分をできるだけ少なくすれば油脂移行の程度は低下するが、フィリングは液油を増やして柔らかくなるほどシェルチョコとの対比が面白いので、それには限界がある。様々な研究を総合すると、最も有効な方法は保存温度を板チョコよりも低くする（たとえば二一℃以下）ことで、ブルームの発生を遅延させることができる。

チョコレートの製造工程

(1) アンダーテンパリングとオーバーテンパリング

製造工程に起因するファットブルームの代表が、第十一章の「テンパリング」で触れた「アンダーテンパリング」や「オーバーテンパリング」と、急速な冷却によるココアバターの不安定多形の結晶化である。いずれも、テンパリング工程を終えてチョコレートとして固まる間に、ココアバターの結晶多形がV型ではなくⅢ型やⅣ型で固まり、それがV型あるいはⅥ型に変わる過程でファットブルームを引き起こす。さらに、チョコレートの冷却過程で、空気抜きが不十分な場合もファットブルームが発生しやすくなる。

図12・6に、模式図と実例を示しながら、アンダーテンパリングとオーバーテンパリングでファットブルームが起こる原因を説明する。

アンダーテンパリングは、テンパリング工程を終えた後で、ココアバターの液体の中で発生するV型の種結晶の量が少ない場合である。最終冷却に入る前の「最適なテンパリング工程」で発生

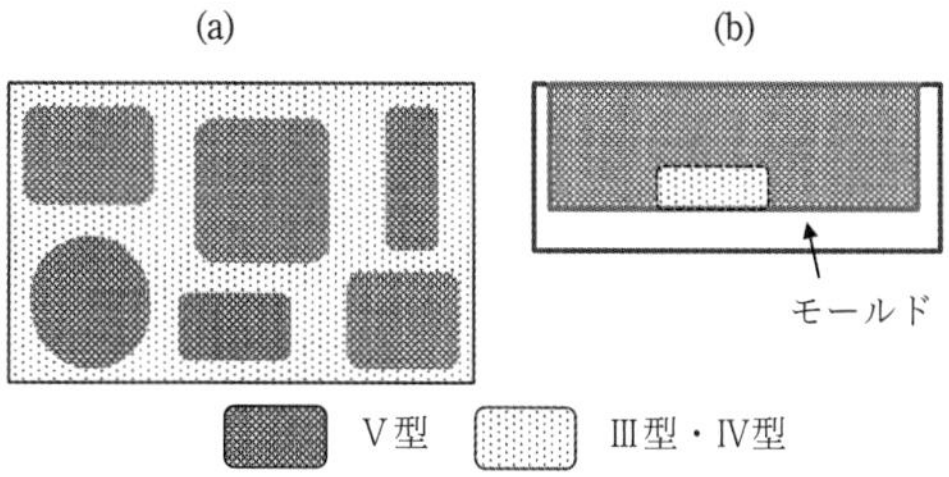

図 12.6　(a) アンダーテンパリングと (b) オーバーテンパリングの模式図

するV型の種結晶は、ココアバター全体に対して約二%の量である。もしそれ以下であれば、ココアバター全体がV型で固まるために必要な種結晶の量が十分でないので、テンパリング後の冷却過程でIV型やIII型の融点以下に達すると、図12・6（a）に示すように、種結晶の影響が及ばない部分のココアバターが、それぞれIII型やIV型で固まってしまう。そして、型抜き・包装後の保存過程において、III型やIV型で固まった部分で、III・IV→Vの多形転移が起こり、ブルームが発生する。最も極端な場合は、テンパリングなしでチョコレートを急に冷やした場合で、ほとんどすべてがIII型やIV型で固まるので、その後のブルームはチョコレート全体に広がって発生する。アンダーテンパリングを防ぐには、「最適なテンパリング」と「冷却速度の最適化」を行う以外には、有効な方法はない。

これに対してオーバーテンパリングは、テンパリングで生成する種結晶の量が多すぎるために生じるトラブルである。それによって、冷却過程でチョコレートの粘度が上がって型入れや空気抜きが難しくなるが、場合によってはファットブルームが誘発されることもある。

ココアバターに限らず、どの物質においても結晶化によって熱が発生し(結晶化熱)、その量は、結晶が融解するときに周りから奪う熱(融解熱)とほぼ同じである。ココアバターのV型の結晶化熱は一gあたり一五〇ジュールである。通常の油脂結晶の比熱は一g・一℃あたり二ジュールなので、一gのココアバターの結晶化熱が一カ所に集中して瞬間的に生じる温度上昇は七五℃となる。しかし、実際には時間経過とともに生じる結晶化熱の発生と、熱伝導などによる熱放散のバランスで温度上昇はもっと小さい。しかし、もし結晶化が短時間で発生し、しかも結晶化熱が放散されないために局所的にチョコレートの温度がV型の融点以上になれば、「結晶化熱によって、結晶そのものが融ける」という事態が発生する。

図12・6(b)には、オーバーテンパリングによるファットブルーム形成モデルを示す。モールドの外側表面や周辺部では結晶化の熱が放散されやすくなっているが、中央部には熱がたまりやすいので、その部分だけ温度が上がってV型の融点以上となり、種結晶が消失する。しかしチョコレート全体は冷蔵庫などで冷却しているので、中央部分は「ノーテンパリング状態」となり、冷却過程でⅢ・Ⅳ型で固まり、その後にV型に転移してファットブルームが発生する。

このようなトラブルは、テンパリングマシンを用いて最適なテンパリングを行ったあとで、チョコレートリカーを比較的大量に室温でストックしてモールドに流し込む過程の後半時期に生じやすい。その理由は、テンパリング直後の種結晶量は適正であるが、ストックしている間にチョコレートリカー中のココアバターのV型の結晶化が進行する。その結果として、種結晶の量が二％をはるかに超えて、型入れ後の冷却で結晶化が急速に起こり、結晶化熱も短時間で発生するが、それを速やかに放散させなければチョコレートが融けてしまう。このようなトラブルは、熱伝導性の悪い肉厚のモールドを使う場合に最も発生しやすい。

したがって、オーバーテンパリングを起こさないためには、テンパリング後のチョコレートトリカーを長期にストックせずに、すべて速やかにモールドに流しこむことや、ストックする場合は三二℃前後に保温すること、および結晶化熱を放散させやすいモールドの材質や形状を選ぶことが有効である。

（2）空気孔の残存

チョコレートトリカー中には、コンチングやテンパリングの撹拌操作の中で空気が巻き込まれることは避けられない。意図的に空気をチョコレート中に吹き込む製品（エアー入りチョコなど）を除いて、通常の板チョコレートでは、テンパリング後の冷却中に機械的な振動でチョコレートトリカーの粘度を下げて、中にある細かい気泡を浮かび上がらせて消失させる（タッピング）。実際には細かい空気孔を完全に取り除くことは難しいが、それがファットブルームを誘発することが確認されている。

ルソーとスミスは走査型電子顕微鏡を用いて、市販の板チョコレート中に残存する空気孔を観

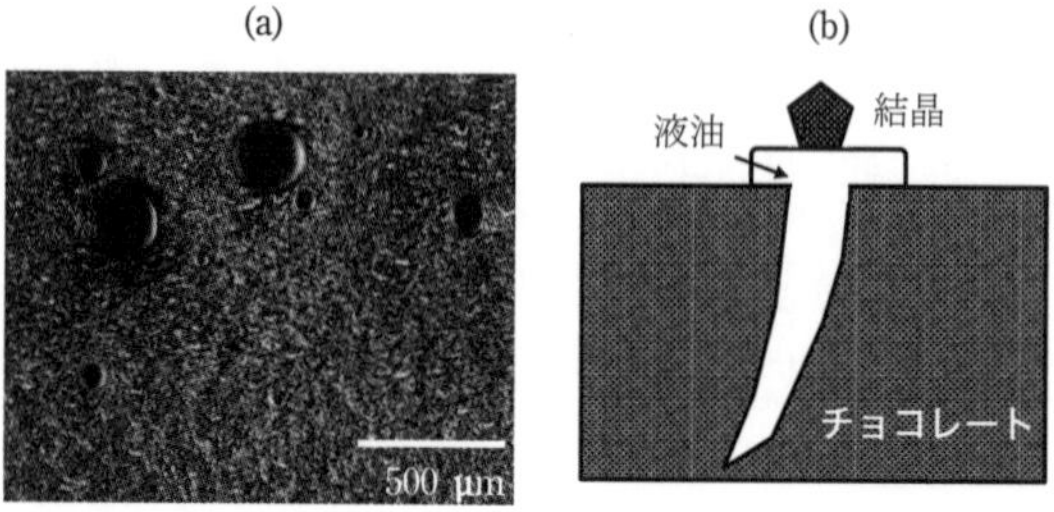

図 12.7　(a) チョコレート表面につながる空気孔と
(b) 空気孔から露出した液油からの結晶成長(3)

察し、それがファットブルームの発生原因となることを見出した。[3] 図12・7(a)には、表面に露出した空気孔を示す。空気孔の直径は数µm～二五〇µmまで幅広く分布しており、表面から内部まで空気孔のチャンネルが形成されている。

このような空気孔がファットブルームを引き起こすメカニズムは、以下のとおりである。

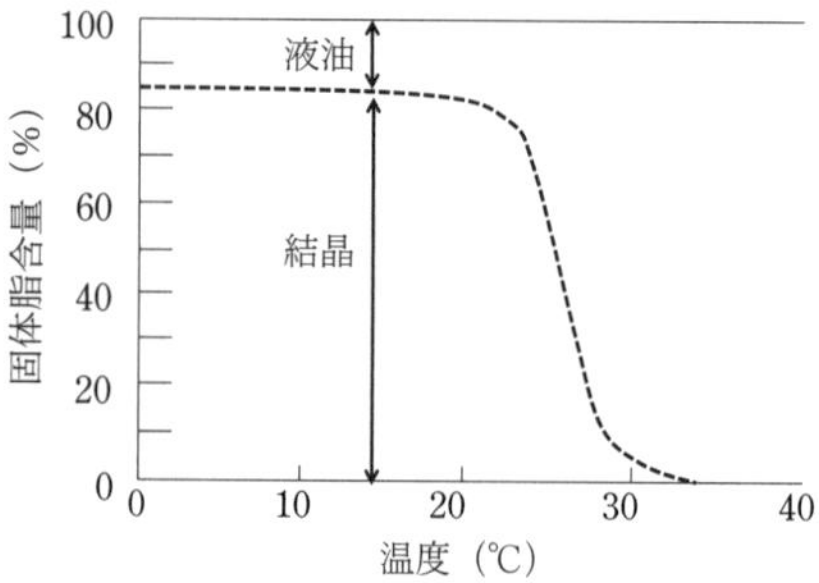

図 12.8　ココアバターの固体脂含量の温度変化

・保存温度の変動により、チョコレート中のココアバター中の液油の量が変動する。図12・8にココアバターの固体脂含量（結晶量）の温度変化を示すが、液油の量は一五℃では約一七％、二五℃で約四〇％、二八℃で約六五％である。

・昇温によってココアバター中の液油部分が増加すると、体積膨張により内圧が増して、空気孔を通って液油が表面に染み出る。
・表面に露出したココアバターの液油部分から結晶が成長し、そこを起点に粗大な結晶が成長してファットブルームを引き起こす（図12・7ｂ）。

チョコレート中に空気孔が残存する原因は、チョコレートリカーの粘度増加による不十分な空気抜きであり、上述の「オーバーテンパリング」やココアバター含有量の低いカカオ豆の使用、さらには、不十分なカカオ豆の発酵などの要因が重なっている。

チョコレートの保存条件

テンパリングとその後の冷却などが最適に行われたチョコレートでも、その後の保存条件が適切でなければファットブルームが発生する。その速さは、チョコレートに含まれる油脂の種類（ココアバターやココアバター代用脂）、ファットブルームの防止機能を有する乳化剤の種類や添加濃度、保存条件（温度と時間）などによって著しく異なり、それぞれの条件によって発生するファットブルームの特徴も異なってくる。しかし、どの場合においても以下の特徴は共通している。

・ファットブルームの初期にはチョコレートの艶がなくなり、さらに進めば光の散乱によって表面が白くなる。そのパターンは、表面がすべて均一に白化する場合や、斑点状に白化するなど多様である。

・チョコレート油脂が準安定な結晶多形から最も安定な結晶多形に変化する。たとえば、ココアバターを用いる場合はV型からVI型に、ココアバター代用脂のCBSやCBRを用いる場合はβ'型からβ型へ変化する。

・結晶多形の変化は、より安定な多形の成長と、準安定な多形の消失を伴う。その理由は、安定多形の結晶成長は、準安定多形の結晶粒子からの油脂分子の拡散を必要とするからである。そのためテンパリング後に形成されていた稠密な油脂結晶のネットワークが乱れて、内部がボロボロになってしまう。

・結晶多形の変化によって、融点が上昇する。ココアバターの場合、約三二℃のV型から約三六℃のVI型に変わるが、そうなると口中で融ける速度が著しく遅くなり、くちどけが悪くなる。

ファットブルームによってチョコレート表面や内部組織が荒れる様子は、芦田らによって、レーザー顕微鏡を用いたダークチョコレート表面の三次元構造を捉えることで定量的に確認された。[4] 実験はアンダーテンパリング条件で行われたが、この場合、ココアバターの結晶多形はIV→Vに変化している。図12・9(a)には五〇℃のダークチョコレートをアルミカップに充填し、三〇℃→一〇℃→二〇℃と冷却昇温した後で、二〇℃で五日間保存したチョコレート表面のレーザー顕微鏡像を示す。一面に直径が約三〇〇㎛〜約一〇㎛までの大小のブルームパターンが観察された。詳しく見ると、表面の凹凸状態の異なる二種類のパターンが確認できる。パターンAは凸部分だけが

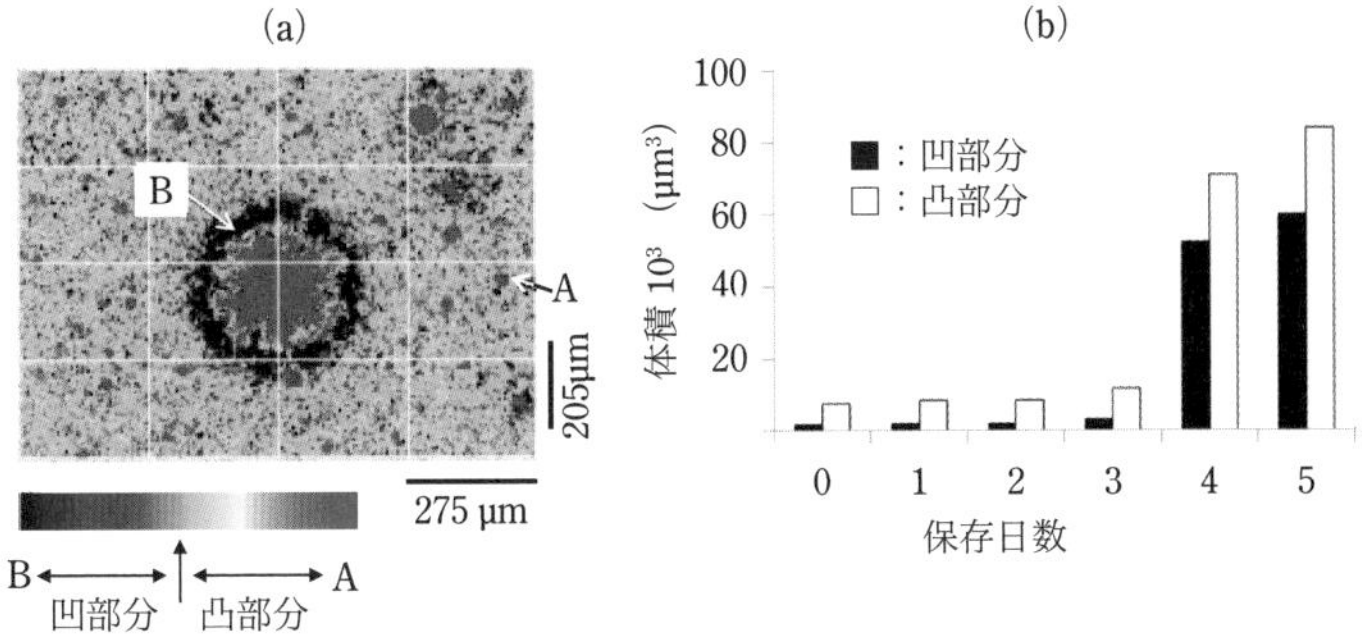

図 12.9　(a) ダークチョコレートのファットブルームの3次元レーザー顕微鏡像と (b) パターンBの周辺の体積の時間変化[4]

孤立しているのに対して、パターンBは中央の凸部分の周囲を凹部分が取り囲んでいる。Aは図12・6(b)に示す空気孔から噴出した液油部分で発生した結晶に起因するブルームで、BはV型の結晶がその周囲のIV型の結晶を〝食べて〟成長するブルームと思われる。

　レーザー顕微鏡の最大の利点は、ブルームによる表面の凹凸部分の深さ、面積、体積を、観察範囲内のすべてのパターンを合計して計算できることである。図12・9(b)には、パターンBの凹凸部分の体積の経時変化を示す。凹凸部分の増加の傾向は同じであるが、これはV型結晶の凸部分の成長に伴って、凹部分にあったIV型結晶が消失したことを示している。また、どの経過時間でも凸部分の体積は凹部分より大きくなっているが、これは凸部分の成長に寄与しているのは画像で見える凹部分だけでなく、画面の下にあるIV型結晶の消失も関与しているためである。図12・9によって、ファットブルームの発生によって、表面だけでなく内部においても、安定結晶の粗大化と不安定結

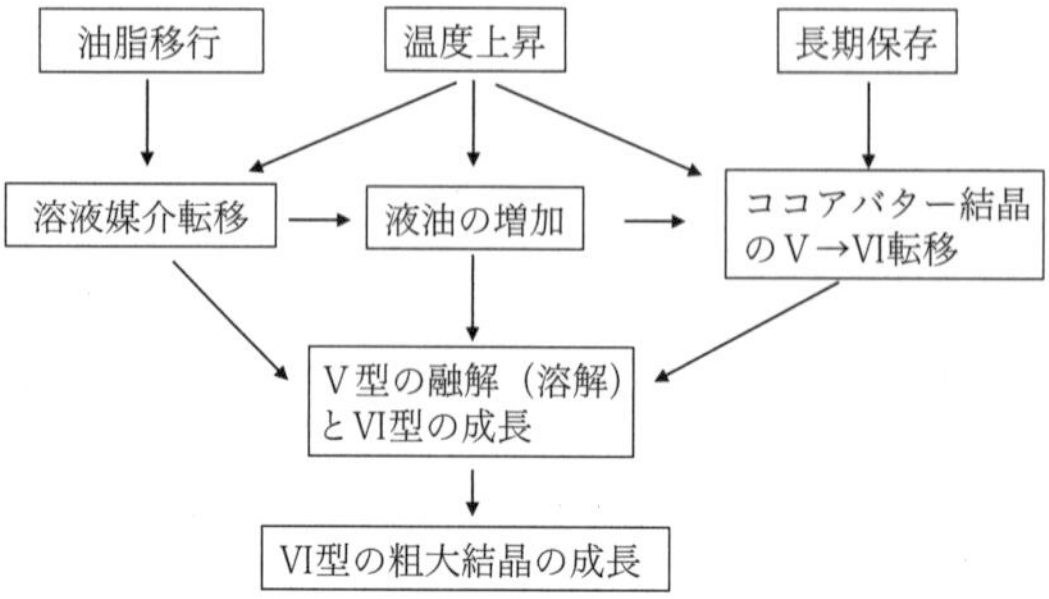

図 12.10　正常にテンパリングしたチョコレートの保存時におけるファットブルームの形成要因

晶の消失が同時に進行していることが理解できる。

図12・10には、正常にテンパリングしてココアバターをすべてV型に固めたチョコレートの保存時における、ファットブルームの形成要因を整理して示す。大きく分けると長期保存、温度上昇、そして油脂移行にまとめられるが、それぞれは互いに関連しあいながら、最終的に「VI型の粗大結晶化」を引き起こす。

(1) 長期保存

ココアバターの最も安定な結晶多形はVI型であり，時間経過とともに、V型はVI型に変化する〝宿命を背負って〟いる。しかしその速さは、温度と液油の存在によって変化し、温度上昇とともに急速にV→VI転移が進行するが、V型の融点に近づくと急に上昇する。その理由は、昇温によって結晶内の分子パッキングが緩くなって、より安定なVI型の結晶に移行しやすくなることと、ココアバター中の液油が増加して(図12・8)、溶液媒介転移が起こるためである。

（2）温度上昇

（1）に述べたV→VI転移の促進と、固体脂含量の減少に伴う液油の増加、および溶液媒介転移を引き起こす。極端な場合、日本の夏季や平均気温が高い地域で、ココアバターのV型の融点以上にチョコレートを放置すれば、結晶全体が融けて、その後の冷却で激しいファットブルームが生じる。この防止策の一つとして、融点が高くてココアバターと類似したBOBのV型の結晶粉末を加えておけば、ココアバターが融けてもBOBが融けなければ、その後の冷却で正常なチョコレートに復活する。

（3）液油の増加

前項で述べた「油脂移行型のファットブルーム」に対応するもので、チョコレートに接する部分に液油が含まれていれば、それが時間とともにチョコレート中に拡散して、溶液媒介転移によってV型の溶解とVI型の成長を促進する。

以上から容易に導かれる「ファットブルームを防ぐ条件」は、保存温度を低く、液油の浸透を防ぎ、長期保存を避けることである。より具体的には、板チョコレートとフィリングチョコレートの保存温度は、それぞれ二八℃以下と二一℃以下が目安とされている。また、添加物を用いてファットブルームを遅延する技術も研究されており、その中でも乳化剤はV→VI転移の遅延やVI型結晶の成長速度を抑えて粗大化させない効果が認められている。しかし「乳化剤フリー」のチョコレートへの志向も強いので、その場合の保存温度は二八℃以下では不十分であろう。またミルクチョコレートのファットブルームはダークチョコレートに比べて遅く進行するが、そのメカニズムはまだ不明である。

ココアバターのV型とVI型はどう違うのか？

ファットブルームは、「ココアバターのV型の結晶は、最も安定な状態ではなく、温度と時間によってその速さを変えながら、必ずVI型に変わる」ということに起因する。もし何らかの方法で、V型とVI型の違いを解明してV→VI転移を止めるか、V型を最も安定な状態にできれば、「テンパリングでV型にすれば、ファットブルームは起きない」ことになる。

そこで、これまでに多くの研究者がV型とVI型の違いを調べているが、まだ完全には解明されていない。明らかにするべき第一の問題は「ココアバターを構成するトリアシルグリセロールのPOP、POS、SOSが別々の結晶となっているのか（共晶という）、それとも同じ結晶を構成しているのか（混晶という）」、第二の問題は「POPなどの

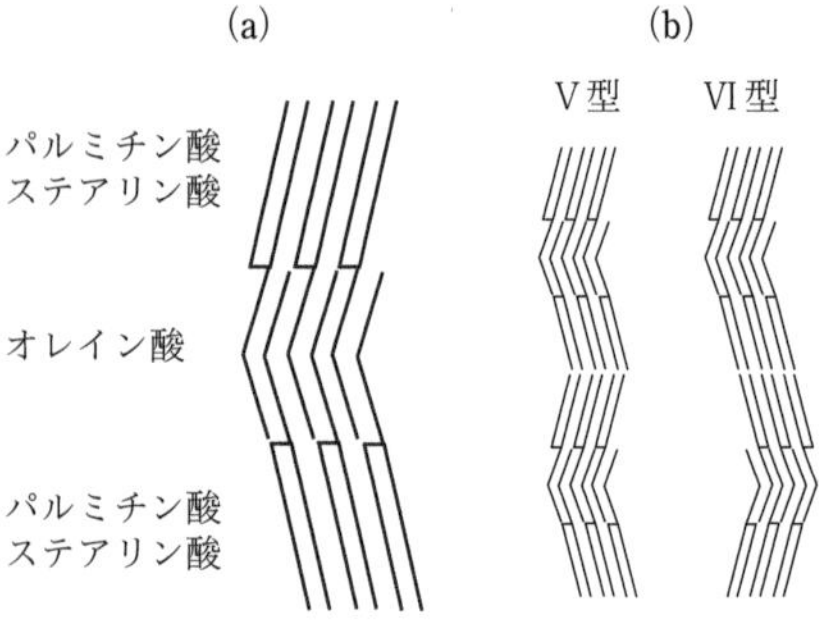

図12.11 ココアバターのV型とVI型の結晶構造モデル

分子の形が、V型とVI型でどのように異なっているか」である。

これまでの研究の中から、筆者が有力と思う二つの構造モデルを図12・11に示す。いずれも、「ココアバターの中でPOP、POS、SOSは混晶を作る」とした上で、(a)は脂肪酸部分によって副格子が異なる(副格子説)、(b)は三鎖長と六鎖長となっている(鎖長構造説)というものである(図11・2参照)。

「副格子説」では、V型もVI型も三鎖長であるが、V型では飽和脂肪酸(パルミチン酸とステアリン酸)部分が三斜晶、オレイン酸部分が斜方晶垂直、あるいは斜方晶平行の副格子となり、VI型ではすべてが三斜晶の副格子となっている。一方「鎖長構造説」では、V型において三鎖長は同じ向きで配列しているが、VI型においては三鎖長が上下に互い違いに一八〇度向きを変えて配列して、六鎖長となっている。

しかしながら、二つの構造モデル、あるいは他のモデルについても、最終的に決着をつけるのはむつかしい。その理由は、多くの物質の結晶構造を正確に決定するときに応用する伝統的な手法を、ココアバターには適用しにくいからである。その説明は専門的に詳しすぎるので、ここでは割愛する。

これまで本書で「チョコレートを極める」ためにたくさんの問題を考えてきたが、ひょっとすると、ココアバターのV型・VI型の問題はこれからも極められないかもしれない。カカオが一万年以上に及ぶ時間をかけて、「飲むカカオ」から「食べるチョコレート」へと変貌を遂げてきた中で、我々に捉えきれない姿を残したままでいるのも世界を虜にしてきたカカオの魅力のひとつではないだろうか。

終わりに

本書は、筆者と古谷野哲夫氏との共著で二〇一一年に出版した「カカオとチョコレートのサイエンス・ロマン―神の食べ物の不思議」（幸書房、以下「サイエンス・ロマン」）の続編ともいうべきものである。

「サイエンス・ロマン」では、カカオの花の受粉から発酵・乾燥を経て、ロースト・コンチング・テンパリングによるチョコレート製造に至るプロセスを俯瞰するとともに、カカオの故郷である中南米から世界への拡散と、「飲むココア」から「食べるチョコレート」への歴史的発展を跡付けた。本書では、「サイエンス・ロマン」で書ききれなかったテーマに加えて、多くの新しい話題を取り上げた。

本書の冒頭で「チョコレートのすべてを極める」と書いたが、「サイエンス・ロマン」と併せ読むことによって、チョコレートを生み出した自然と人間の営みのすべてに、限りない魅力を感じとっていただければ幸いである。

本書は、幸書房が発行している月刊誌「油脂」への寄稿をもとに改定・追加した。以下に初出の記事を示す（特記していない場合の著者は佐藤清隆）。

第一章　カカオとチョコレートを知りつくすために（1）、二〇二二年九月号三八―四三頁

第二章　カカオとチョコレートを知りつくすために（2）チョコレートの健康効果、二〇二二年十月号三五―四一頁

第三章　カカオとチョコレートを知りつくすために（3）カカオ生産のリアル、二〇二二年十一月号五六―六三頁、および（4）カカオ・トレードのリアル、二〇二二年十二月号五七―六三頁

第四章　カカオとチョコレートを知りつくすために（5）なぜカカオの原産地がアマゾン川源流域なのか？、二〇二三年一月号四三―四九頁、および（6）ヒトはいかにカカオと遭遇したか？、中林雅・佐藤清隆、二〇二三年二月号四一―五〇頁

第五章　カカオとチョコレートを知りつくすために（7）カカオの旅立ち、二〇二三年三月号三八―四三頁

第六章　カカオとチョコレートを知りつくすために（8）なぜカカオの学名が「神の食べ物」になったのか？、二〇二三年四月号三八―四六頁

第七章　カカオの花の授粉者を求めて、二〇一七年十一月号四四―四八頁

第八章　カカオとチョコレートを知りつくすために（9）カカオの発酵：そのサイエンスとリアル、古谷野哲夫・佐藤清隆、二〇二三年五月号五三―六三頁

第九章　ミルクチョコレート誕生の物語―1、二〇一八年十二月号七八―八四頁、および、ミル

クチョコレート誕生の物語—2、二〇一九年一月号七六—八一頁
第十章　カカオとチョコレートを知りつくすために（10）カカオのローストと摩砕のサイエンスとリアル、古谷野哲夫・佐藤清隆、二〇二三年六月号三八—四七頁
第十一章　カカオとチョコレートを知りつくすために（11）チョコレートのテンパリングのサイエンスとリアル、二〇二三年七月号四一—五一頁
第十二章　カカオとチョコレートを知りつくすために（12）もうブルームは起こさない、二〇二三年九月号五七—六五頁

末筆ながら、以下の方々に深甚の謝意を表したい。

リンネの「植物の種」の紹介と、リンネが記した「テオブロマ　カカオ」の参考文献の解読に関して貴重な示唆と情報をいただいた、東京大学名誉教授邑田仁氏と邑田裕子氏。

コスタリカでのカカオの授粉者に関する情報と写真を提供していただいた、ミルウォーキー博物館のアレン・M・ヤング氏。

月刊「油脂」での連載記事「カカオとチョコレートを知りつくすために」のすべてについて、事前のチェックとコメントをいただいた、㈱明治顧問の古谷野哲夫氏とお菓子研究家の河田昌子氏。古谷野氏には、連載記事（9, 10）の共著者となっていただいた。

カカオと動物の関りについての最新の知見を教示するとともに、連載記事（6）の共著者となっ

ていただいた、広島大学大学院統合生命科学研究科の中林雅氏。

表紙の写真を提供していただいたlatte art café Cremaの竹崎智佳氏、図12・1の写真を提供していただいた@ alferの阿地由季子氏。

図12・4の写真を提供していただいた森永製菓㈱の金田泰佳氏と、図12・9のデータを提供していただいた不二製油㈱の芦田祐子氏。

カカオのフェアトレードに関して貴重な情報と写真を提供していただいたカカオ・シェアーズのアレハンドロ・パティーノ氏、ロメロトレード社のロメロ・アンタルキ氏、㈱サニィスファクトリーの尾崎雅章氏、ウメヤブレイナリーの清永東誉氏、藤野良品店の柳田啓之氏、チョコリコの渡邉由利子氏、千晃氏。

最後に、本書への適切な助言をいただいた幸書房の夏野雅博氏に厚くお礼申し上げる。

第10章 (1) G. Ziegleder, チョコレート製造技術のすべて（原著：BECKETT'S Industrial Chocolate Manufacture and Use, 5th Ed., S T. Beckett, M. S. Fowler, G. R. Ziegler 編著)、古谷野哲夫・佐藤清隆共訳、幸書房、第8章、(2020)

(2) 佐藤清隆、古谷野哲夫、カカオとチョコレートのサイエンス・ロマン-神の食べ物の不思議、幸書房、第5章、(2011)

(3) S. T. Beckett 著、古谷野哲夫訳：チョコレート　カカオの知識と製造技術、幸書房、第3章、(2015)

(4) M. Rojas ら、Food Eng. Rev., 14, 509 (2022)

(5) D. Sirbu ら、Food Res. Intern. 111, 301 (2018)

(6) 島本 敏ら、カカオ豆の細菌汚染状況の解析、日本食品微生物学会学術総会、2019年11月28－29日、東京

第11章 (1) S. T. Beckett ら チョコレート製造技術のすべて（原著：BECKETT'S Industrial Chocolate Manufacture and Use, 5th Ed., S T. Beckett, M. S. Fowler, G. R. Ziegler 編著)、古谷野哲夫・佐藤清隆共訳、幸書房、第10章、(2020)

(2) 佐藤清隆・上野聡、脂質の機能性と構造・物性―マスカラからチョコレートまで、丸善出版、(2011)

(3) R. L. Wille, E. S. Lutton, J. Am. Oil Chem. Soc., 43, 491 (1966)

(4) K. Sato ら、J. Am. Oil Chem. Soc., 66, 664 (1989)

(5) Van Malssen ら J. Am. Oil Chem. Soc., 76, 669 (1999)

(6) R. E. Timms、製菓用油脂ハンドブック（原著：Confectionery Fats Hadbook）監修　佐藤清隆、翻訳　蜂屋巌、幸書房、第6章、(2003)

(7) I. Hachiya ら、J. Am. Oil Chem. Soc., 66, 1757 (1989)

(8) 王兆宏ら、油化学, 36, 671 (1987)

第12章 (1) S. Sonwai, D. Rousseau, Cryst. Growth Des., 8, 3165 (2008)

(2) S. T. Beckett ら、チョコレート製造技術のすべて（原著：BECKETT'S Industrial Chocolate Manufacture and Use, 5th Ed., S T. Beckett, M. S. Fowler, G. R. Ziegler 編著)、古谷野哲夫・佐藤清隆共訳、幸書房、第5章、(2020)

(3) D. Rousseau, P. Smith, Soft Matter, 4, 1706 (2008)

(4) H. Ashida ら, Food Structure 23, 100136 (2020)

(11) C. Bauhin, Pinax Theotri Botanici, (1623) , https://books.google.co.jp/books?id=X0_HApAI1UMC&printsec=frontcover&hl=ja&source=gbs_ge_summary_r&cad=0#v=onepage&q&f=false

(12) E. P. Alexander, Museum Masters- Their Museums and Their Influence, 中村真弥訳、博物館学雑誌、41, 57 (2005)

第7章 (1) 佐藤清隆・古谷野哲夫、カカオとチョコレートのサイエンス・ロマン―神の食べ物の不思議、幸書房、(2010)

(2) Allen M. Young, The Chocolate Tree, University Press of Florida, Gainesville, (2007)

(3) A. M. Young, K. Barry, S. A. Schnitzer, Trop. Agric. (Trinidad), 93, 216, (2016)

第8章 (1) 佐藤清隆、古谷野哲夫、カカオとチョコレートのサイエンス・ロマン-神の食べ物の不思議、幸書房、第4章、(2011)

(2) D. Kadow ら、LWT-Food Sci. Techn. 62, 357 (2015)

(3) L. De Vuyst, F. Leroy, FEMS Microbiol. Rev. 44, 432 (2020)

(4) C. Díaz-Muñoz, L. De Vuyst, J. Appl. Microbiol., 133, 39 (2022)

(5) J. Sanchez ら、Lebensmitt. Wiss. Technol. 18, 69 (1985)

(6) O. A. Samah ら、ASEAN Food J, 8, 22 (1993)

(7) W. A. John ら、Food Chem. 278, 786 (2019)

(8) M. Hinneh ら , Food Res. Intern. 111, 607 (2018)

第9章 (1) ソフィー・D・コウ、マイケル・D・コウ、樋口幸子訳、チョコレートの歴史、河出書房新社、pp.350-351、(1999)

(2) S. T. Beckett ed., BECKETT' s Industrial Chocolate Manufacture and Use, 4th Edition, Wiley-Blackwell (2009)

(3) 佐藤清隆・古谷野哲夫、カカオとチョコレートのサイエンス・ロマン-神の食べ物の不思議、幸書房、(2011)、第11章中のダニエル・ペーターのミルクチョコレート製造について、「融かしたダークチョコレートと濃縮ミルク（コンデンスミルク）を混ぜて、水力を利用した機械で長い時間かき混ぜてエマルションを作り、それを冷やして固めた。」という主旨の記述をしたが、ここにお詫びして訂正する。

(4) A. Pfiffner, Henri Nestlé, Nestlé S. A., 1995（原著は1993年出版のドイツ語版、D. Pulman による英訳）

(5) https://whatscookingamerica.net/History/MilkChocolate.htm

(6) M. A. Wells, チョコレート製造技術のすべて（原著：BECKETT'S Industrial Chocolate Manufacture and Use, 5th Ed., S T. Beckett, M. S. Fowler, G. R. Ziegler 編著）、古谷野哲夫・佐藤清隆共訳、幸書房、第6章、(2020)

(24) D. McKey, An. Acad. Bras. Cienc., 91(Suppl. 3), e20190087 (2019)
(25) P. R. Guimarães ら , PLoS ONE, 3, e1745 (2008)
(26) 佐藤清隆、古谷野哲夫、カカオとチョコレートのサイエンス・ロマン-神の食べ物の不思議、幸書房、(2011)
(27) A. Link、A. di Fiore, J. Trop. Ecol., 22, 235 (2006)
(28) E. V. Wehncke、C. A. Domínguez, J. Trop. Ecol., 23, 519 (2007)

第 5 章 (1) 佐藤清隆、古谷野哲夫、カカオとチョコレートのサイエンス・ロマン-神の食べ物の不思議、幸書房、第 3 章、(2011)
(2) A. M. Young, The Chocolate Tree, University Press of Florida, (2007)
(3) M. S. Fowler, F. Coutel, チョコレート製造技術のすべて（原著：BECKETT'S Industrial Chocolate Manufacture and Use, 5th Ed., S T. Beckett, M. S. Fowler, G. R. Ziegler 編著）、古谷野哲夫・佐藤清隆共訳、幸書房、第 2 章、(2020)
(4) https://www.icco.org/icco-panel-recognizes-23-countries-as-fine-and-flavour-cocoa-exporters/
(5) https://www.icco.org/fine-or-flavor-cocoa/

第 6 章 (1) ソフィー・コウ、マイケル・コウ、樋口幸子訳、チョコレートの歴史、河出書房新社、(1999)
(2) D. Lippi, Nutrients 5, 1573 (2013)
(3) F. Carletti, H. Weinstock 訳 , My Voyage around the World; Random House: New York, (1964)
(4) The_Indian_Nectar_Or_a_Discourse_Concern. で google 検索
(5) C. von Linne, Hortus Cliffortianus, (1737), https://en.wikipedia.org/wiki/Hortus_Cliffortianus
(6) C. von Linne, Materia Medica, (1749), https://books.google.co.jp/books?id=pgDOqSMvt-IC&pg=PP7&hl=ja&source=gbs_selected_pages&cad=2#v=onepage&q&f=false
(7) C. Clusius, Exoticorum Libri Decem, (1750), https://en.wikipedia.org/wiki/Exoticorum_libri_decem#Bibliography
(8) H. Sloane, Natural History of Jamaica, vol. 2, (1725) table 16
(9) S.F. Geoffrey, Tractatus de Materia Medica (1741), https://lek.si/en/about-us/lavicka-collection/books/8/tractatus-de-materia-medica/
(10) L. Plukenett, Almagestum Botanicium, (1700) , https://bibdigital.rjb.csic.es/viewer/10874/?offset=#page=44&viewer=picture&o=bookmark&n=0&q=

(14) M. S. Fowler, F. Coutel, チョコレート製造技術のすべて（原著：BECKETT'S Industrial Chocolate Manufacture and Use, 5th Ed., S T. Beckett, M. S. Fowler, G. R. Ziegler 編著)、古谷野哲夫・佐藤清隆共訳、幸書房、第2章、(2020)
(15) https://www.cargill.com/sustainability/cocoa/our-approach
(16) https://www.cacaoshares.com
(17) http://www.romerotrade.com

第4章 (1) J. Chen ら、Nature Comm. 12, 5018 (2021)
(2) R. E. Timms, 製菓用油脂ハンドブック（原著：Confectionery Fats Handbook)、佐藤清隆監修、蜂屋巌翻訳（幸書房）第6章、(2010)
(3) M. S. Fowler, F. Coutel, チョコレート製造技術のすべて（原著：BECKETT'S Industrial Chocolate Manufacture and Use, 5th Ed., S T. Beckett, M. S. Fowler, G. R. Ziegler 編著)、古谷野哲夫・佐藤清隆共訳、幸書房、第7章、(2020)
(4) Bayés-García ら、Cryst. Growth Des., 19, 4127 (2019)
(5) 文献3の第2章
(6) D. Anhuf ら、Palaeogeo. Palaeoclim. Palaeoecol. 239, 510 (2006)
(7) E. Thomas ら、Plos One, 7, e47676 (2012)
(8) M. B. Bush, Nature, 541, 167 (2017)
(9) X. Wang ら、Nature 541, 204 (2017)
(10) C. Hoorn, Sci. Am. 294, 52 (2006)
(11) 篠田謙一、人類の起源　古代DNAが語るホモ・サピエンスの「大いなる旅」、中公新書、(2022)
(12) T. J. Braje ら、Science 358, 592 (2017)
(13) S. E. Lewis ら, Quart. Sci. Rev. 74, 115 (2013)
(14) A. M. Young, The Chocolate Tree, University Press of Florida, (2007)
(15) J. S. Henderson ら, Proc. Nat. Acad. Sci. USA, 104, 18937 (2007)
(16) T. G. Powis ら、Proc. Nat. Acad. Sci. USA, 108, 8595 (2011)
(17) S. Zarrilo ら、Nature Ecol. Evol., 2、1879 (2018)
(18) H. F. Howe, J. Smallwood, Annu. Rev. Ecol. Evol. Syst. 13, 201 (1982)
(19) I. M. Turner, The ecology of trees in the tropical rain forest, Cambridge University Press (2001)
(20) J. E. Richardson ら, Front. Ecol. Evol. 3, 120 (2015)
(21) D. H. Janzen、P. S. Martin, Science, 215, 19 (1982)
(22) M. M. Pires ら, Ecography, 41, 153 (2018)
(23) J. Iriarte ら, Philos. Trans. Royal Soc. Lond., B, Biol. Sci., 377, 20200496 (2022)

◆参考文献

第1章 (1) E. Arevalo-Gardini ら、Tree Genetics & Genomes, 15, 11 (2019)

(2) チョコレート製造技術のすべて（原著：BECKETT' S Industrial Chocolate Manufacture and Use, 5th Ed., S T. Beckett, M. S. Fowler, G. R. Ziegler 編著)、古谷野哲夫・佐藤清隆共訳、幸書房、(2020)

第2章 (1) J. D Lambert, チョコレート製造技術のすべて、(原著：BECKETT'S Industrial Chocolate Manufacture and Use, 5th Ed., S T. Beckett, M. S. Fowler, G. R. Ziegler 編著)、古谷野哲夫・佐藤清隆共訳、幸書房、第22章、(2020)

(2) J. Agric. Food Chem., 83, 9899 (2015)

(3) N. Veronese ら、Clin. Nutr. 38, 1101 (2019)

(4) H. Hollenberg ら、Hypertension 29, 171 (1997)

(5) M. L. McCullough ら、J. Card. Pharm. 47, S103 (2006)

(6) V. Bayard ら、Int. J. Med. Sci., 4, 53 (2007)

(7) M. L. McCulough ら、Am. J. Clin. Nutr., 95, 454 (2012)

(8) R. K. Patel, Int. Soc. Sport Nutr., 12, 47 (2015)

第3章 (1) J. E. Kongor ら , Agroforest Syst. 92, 1373 (2018)

(2) https://ecodb.net/commodity/cocoa.html

(3) 生田渉、国際農林業協力、43, 2 (2020)

(4) J. A. van Vliet ら , Frontiers Sust. Food Syst. 5, 732831 (2021)

(5) M. S. Fowler, F. Coutel, チョコレート製造技術のすべて、(原著：BECKETT'S Industrial Chocolate Manufacture and Use, 5th Ed., S T. Beckett, M. S. Fowler, G. R. Ziegler 編著)、古谷野哲夫・佐藤清隆共訳、幸書房、第2章、(2020)

(6) BBC チャンネル4：https://www.channel4.com/programmes/cadbury-exposed-dispatches

(7) キャロル・オフ、チョコレートの真実、北村陽子訳、英知出版、(2007)

(8) https://acejapan.org/choco/childlabour

(9) https://www.mightyearth.org/cfi-valentines-report-2022

(10) 佐藤清隆・古谷野哲夫、カカオとチョコレートのサイエンス・ロマン―神の食べ物のふしぎ、幸書房、第2章、(2011)

(11) L. Gateau-Reyra ら、PLoS One, 2018, https://doi.org/10.1371/journal.pone.0200454

(12) Fairtrade Japan、https://www.fairtrade-jp.org/about_fairtrade/

(13) https://www.worldcocoafoundation.org/initiative/cocoaaction/

【著者紹介】

佐藤　清隆（さとう　きよたか）

1946年生まれ、広島大学名誉教授、工学博士

1974年、名古屋大学大学院工学研究科応用物理学専攻博士課程を終えて、広島大学水畜産学部（現在の生物生産学部・大学院統合生命科学研究科）食品物理学研究室の助手、助教授を経て1991年に教授となり、2010年に退職。

脂質の構造と物性の基礎と応用に関する教育・研究に従事し、『Crystallization of Lipids』（Wiley-Blackwell, 2018）、『脂質の機能性と構造・物性―分子からマスカラ・チョコレートまで』（丸善出版、2011）、『カカオとチョコレートのサイエンス・ロマン』（幸書房、2011）、『チョコレートの科学』（朝倉書店、2015）、『チョコレート製造技術のすべて』（幸書房、2020）訳など、専門分野の著書多数。絵本「ひと粒のチョコレートに」（文：佐藤清隆、絵：Junaida、福音館書店、2023）。

アメリカ油化学会「Stephane S. Chang賞」（2005年）、世界油脂会議「H.P. Kaufmann Memorial Lecture賞」（2007年）、アメリカ油化学会「Alton E. Bailey賞」（2008年）、ヨーロッパ脂質科学工学連合「ヨーロッパ脂質工学賞」（2013年）などを受賞。

チョコレートを極める 12 章

2024 年 1 月 20 日　初版第 1 刷　発行

著　者　佐藤 清隆
発行者　田中 直樹
発行所　株式会社　幸 書 房
〒101-0051　東京都千代田区神田神保町 2-7
TEL03-3512-0165　FAX03-3512-0166
URL　http://www.saiwaishobo.co.jp

装幀：㈱クリエイティブ・コンセプト（江森恵子）
印　刷　シナノ

ISBN978-4-7821-0481-1　C1077